高等职业教育"十三五"规划教材

高职高专工业机器人技术系列教材

自动机与生产线

（第三版）

戚长政　主　编

周文玲　李湘伟　副主编

刘作毅　主　审

科学出版社

北　京

内 容 简 介

本书根据高职高专机电自动化设备类专业教学要求编写，主要内容包括自动机的特点与分类，自动机与自动线的设计原理，自动机的常用装置，工业机械手及机器人，自动机的检测与控制装置，典型自动机械，自动生产线，自动机的总体设计和自动机教学实训项目等，部分章节还配有相关视频资料。每章均有一定数量的思考练习题。本书内容新颖、实用，并具有针对性。

本书可作为高职高专院校机电一体化技术、机械设计与制造、机电设备安装技术、自动化生产设备应用、机电设备维修与管理、机械制造与自动化、包装设备应用技术、食品包装技术、工业机器人技术等专业的教材，也可供食品、医药、印刷、电子设备、化工等相关行业从事自动机械设计、制造、维修、使用和管理的相关技术人员参考阅读，还可作为相关职业教育和相关行业员工的专业培训教材。

图书在版编目（CIP）数据

自动机与生产线/戚长政主编. —3 版. —北京：科学出版社，2017

ISBN 978-7-03-033011-6

Ⅰ. ①自⋯　Ⅱ. ①戚⋯　Ⅲ. ①自动机理论-高等职业教育-教材②自动生产线-高等职业教育-教材　Ⅳ.①TP301.1②TP278

中国版本图书馆 CIP 数据核字（2011）第 258752 号

责任编辑：孙露露/责任校对：陶丽荣
责任印制：吕春珉/版式设计：曹 来

科 学 出 版 社 出版

北京东黄城根北街 16 号
邮政编码：100717
http://www.sciencep.com

北京虎彩文化传播有限公司 印刷
科学出版社发行　　各地新华书店经销

*

2004 年 8 月第 一 版　　2021 年 8 月第十六次印刷
2012 年 12 月第 二 版　　开本：787×1092　1/16
2017 年 6 月第 三 版　　印张：16
　　　　　　　　　字数：358 000
　　　　　　　　　定价：49.00 元
（如有印装质量问题，我社负责调换〈虎彩〉）

销售部电话 010-62136230　编辑部电话 010-62135763-2010

第三版前言

由于教材编写思路符合高职高专教育对"自动机与生产线"这门课程的教学要求，第一版自 2004 年出版以来，已被众多高职高专院校和相关行业培训机构选作教材，教学效果良好。随后，根据我国民营企业的发展和企业对各种自动机与生产线的新需求，于 2012 年对第一版进行了修编，出版了第二版。第二版同样得到不少院校和相关单位的认可，需求量不断增加。

2015 年，中国政府推出《中国制造 2025》，实施制造强国战略行动纲领，走中国特色的"工业 4.0"发展道路。不少企业特别是中小企业对自动机与生产线、工业机械手与机器人等机电一体化装备的开发和应用，正在以前所未有的速度展现出来，相应的人才需求和知识更新也日益迫切。本书就是在此背景下进行修编的，本次修编仍然基本保持第二版的编写体系，主要是在以下几个方面进行了修改和补充。

（1）工业机械手和机器人将会在自动化工厂和自动化生产设备中得到更加广泛的应用，因此将原第 3 章中的工业机械手和机器人部分内容独立为第 4 章，并增加一些内容，特别是插入了较丰富的视频资料，可以帮助读者直观地了解在自动化生产过程中，工业机械手和机器人等自动化设备是如何工作的。

（2）对于使用频度较低或者较陈旧的知识、技术和实例进行了删减；对于近年来发展迅速、使用频度较高且极具发展前景的知识、技术和实例进行了补充介绍，很多内容是编者近年来从实践中获得的知识积累。

（3）将第二版第 8 章"自动机教学实训项目"内容以附录形式放在本书中，由各院校根据当地的实践条件自行安排，以凸显高职高专的"教、学、做一体化"教学特色，强化学生对所学知识和技能的掌握与现场应用。

（4）对第二版中的错误或不够严谨之处做了更正。

（5）为加深读者对本书内容的理解，本书提供有相关的视频资源，读者通过扫描书中二维码可在线浏览；课件等教学资源可到网站（www.abook.cn）下载或发邮件至 360603935@qq.com 索取。

本书适合高职高专院校机电一体化技术、机械设计与制造、机电设备安装技术、自动化生产设备应用、机电设备维修与管理、机械制造与自动化、包装设备应用技术、食品包装技术、工业机器人技术等专业的学生使用。

感谢广州达意隆包装机械股份有限公司和广州市万世德智能装备科技有限公司等企业为本书提供的视频资料。

本书由广东轻工职业技术学院戚长政任主编，周文玲、李湘伟任副主编，广东工业大学刘作毅教授主审。戚长政编写第 1～4 章、第 7 章 7.4 节、第 8 章和附录；李湘伟编写第 5 章；周文玲编写第 6 章和第 7 章 7.1～7.3 节。

当今世界，知识不断更新，技术不断革新，工艺不断改进，设备不断升级，要想准确把握、恰当选择一本教材的知识和内容不是一件易事。尽管编者尽力而为，但由于水平有限，书中难免存在不足之处，敬请广大读者批评指正。

第一版前言

本书是高职高专机电一体化、机电设备维修与管理、机械设计制造与自动化、电气自动控制等专业用书。在编写过程中，我们按照"淡化理论、够用为度、培养技能、重在应用"的原则，从高职高专教育的实际出发，从目前国内行业发展的实际出发，以培养企业需要的技术应用型人才为目的，在理论上以"必须、够用"为度，加强职业的针对性和技术的应用性，不过多地进行不必要的理论推导，而是多列举生产实际中的典型实例，让学生掌握自动机与生产线的知识和技能。

本书对内容进行由浅入深、由局部到整体、由个别到一般的阐述。主要内容包括自动机的特点与分类，自动机与生产线的设计原理，自动机的常用装置、机构、工业机械手和机器人，自动机的检测与控制装置，典型自动机械，典型自动生产线及自动机的总体设计等。使用时可根据不同学制、不同学时、不同要求、不同地区、不同行业以及不同专业，部分或全部选用。

本书可以满足高职高专院校机电类各专业的教学要求，可作为高职高专、职大、电大和全国相关重点职业学校的教学用书，也可作为广大自学者及工程技术人员的自学参考书。

广东轻工职业技术学院戚长政担任本书主编，并对全书进行统稿，提出了全书的总体构思、编写大纲及编写指导思想；由周文玲任副主编。编写人员及其编写章节为：第1～4章及第7章由戚长政编写，第5章和第6章由周文玲编写。

广东工业大学刘作毅教授担任本书主审，并提出了许多宝贵的修改意见，在此表示衷心感谢。

由于编者水平有限，书中难免出现疏漏和不足之处，敬请读者批评指正。

目　　录

第1章 绪 论

自动机与生产线是现代机电一体化装备产业的重要组成部分，是国民经济生产发展的基础和动力，是工农业生产实现机械化和自动化的必然结果。本章作为全书的概貌，介绍了自动机械的地位、现状、概念、特点、分类及本课程的学习方法。

1.1 自动机械的地位和现状

机电一体化装备工业是国民经济的重要产业之一，承担着改善工农业生产环境和条件、提高产品质量和效益、繁荣城乡市场、增强国际竞争能力的重要任务，对促进国民经济协调发展和实现国民经济与社会发展的总体战略目标关系极为密切。改革开放以来，我国以自动机械与自动生产线为主的机电一体化装备工业得到了长足的发展，面貌发生了巨大变化，已经形成了有相当规模和一定水平、门类齐全、能较好满足国内需求又有较强国际竞争能力的生产体系。工农业生产的迅速发展与机电一体化装备工业水平的不断提高有着极大关系。可以说没有机电一体化装备工业的不断发展，就没有今天现代化的工农业生产和繁荣的商品市场，就没有越来越强的国际经济竞争力。

提高机电一体化装备工业水平，就必须大力发展并使用自动机和生产线。目前全国各地都建立有各种机电一体化装备制造厂，并逐步走向专业化生产，已能独立自主进行从单机到成套设备乃至自动生产线的设计与制造，其中不少的自动机与生产线等机电一体化设备已接近、达到或部分超过国际先进水平，在国际市场占有越来越重要的地位。此外，不少生产企业从国外引进了相当数量具有近代技术水平的自动机和自动生产线成套设备，这些先进设备的引进、使用和技术改造，又推动了我国机电装备行业机械化和自动化程度的提高，从而进一步提高了各种产品的市场竞争力。另外，我国还成立了一批工农业机械研究设计单位，在大学、高职院校设立了各类机械类专业、机电一体化类专业，形成了一套完整的人才培养、技术开发设计、产品生产制造和管理的机电一体化装备工业发展体系。另外，新材料、新工艺、新技术的不断出现，正推动各种自动机械和生产线向机电一体化和智能化的方向发展。

近年来，中国政府推出《中国制造 2025》，这是实施制造强国战略第一个十年的行动纲领，是中国特色的"工业 4.0"发展道路。沿着这条发展道路，自动机与生产线等机电一体化装备必将得到充分的发展和应用，为国民经济建设发挥重要的作用。

时代在进步，社会在发展，机电一体化装备工业正在向自动机、生产线和智能化工厂方向发展，我们的人才培养也必须紧跟其发展的步伐，让更多的人学习和掌握自动机与生产线的基本知识、基本理论和基本技能，为我国现代工农业生产的进一步发展贡献力量。

1.2 自动机械及其特点

1.2.1 自动机械概述

工具、传统机械、自动机械等都是人类在长期生产实践中发明和创造的，并不断为人类带来无限物质文明和精神文明的便利设备。人们自从使用机械代替工具，就使手和足的功能得以延伸和发展；人们自从使用自动机械或机器人代替传统机械，又使脑的功能得以延伸和发展。当今的精密机械技术、控制技术、计算机技术、伺服驱动技术、传感检测技术、人工智能和信息处理技术等几大关键技术，促使传统机械脱胎换骨，逐步形成了可以不用人工或很少用人工参与就能完成各种生产任务的新一代机械。自动机械就是在没有人工直接参与的情况下，组成机器的各个机构（装置）能自动实现协调动作，在规定时间内完成规定动作循环的自动机器。自动机械是现代工厂自动化（Factory Automation，FA）的核心设备，它充分利用了现代成熟的各种控制装置（如 PLC、触摸屏、无线通信技术等）、各种传感技术（如光电开关、限位开关、接近开关等）、各种图像处理装置、视觉系统、激光条形码识别装置以及特殊处理装置等，以实现高品质、高生产率及省力化的现代工农业生产。

1.2.2 自动机械的特点

工农业生产的各个行业使用着不同形式的自动机械，有农业自动机械、重工业自动机械、轻工业自动机械等，按照自动机械的定义，它们都可统称为自动机械。但不同行业所使用的自动机械有不同的特点，例如轻工业所使用的自动机械就具有以下特点。

1. 品种多

这是因为：①轻工业行业多；②加工材料的多样化，如把粮食加工成酒、把草木加工成纸、把甘蔗加工成糖、把矿材加工成陶瓷用品等；③加工性质的多样化，如烟草加工机械中的真空回潮机、制糖机械中的甘蔗压榨机等是完成物理加工性质的，酿造工业中的发酵设备是完成生化加工性质的，而灯泡绕丝机是完成机械加工性质的。轻工机械品种多，给设计制造带来了困难和麻烦。在同一条轻工生产线中就往往包含多种不同性质的加工，给生产线设计增加了难度，例如，陶瓷生产线就包含矿石粉碎（物理加工性质）、成型（机械加工性质）、烧成（化学加工性质）等多种性质的加工。

2. 生产率高，自动化程度高

为满足人民日常生活的迫切需求，必须大批量生产各类轻工产品，需要各种高生产率、高自动化程度的轻工机械，如 6 万瓶/h 的啤酒灌装生产线，12 万罐/h 的易拉罐灌装生产线，1600 粒/min 的糖果包装机，8000 支/min 的卷烟机等。

3. 结构和动作复杂

这是因为轻工产品生产的工艺原理和工艺过程比较复杂，因此，机构设计和机构动作协调就十分重要。轻工机械受力一般不太大，因此强度计算往往不太重要。

4. 振动及噪声问题突出

现代轻工机械越来越趋向高速化，而机械高速所引起的振动及噪声已成为影响产品质量和提高生产率的重要因素。

1.3 自动机械的分类

自动机械的分类方法有很多种，例如按行业分类，按产品生产工艺过程性质分类，按自动化程度或按机械的结构和功能分类等。这里，仅举以下两种方法进行分类。

1.3.1 按自动化程度分类

按自动化程度分，可分为自动机械、半自动机械和非自动机械。通常，自动机械与半自动机械用于大批量生产。

1. 自动机械

在没有人工直接参与的情况下，组成机器的各个机构（装置）能自动实现协调动作，在规定时间内完成规定的动作循环，这样的机器称为自动机械，简称自动机。应用于包装行业的自动机称为包装自动机。

2. 半自动机械

一台机器能自动地完成除工件的上料和卸料以外的一次加工循环，这样的机器称为半自动机械，简称半自动机。

3. 非自动机械

需人工参与才能完成产品加工工作循环的机器属于非自动机械，常称为一般机械。

1.3.2 按结构和功能分类

按结构和功能分，可分为成型机械、加工处理机械、装配机械和包装机械。

1. 成型机械

这类机械多用模具来进行制品的成型，更换模具及工艺参数，即可生产不同规格的产品。主要工艺原理为热塑、注塑以及冲压等。陶瓷滚压成型机、行列式制瓶机、灯泡吹泡机、塑料注射成型机及广泛用于搪瓷、铝制品、小五金行业的冲压机等均属此类机械。

2. 加工处理机械

这类机械在原理、工艺和使用工具等方面与金属切削机床有相似之处，是以刀具为切削工具，通过刀具的运动完成加工处理工作的，如加工皮革的片皮机、火柴切梗机、牙签切梗机、切草机、面包切片机以及各种专用机床（如钟表制造机床等）均属此类机械。

3. 装配机械

这类机械借助于装配专用工具或机械手，按预定程序将零件装配成部件或产品，如自行车部件装配机、链条装配机、轴承装配机、自来水笔装配机、挂锁装配机、制鞋机、芯片贴片机等均属此类机械。

4. 包装机械

这类机械从功能和原理上都类似于装配机械，因其工艺原理有一定特殊性，故形成一种独立的机械类型。其动作包括包装材料与被包装物料的输送以及供料、称量、包封、贴标、计数、成品输送等，如包封机、灌装机、贴标机、装箱机、捆扎机等均属此类机械。

总之，自动机械的种类和品种十分繁多。本书重点选择轻工、食品、包装、机电行业中自动化程度较高且具有先进水平和行业代表性的自动机械作为研究和讲述对象，目的是使读者能触类旁通，从个别了解一般。

1.4 本课程的主要内容及学习方法

本课程是一门专业课，插图多，实践性强，学习方法与其他课程有所不同，特提出以下几点学习方法，供读者参考。

1. 注意掌握全书的知识体系

自动机与自动线的设计原理（第 2 章）和自动机的总体设计（第 8 章）是设计、分析自动机的基本原理和方法，了解和设计自动机离不开这些基本原理和方法。自动机的各种常用装置、工业机械手及机器人、检测与控制装置（第 3～5 章）是自动机的组成部分，设计自动机时结合实际，灵活、巧妙运用这些内容，会使设计恰到好处。几种典型自动机与自动生产线（第 6 章和第 7 章）是利用以上基本原理、方法和各种装置组成的实际范例，掌握这部分内容是为了达到举一反三的目的。附录为自动机教学实训项目，要利用在校内外实验、实训、实习调研考查机会，充分运用所学自动机知识，认真对几台生产用自动机进行详细解剖分析，以期达到学以致用、触类旁通的目的。

学习完每一章每一节都要认真复习，掌握每一节的知识内容，搞清每一章的知识体系，做好章节小结。

2. 重视图文对照与阅读课文

本课程是一门专业课，专业课的学习方法与其他课程不同的地方是，除认真听课、做必要的作业以外，还必须认真阅读课文，特别是学会文字与插图对照阅读的方法，只有反复对照阅读，才能弄懂并掌握每一节的理论、原理等知识。

3. 认真参观实习

书本上的插图与实物不同，插图仅能表示其原理，看不清实物的结构。一有现场参观、实习的机会，应比课堂教学更加重视，去仔细观察实物与书本上插图的不同表现方式，加深理论与实际的结合。

4. 观看视频

反复观看本书二维码提供的部分视频，有利于对自动化生产过程中的各种装置、机械手、机器人工作情况，以及自动机与生产线的结构组成和运行情况加深理解和认识。

5. 及时复习有关知识

在学习本专业课程时，将遇到学过的各种知识，如机械原理、机械零件、电工电子技术等知识。要结合遇到的问题及时去查找和温习所学过的知识，做到温故知新，学新固旧，逐步实现知识体系的融会贯通。

思考练习题

1. 什么叫自动机械？
2. 自动机械有何特点？
3. 自动机械如何分类？有哪些类型？
4. 学好本门课程的方法有哪些？

第2章

自动机与自动线的设计原理

本章的中心内容是自动机的循环图设计，它是自动机设计的基础。循环图设计的依据是工艺方案，工艺方案决定于生产率。因此，本章还介绍了生产率的计算和工艺方案的选择。

2.1 概　　述

2.1.1 自动机的组成

图 2.1 为自动冲压机的结构示意图，该机可用于板片下料，也可用于板片料的成型作业，是一台简单但较完整的自动机械。现代化自动机械一般应具备以下四大部分（系统）。

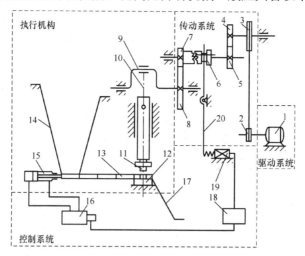

图 2.1　自动冲压机的结构示意图

1—电动机　2、3—皮带轮　4、5、7、8—齿轮　6—离合器　9—曲轴　10—冲杆

11—冲头　12—下模　13—毛坯　14—料斗　15—推料装置　16—控制阀

17—落料板　18—控制装置　19—电磁铁　20—杠杆

1. 驱动系统

驱动系统即自动机的动力源。动力源可以是电力驱动、液压驱动、气压驱动等。本机采用了电力驱动，即图 2.1 中的电动机 1。

2. 传动系统

传动系统的功能是将动力和运动传递给各执行机构或辅助机构，以完成规定的工艺动作。图 2.1 中件 2、3 带传动和件 4、5、7、8 两对齿轮传动共同组成了本机的传动系统。

3. 执行机构

执行机构是实现自动化操作与辅助操作的系统。图 2.1 中冲头 11 和推料装置 15 就是执行机构。

4. 控制系统

控制系统的功能是控制自动机的驱动系统、传动系统、执行机构等，将运动分配给各执行机构，使它们按时间、按顺序协调动作，由此实现自动机的工艺职能，完成自动化生产。图 2.1 中离合器 6、杠杆 20、电磁铁 19、控制装置 18 和控制阀 16 组成了控制系统。

自动机的基本组成可由图 2.2 来概括。

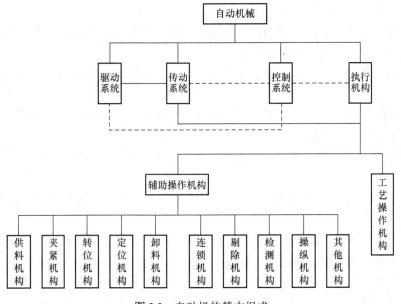

图 2.2　自动机的基本组成

2.1.2　自动机的控制系统

自动机械具有比一般机械高得多的生产率和产品质量的稳定性。在这类自动机械中，要保证整机各运动准确无误和动作协调一致的控制系统，始终发挥着类似人类神经系统一样的重要作用。各执行机构所按照工艺要求的动作顺序、持续时间、计量、预警、故障诊断和自动维修等，都是由控制系统来操纵的。

控制系统按动作顺序的控制可分为两类。

1. 时序控制系统

时序控制系统是指按时间先后顺序发出指令进行操纵的一种控制系统。例如，糖果包装机的送糖、送纸、折纸、扭纸、落糖等动作顺序，是靠凸轮分配轴来操纵的，这是一种纯机械式的时序控制系统。行列式制瓶机的 20 多个动作的顺序，是靠协调转鼓和各种气动控制阀来操纵的，这是一种气动式的时序控制系统。此外还有液压式、电气式和数码电子式的时序控制系统，它们在各种自动机上得到广泛应用，例如数控机床、加工中心、数控塑料成型机等自动机械就是利用微处理器或微型电子计算机和伺服电动机来控制自动机各机构顺序并协调动作，从而完成产品加工工艺的。

2. 行程控制系统

行程控制系统是按一个动作运行到规定位置的行程信号来控制下一个动作的一种控制系统。例如，包装机械中的装箱、封箱、贴条等动作，大多是由前一动作运行到动作终点位置时发出信号来实现控制的。然而，许多自动机械是兼有时序控制和行程控制系统的。

时序控制系统一般都是集中在一个地点发出指令，如凸轮分配轴、转鼓或数字脉冲、分配器等。用这种控制系统操纵的自动机械有以下优点：

1）能完成任意复杂的工作循环，各种信号都能通过凸轮的轮廓线或连杆机构尺寸参数的设计，来满足运动学或动力学的要求。

2）调整正常后，各执行机构不会互相干涉，分配轴即使转动不均匀，也不会影响各动作的顺序。

3）能保证在规定时间内，严格可靠地完成工作循环，故特别适合于高速自动机械。

但是，它也存在一些缺点：

1）灵活性差。当产品更换时，可能要更改部分或全部凸轮机构，给制造、安装与调试带来较大困难。

2）一般缺乏检查执行机构动作完成与否的装置，没有完成时不能自动停机，故不够安全。

有行程控制系统操纵的自动机械，就能克服上述时序控制系统的缺点。例如，某一执行机构运行到规定的位置，碰到该位置上的行程开关时，得到一个回答信号，作为启动下一个执行机构动作的指令，按照"命令—回答—命令"的方式进行控制，因而具有安全可靠的优点。一旦程序中途遭到破坏，就停留在事故发生的位置上，不会产生误动作。但是，用行程控制系统操纵的自动机械，由于动作持续时间较长，当第一个动作未全部完成时，第二个动作就不能开始，因而循环时间较长，不适合高速自动机械。

2.1.3　自动线的定义、特点及应用

自动生产线（或自动线）是在流水生产线的基础上发展起来的，它能进一步提高生产率和改善劳动条件，因此在工农业生产中发展很快。人们把按照产品加工工艺过程，用工件储存及传送装置把专用自动机以及辅助机械设备连接起来而形成的、具有独立控制装置的生产系统称作自动生产线，简称自动线或生产线，如啤酒灌装自动线、纸板纸箱自动生产线、香皂自动成型包装生产线等。

在自动生产线上，工件（原料、毛坯或半成品）上线后便以一定的节拍，按照设定的

加工顺序，自动地经过各个加工工位，完成预定的加工，最后成为符合设计要求的成品而下线。在自动线整个生产过程中，人工不参与直接的工艺操作，只是全面观察、分析生产系统的运转情况，定期加料、对产品质量进行抽样检查，及时地排除设备故障、调整维修、更换刀具或易损零件，保证自动线得以连续进行工作。

显然，自动线的自动化程度取决于人工参与生产的程度，若工件只是由贮送装置送到各个加工工位，在加工工位上主要是由人工操作机器或工具来完成规定的加工，这样的生产线一般称为生产流水线，其自动化程度比较低，主要工作是传送工件，例如服装生产线、制鞋生产线、玩具装配生产线、摩托车总装生产线、汽车装配生产线等。生产中一般把自动线、流水线统称为生产线。CIMS（Computer Integrated Manufacture System）、FMS（Flexible Manufacture System）、FA（Factory Automation）是高度自动化的生产系统，是自动线的最高形式。

采用自动线组织生产，有利于应用先进的科学技术和现代企业管理技术，可以简化生产布局，减少生产工人数量以及中间仓库和半成品贮存量，缩短生产周期，提高产品质量，增加产量，降低生产成本，改善劳动条件，促进企业生产实现现代化。但是，在同等条件下，自动线成本高，占地面积比较大，生产中的组织管理要求高，生产工人的活动范围比较大。

自动线适用于如下一些产品生产过程的生产：

1）定型、批量大、有一定生产周期的产品。

2）产品的结构便于传送、自动上下料、定位和夹紧、自动加工、装配和检测。

3）产品结构比较繁杂、加工工序多、工艺路线太长而使得所设计的自动机的子系统太多、结构太复杂、机体太庞大、难以操纵甚至无法保证产品的加工数量及质量，例如缝纫机机头壳体、减速器箱体、发动机箱体等。

4）以包装、装配工艺为主的生产过程。例如电池、牙膏类产品的生产；液体、固体物料的称重、填充、包装；汽车、摩托车、电视机组装等。

5）因加工方法、手段、环境等因素影响而不宜用自动机进行生产时，可设计成自动线，例如喷漆、清洗、焊接、烘干、热处理等。

通过对比分析可知，自动线相当于一台展开布置的或放大了的多工位自动机。自动线每个工位上的专用自动机（或其他设备）相当于多工位自动机上对应的执行机构（或装置），工位与工位之间通过工件贮存、传送装置联系起来。因此，自动线的设计方法、原则及要求、设计步骤等基本与一台多工位自动机的设计过程相仿。

2.1.4　自动线的组成及类型

自动线一般由以下四大类设备（装置与系统）组成。

1）主要工艺设备：专用的自动机。例如自动机床、自动冲压机、自动装配机、包装机、灌装机等。以啤酒灌装自动线为例，其自动线上的卸浆机、卸箱机、洗瓶机、灌装机、杀菌机、贴标机、装箱机、码垛机就是该自动线上的主要工艺设备。

2）辅助工艺装置：例如转位、翻转装置，夹紧装置，剔除装置，分选装置，排屑、排渣装置等。

3）物料贮存、传送装置：包括传送（如输送带、链板、输送辊）、贮存（料斗、料仓）和上下料装置（各种供料器、机械手）。

4）检测控制装置：包括检测（产品质量、故障寻查，环境监视检测器）、信号处理（数据处理、报警、反馈仪器）和控制系统。

自动线的形式随产品的性态和形态、工艺过程的性质、连线设备的性能及布局、生产节拍、生产条件（如厂房大小）、控制方式、人员技术水平、生产习惯等不同而有所不同，最基本的自动线有以下四种。

1. 直线型

将各种自动机加工设备及装置，按产品加工工艺要求，由传送装置将它们连接成一直线排列的自动线，工件由自动线的一端上线，由另一端下线。这种排列形式的自动线称为直线型自动线，简称直线型。

直线型是比较常用的一种自动线，根据自动机、传送装置、贮存装置布置的关系，直线型又可分成同步顺序组合、非同步顺序组合、分段非同步顺序组合和顺序—平行组合自动线，如图 2.3 和图 2.4 所示。

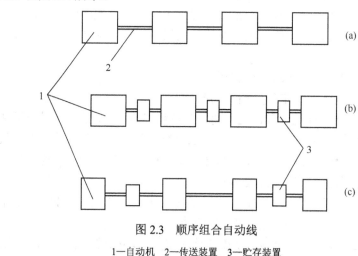

图 2.3 顺序组合自动线

1—自动机 2—传送装置 3—贮存装置

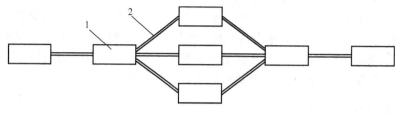

图 2.4 顺序—平行组合自动线

1—自动机 2—传送装置

如图 2.3（a）所示为同步组合自动线，各自动机用工件传送装置连接起来，以一定的生产节拍进行生产，无贮存装置（贮料器）。它的缺点是当某工位的操作、某台自动机或者其他装置发生故障时，必须整线停机，生产过程中的灵活性小。如图 2.3（b）所示为非同步顺序组合自动线，在自动机与自动机之间增设了贮料器。那么当某一工序出现事故时，其前所有工序照常工作，半成品送到贮料器中暂存，而其后所有工序可从贮料器中取出所需的半成品，继续进行加工，因而这种自动线生产率较之同步顺序组合自动线要高，生产过程也比较灵活。但是建设成本增加了，贮料器也可能出现故障。在有些情况下，可只在容易发生故障或出现事故的工位前后增设贮料器，如图 2.3（c）所示的分段非同步顺序组合自动线。当某工位的加工时间较长，造成该工位的生产节拍数倍于其他工位的生产节拍时，为了平衡自动线的生产节拍，可在该工位布置数台自动机同时加工，这就构成了如图 2.4 所示的顺序—平行组合自动线。

2. 曲线型

工件沿曲折线（如蛇形、之字形、直线与弧线组合等）传送，其他与直线型相同。

3. 封闭（或半封闭）环（或矩框）型

工件沿环形或矩形线传送，如图 2.5 所示。图 2.5（a）为矩框型，图 2.5（b）为环型。工件夹紧在随行夹具 5 上，由输送装置 1 沿矩形线输送，在直角处由转向装置 2 转向。转向装置 4 用于转换工件的加工面。

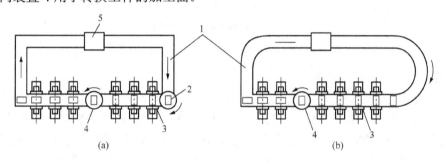

图 2.5　矩框型、环型自动线

1—输送装置　2、4—转向装置　3—自动机　5—随行夹具

4. 树枝型（或称为分支式）

工件传送路线如同树枝，有主干，有分支。

以上四种基本形式大多数为平面布置，亦有空间立体布置。

2.1.5　自动线的控制系统

自动线是由控制系统将组成自动线的所有自动机械和辅助设备连接成一个有机的整体。控制系统是指挥中心，操纵着自动线各个组成部分的工艺动作顺序、持续时间、预警、故障诊断和自动维修等。自动线的可靠性，在很大程度上取决于控制系统的完善程度以及可靠性。自动线对控制系统有如下一些要求：

1）满足自动线工作循环要求并尽可能简单。

2）控制系统的构件要可靠耐用，安装正确，调整、维修方便。

3）线路布置合理、安全，不能影响自动线整体效果和自动线工作。

4）应在关键部位，对关键工艺参数（如压力、时间、行程等）设置检测装置，以便当发生偶然事故时，及时发讯、报警、局部或全部停车。

自动线的控制方式可采用时序控制或行程控制、集中控制或分散控制。控制电路的逻辑关系取决于自动线的工作循环图。

2.1.6 自动生产线实例

【实例 2.1】 立式框型返回式自动线。

如图 2.6 所示，该自动线由上下两层组成，下层为加工段，上层为返回输送段。工件 3 由下层左端上线，由下输送装置 2 依次传至各个自动机 4 进行加工，到下层右端时，由提升机 6 将工件送上上层，由上输送装置 5 再将工件返回送给降落机 1，降落机将工件送出生产线。

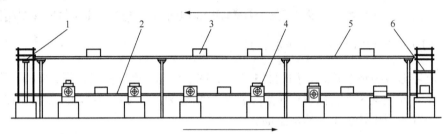

图 2.6 立式框型返回式自动线

1—降落机 2—下输送装置 3—工件 4—自动机 5—上输送装置 6—提升机

【实例 2.2】 苹果清洗生产线。

对苹果进行深加工前，一般要对其进行清洗、脱皮等预处理，这可组成一条生产线来完成。如图 2.7 所示，生产线从前向后依次分成前清洗、脱皮、后清洗和表面水烘干 4 段。苹果的输送采用辊式输送装置，输送辊 2 上套尼龙绳 3，尼龙绳既保证前、后两辊间的传动，又承托苹果。通过辊以及尼龙绳的拨动、上方水流的冲动以及苹果彼此间的碰撞等作用，苹果就翻滚着向前移动，喷淋水洗干净后落入盛果筐 4。盛果筐在盛液槽 5 内做上下往复直线运动，实现苹果在脱皮液中的浸泡和捞起。当盛果筐升起时，由拨果辊 6 将脱皮后的苹果依次推送到后清洗段，中和并冲洗掉脱皮化学液，再送入烘干段除去苹果表面的水滴。

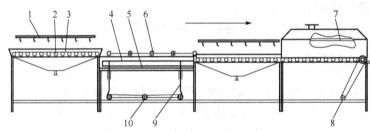

图 2.7 苹果清洗生产线

1—水管架 2—输送辊 3—尼龙绳 4—盛果筐 5—盛液槽 6—拨果辊

7—加热板 8—电机及减速器 9—撑杆 10—轮

【实例 2.3】 包装自动线。

如图 2.8 所示，它由称量机 1、制袋机 2、填料机 3、封口机 4、重量检测器 5、自动选别机 6、整形机 7、金属物探测机 8、传送带 9 等组成。包装后自动线用于各种粉粒料（如化肥、颗粒状化学品、粮食类）的自动制袋及包装。

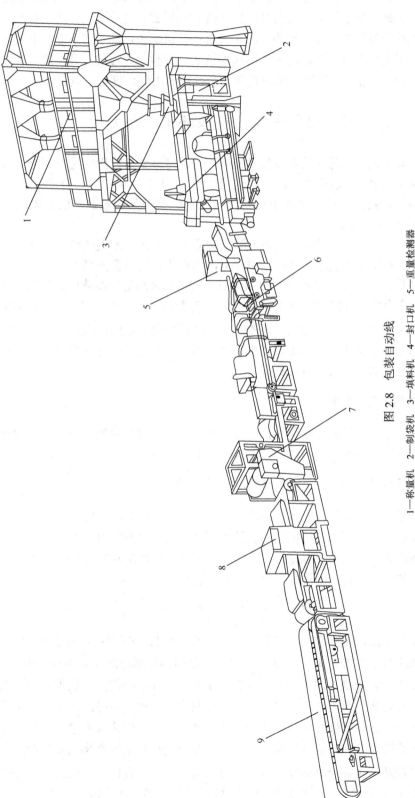

图 2.8 包装自动线

1—称量机　2—制袋机　3—填料机　4—封口机　5—重量检测器
6—自动选别机　7—整形机　8—金属物探测机　9—传送带

该自动线工作时，成卷的塑料带由制袋机 2 制成袋后送给填料机 3，物料经称量机 1 定量后由填料机 3 装入袋中，然后送到封口机 4 进行热压封口变成实包。实包被顺倒在传送带 9 上，经重量检测器 5 进行二次测重，不合格包被自动选别机 6 送到支道上处理。合格包经整形机 7 压辊整形后，再经过金属物探测机 8 进行检测。通过这几项检测合格的包，经计数器计数后，由传送带送出，或者直接装车，或者由码垛机堆码放置。

2.2 自动机与自动线的生产率分析

生产率是自动机与自动线的重要技术指标，因此有必要研究影响生产率的主要因素，以便掌握其内在规律，寻求提高生产率的途径。

自动机与自动线的生产率是指单位时间内所能生产产品的数量。它的单位可以是件/min、kg/min、瓶/min 等。

自动机的生产率分为三种：理论生产率、实际生产率和工艺生产率。

自动机械在正常工作状态运转时，单位时间内所生产的产品数量称为理论生产率，常用 Q_t 表示。考虑发生故障、检修或其他因素引起的停机时间之后而算出的单位时间内生产的产品数量，称为自动机械的实际生产率，常用 Q_p 表示。假定加工对象在自动机械上单位时间内的全部时间都连续接受加工，而没有空行程的损失，这时的生产率就称为自动机械的工艺生产率，常用 K 表示。因此，工艺生产率是在某种工艺条件下自动机械在单位时间内可能生产或完成加工产品的最大数量。

2.2.1 自动机的生产率分析

按自动机械生产过程的连续与否，自动机械可分为间歇作用型和连续作用型两大类。它们的生产率计算方法也是不相同的，现分述如下。

1. 间歇作用型自动机（第 I 类自动机）的生产率

间歇作用型自动机械的特点是，产品在自动机上的被加工、传送和处理等工作，是间歇周期地进行的。因此，该自动机械的理论生产率取决于生产节拍，即加工对象在自动机上的加工循环时间 t_p。对于多工位自动机械，t_p 是加工对象在各工位上的工作循环时间，如颗粒糖果包装机。这类自动机的理论生产率可表示为

$$Q_t = \frac{1}{t_p} = \frac{1}{t_k + t_f} \quad （件/min） \tag{2.1}$$

式中，t_p 为自动机的工作循环时间（即加工一个产品所需的时间）；t_k 为工作循环内的工艺操作时间（简称基本工艺时间）；t_f 为工作循环内的辅助操作时间（简称辅助操作时间）。

由式（2.1）知，t_k 是完成产品加工工艺要求必须保证的时间，一般可随加工工艺先进程度而变化。t_f 是辅助操作时间，如工作返回时间或空行程时间等，在保证产品质量和运行规定的情况下，t_f 应尽量减少。这两个时间均是设计人员要认真考虑的，只有设法减少了 t_k 和 t_f，自动机理论生产率 Q_t 才能提高，这就是自动机理论生产率的本质所在。当 t_f 减少到零时，这就是下面要介绍的连续作用型自动机。为论述方便，工程上常把间歇作用型自动机称为第 I 类自动机，把连续作用型自动机称作第 II 类自动机。

自动机的实际生产率总是低于自动机的理论生产率。其原因是任何一台自动机均存在

循环外时间损失。循环外时间损失是指自动机的各执行机构发生故障、自动机更换加工产品时的调整、自动机运动部件磨损后的修复或更换以及其他种种原因造成自动机的停机等的时间损失，常用 t_n 表示。所以，第 I 类自动机的实际生产率 Q_p 就表示为

$$Q_p = \frac{1}{t_k + t_f + t_n} \quad （件/min） \tag{2.2}$$

由式（2.2）看出，当自动机完全无任何停机时间损失（即 $t_n = 0$）时，$Q_p = Q_t$，但这是不可能的。实际生产中 t_n 总是大于零的，所以 Q_p 总是小于 Q_t。

实际上，自动机的理论生产率就是自动机的设计生产率，而自动机的实际生产率是自动机在使用过程中显示出来的生产率，若自动机的工作可靠性好，故障少，实际生产率就越接近理论生产率。而自动机的工作可靠性好坏，与自动机本身的工艺、结构、动力特性、自动机的制造精度、机件材料、产品和工具的特性，以及自动机的控制、检测系统的完善程度等因素都有很大关系。

2. 连续作用型自动机（第 II 类自动机）的生产率

连续作用型自动机的特点是，产品在自动机上的被加工、传送和处理等工作，是连续不断进行的，辅助操作时间与工艺时间重合，即被工艺时间 t_k 包容。因此，这类自动机械的理论生产率完全取决于加工对象在加工中移动的速度或自动机械的加工工艺速度。自动机械的加工工艺速度与所选择的工艺方案及其参数有关，可通过改进工艺或采用先进工艺等途径，提高工艺速度，使自动机的理论生产率随工艺速度的增加而增加。如转盘式液体灌装机，方便面包装机，塑料制袋、封口、切断、连续作业包装机等都属于连续作用型自动机。这类自动机的理论生产率 Q_t 完全取决于产品在自动机上的传送移动速度，移动速度越快，工艺时间越短，生产率越高。

式（2.3）是计算第 II 类自动机械理论生产率的公式。对于转盘式多工位连续作用型自动机，其理论生产率可表示为

$$Q_t = \frac{1}{t_p} = \frac{1}{\dfrac{1}{n_p \cdot N}} = n_p \cdot N \quad （件/min） \tag{2.3}$$

式中，n_p 为自动机械转盘的转速（r/min）；N 为转盘上产品工位数。

液体自动灌装机就属这类机型。在实际生产中，转盘转速受到灌装角（转盘旋转一周过程中实际灌装液体所占的角度）大小与灌装工艺时间的限制，在灌装角选定的情况下，转盘的转速 n_p 由式（2.4）确定：

$$n_p \leqslant \frac{\alpha}{360° \cdot t_k} （r/min） \tag{2.4}$$

式中，t_k 为液体由灌装阀流满瓶内所需的灌装工艺时间（min），它与液体的黏度、压力、灌装阀的结构等因素有关。当灌装工艺时间 t_k 已选定的情况下，增加工位数 N 可以提高理论生产率。因此，多工位连续作用型自动机械正向增加工位数的方向发展。如我国啤酒饮料灌装设备生产基地广东轻工业机械集团公司和广东潮阳轻机二厂的主要啤酒饮料生产线已从 8000 瓶/h、20000 瓶/h 发展到 48000 瓶/h 系列产品，灌装机的工位数分别从 40 头、60 头发展到 120 头。国外已推出更大生产能力的灌装机，如 192 头的 80000 瓶/h 玻璃瓶啤酒灌装机，164 头的 120000 罐/h 易拉罐灌装机。

【例2.1】 广东健力宝集团引进目前我国生产率最高的易拉罐生产线，其灌装机的灌装速度为 2000 罐/min，转盘工位数为 164 头，灌装角为 280°。问该灌装机的转速应为每分钟多少转？每灌一罐所需的工艺时间为多少秒？

解： 由 $Q_t = n_p \cdot N$，得

$$n_p = \frac{Q_t}{N} = \frac{2000}{164} \approx 12.2 \, (\text{r}/\text{min})$$

又由 $n_p \leqslant \dfrac{\alpha}{360° \cdot t_k}$，得

$$t_k \leqslant \frac{\alpha}{360° \cdot n_p} = \frac{280°}{360° \times 12.2} \approx 0.06375 (\text{min}) = 3.83 \, (\text{s})$$

可见，该灌装机转盘的转速约为 12.2r/min，每灌装一罐的工艺时间约为 3.83s。这里要注意灌装机的灌装工艺时间与灌装机每生产一罐产品所需时间是不同的。

和间歇作用型自动机一样，连续作用型自动机也存在循环外时间损失。在计算实际生产率时，必须将自动连续工作了一段时间之后的循环外的时间损失分摊到此期间加工出的每一件产品上。这样，连续作用型自动机的实际生产率 Q_p 可表示为

$$Q_p = \varepsilon \cdot Q_t \quad (\text{件}/\text{min}) \tag{2.5}$$

式中，ε 为连续作用型自动机的停顿（或停机）系数（$\varepsilon < 1$）。

如前面提到的理论生产率为 2000 罐/min 的易拉罐灌装机，若每小时因故障等原因停机 6min（即循环外的时间损失为 6min），则停机系数 ε 为 0.9，该机的实际生产率 Q_p 应为 1800 罐/min。

事实上，连续作用型自动机的实际生产率能否尽量接近其理论生产率，除与自动机本身的工艺、结构等原因有关外，还与对自动机的维护、保养、操作、管理等水平有很大关系。据某大型啤酒企业反映，同一种进口灌装自动机，国外企业使用的实际生产率可达理论生产率的 95%，而我们只能达到 80%，可见与使用者的使用技能和管理水平有直接关系。

2.2.2 自动线的生产率分析

自动线是由多台自动机按生产工艺流程组成的，自动线的组成方式不同，其生产率的计算公式也不一样，下面分类介绍。

1. 自动线的理论生产率 Q_{tx}

自动线的理论生产率通常以该自动线的中心机的生产率来选定，常用 Q_{tx} 表示，则自动线的实际生产率可表示为

$$Q_{px} = \varepsilon \cdot Q_{tx} \quad (\text{件}/\text{min}) \tag{2.6}$$

式中，ε 为自动线的停机参数，Q_{px} 为自动线的实际生产率。

当自动线为同步自动线、非同步自动线和连续作用型自动线时，其实际生产率分别用 $Q_{p \cdot q}$、$Q_{p \cdot s}$ 和 $Q_{p \cdot q}$ 表示。

2. 同步（刚性）自动线的实际生产率 $Q_{p \cdot q}$

如前所述，同步自动线是各自动机直接由运输系统和控制系统联系起来的，中间没有贮料器，当一台自动机因故障停机时，整条线也会停机。若组成该自动线的单机台数为 q，

则其生产率的公式应表示为

$$Q_{p \cdot q} = \frac{1}{t_k + t_f + q \cdot t_n} = \varepsilon \cdot Q_{tx} \quad （件/min） \quad (2.7)$$

由式（2.7）可知，当每台单机循环外的时间损失 t_n 一定时，自动线的单机台数越多，即 q 越大，整条自动线的实际生产率 $Q_{p \cdot q}$ 就越低。所以，在实际生产中，组成自动线的单机台数不宜太多。

3. 非同步（柔性）自动线的实际生产率 $Q_{p \cdot s}$

如前所述，非同步自动线是在各自动机之间设置了中间贮料器而组成的自动线，这种自动线中任何一台单机因故障停机都不会使整条线停机，故非同步自动线的实际生产率和单台自动机的实际生产率相同，可按式（2.2）表示为

$$Q_{p \cdot s} = \frac{1}{t_k + t_f + t_n} = \varepsilon \cdot Q_{tx} \quad （件/min） \quad (2.8)$$

4. 连续作用型自动生产线的实际生产率 $Q_{p \cdot r \cdot q}$

对于由连续作用型自动机组成的连续作用型自动线，生产率的计算公式与间歇作用型的公式（2.7）、式（2.8）不同。例如，由 q 台具有 N 头的转盘式自动机组成的自动线，实际生产率公式可表示为

$$Q_{p \cdot r \cdot q} = \frac{1}{\dfrac{1}{n_p \cdot N} + q \cdot t_n} = \varepsilon \cdot Q_{tx} \quad （件/min） \quad (2.9)$$

式中，n_p 为转盘转速。

【例 2.2】　某矿泉水灌装自动线，理论生产率 $Q_{tx} = 400$ 瓶/min。但该自动线在 8h 内，理瓶机停机 6 次，每次 3min；冲洗灌机停机 5 次，每次 2min；套标机停机 5 次，每次 4min；装箱机停机 3 次，每次 5min。试分别按同步自动线和非同步自动线计算该自动线的实际生产率。

　　解：按同步自动线计算，其停机系数为

$$\varepsilon = [8 \times 60 - (6 \times 3 + 5 \times 2 + 5 \times 4 + 3 \times 5)] / 8 \times 60 \approx 0.87$$

　　所以，该同步自动线的实际生产率 $Q_{p \cdot q}$ 为

$$Q_{p \cdot q} = \varepsilon \cdot Q_{tx} = 0.87 \times 400 = 348 \quad （瓶/min）$$

　　按非同步自动线计算，其停机系数为

$$\varepsilon = [8 \times 60 - (5 \times 4)] / 8 \times 60 \approx 0.96$$

　　所以，该非同步自动线的实际生产率 $Q_{p \cdot s}$ 为

$$Q_{p \cdot s} = \varepsilon \cdot Q_{tx} = 0.96 \times 400 = 384 \quad （瓶/min）$$

2.2.3　提高自动机与自动线生产率的途径

根据前面对自动机械与自动生产线实际生产率的分析，可以归纳出以下一些提高生产率的途径。

1. 减少循环内的空程和辅助操作时间 t_f

自动机械中各工作机构的辅助操作时间占有一定比重，在拟定工艺方案时，应力求使它与基本工艺时间 t_k 完全或部分重合。不能重合的空程运动，在保证工作机构的运动精度和可靠性前提下，尽量提高其工作速度，或采用慢进快退的运动机构。显然，连续作用型自动机，由于空程运动和辅助操作时间均包容在基本工艺时间内，就从根本上消除了循环内的各种时间损失。

2. 减少基本工艺时间 t_k

t_k 是影响生产率的最直接因素。减少工艺时间或提高工艺速度，只有从采用先进的新工艺着手，才能取得明显效果。例如采用皮带电子秤的新式计量工艺，使计量速度比老式杠杆秤提高效率好几倍，又如采用工艺先进的三室式等压灌装阀比旋塞式灌装阀灌装速度大为提高。采用"工艺分散原则"，把工艺时间较长的工序分散到自动机械的几个工位上，或自动线的几台自动机械上，也是一种常见的减少基本工艺时间的方法。另外，对于小型的简单形状加工对象实行多种平行加工，也可以使生产率成倍增加。

3. 减少循环外的时间损失 t_n

为了减少循环外的时间损失，可从以下 5 个方面入手。

1）提高刀具或模具的尺寸耐用度，正确选择其材料、表面处理方法、结构和几何参数，制定合理的加工参数等。同时采用快换装夹，改进调整机构和调整方法去减少更换和调整工具的时间。

2）减少机械设备的调整时间。可以从以下几方面着手：降低机构的复杂程度，减少调整机构的数量，尽量采用低副机构，保证工作表面具有良好润滑状态等。

3）尽量采用能满足自动操纵和连锁保护的电气设备控制系统，同时还必须设置必要的检测系统，实现故障自动诊断、自动剔除了自动报警和自动保护等功能，减少停机时间和次数。此外，尽量选择灵敏度可靠而且经久耐用的电气元件，如无触点开关和固体电路等，对改善电气设备的使用性能有着重要作用。

4）应尽量采用方便维修的液压、气动系统。为此，在液压、气动系统中，将控制阀等元件集中布置和采用易换组合式阀件是十分必要的。

5）必须加强对自动机或自动线中各种设备计划检修和维护保养工作；必须使生产组织和管理工作适应自动化生产的要求，消除组织管理工作上的不良影响，以避免额外地延长自动机或自动线的停机时间。

2.3 自动机与自动线的工艺方案选择

如前所述，工农业生产的行业多，加工材料多样化，加工性质多样化，这就必须有满足多种加工要求的机器设备。为了实现工农业生产过程的自动化，采用自动机和自动线，就必须首先考虑各行业工艺过程的特点。生产同一种产品，可以采用不同的工艺过程。针对某一具体情况，选择一种对实现自动化最为有效的工艺过程，这是工艺方案选择时要认真解决的问题。

工艺方案选择得是否合理，将直接影响到自动机或自动线的生产率、产品质量、机器的运动与结构原理、机器工作的可靠性以及机器的技术经济指标。为了正确地拟定自动机或自动线的工艺方案，必须深入地掌握各种加工工艺特点，研究它们的现状及发展方向，并且了解实现不同加工工艺的结构原理。

总之，工艺方案的选择是一个较为复杂的问题，必须从产品的质量、生产率、成本、劳动条件和环境保护等诸方面进行综合考虑。一般情况下必须同时拟定出几个方案，在分析、比较、必要时通过试验之后，最后确定一个先进、可靠、结构简单、原理先进、成本低廉的方案。

工艺方案选定之后，要绘制出工艺原理图（或称工艺流程图）。工艺原理图是设计自动机械的运动系统和结构布局的基础。通常在工艺原理图上应体现以下一些内容：

1）产品的大概特征与组成。

2）从工件到成品（或半成品）的具体工艺方法、工艺过程。

3）工件的运动路线、加工工艺路线。

4）加工的工艺顺序和工位数、工艺操作与辅助操作的顺序和数量。

5）工件在各工位上所要达到的加工状态及要求。

6）执行机构（刀具或工具）与工件的相互位置、对工件的作用方式、工作原理。

根据工艺原理图，大体上可以确定自动机械的运动特征、工作循环和总体布局方案等。尤其是在设计多工位自动机械时，工艺原理图更是不可缺少的原始资料。

下面通过一些实例来说明工艺原理图的绘制方法。

图2.9是链条装配工艺原理图。工艺过程共分成6步（工位），采用直线型工艺路线。首先把一个内片送上工位Ⅰ，在此工位将两个套筒同步由上向下压入内片内孔；进入工位Ⅱ，将两个滚子套在套筒上；在工位Ⅲ，压套上另一个内片；在工位Ⅳ，将两节由内片、套筒、滚子组成的链节对正，由下向上送一个外片，由上向下将两个销轴穿过套筒内孔而压入外片内孔；在工位Ⅴ，将另一个外片压套在销轴上；在工位Ⅵ，用4个冲头同步将销轴两个外片铆接，依次顺序连续自动完成装配任务。由图中可知这样一些内容：一节链条是由两个销轴、两个套筒、两个滚子、两个内片、两个外片共10个零件组成的；工艺过程的工位数目；在各工位装入零件的名称、数量、位置；装配的工艺方法、方式；工具的动作情况及要求；工艺路线、工件的传送方向等。

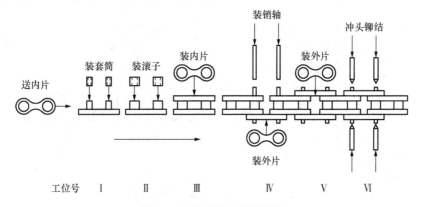

图2.9　链条装配工艺原理图

图2.10是化妆品自动灌装工艺原理图。工艺过程共分成10步（工位），采用双回转加

直线型工艺路线。送空盒到工位Ⅰ，沿圆弧转位到工位Ⅱ；转到工位Ⅲ进行灌装；转位到工位Ⅳ、工位Ⅴ，再沿直线到工位Ⅶ；沿圆弧转位到工位Ⅷ贴锡箔；工位Ⅸ压锡箔；在工位Ⅹ将送来的上盖扣在盒上；工位Ⅺ处卸成品。图中的工位Ⅵ、工位Ⅻ为无用工位，这是由转位机构造成的。该工艺原理图还大体展现出自动灌装机的总体布局和运动特征等。

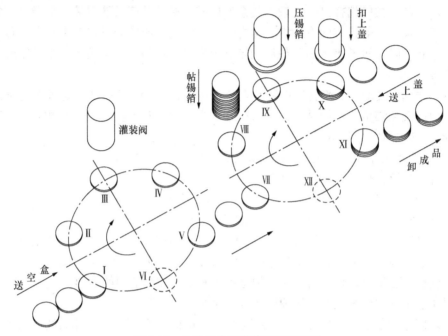

图 2.10　化妆品自动灌装工艺原理图

图 2.11 是压缩饼干包装工艺原理图。工艺过程共分成 6 步（工位），采用直线型工艺路线。在工位Ⅰ，橡皮纸卷筒 1 送下定长度的纸，送料机构 4 将饼干（已装料）向右推送的同时，旋转切纸刀 2 切断纸；在工位Ⅱ、Ⅲ、Ⅳ、Ⅴ、Ⅵ，折边器 3 等依次进行折边包裹，工位Ⅶ卸成品。图中还示出了各个执行机构（或工具）的工作原理及结构形式。

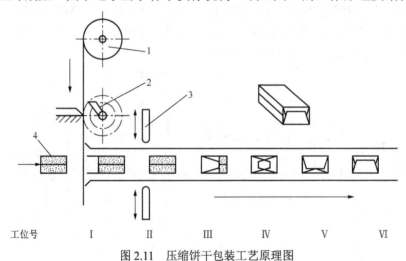

图 2.11　压缩饼干包装工艺原理图

1—橡皮纸卷筒　2—切纸刀　3—折边器　4—送料机构

对于动作较多较集中、在一个工位上又集中有好几个动作的工艺过程，若采用上述几种工艺原理图，就很难表示清楚，这时可以按照工艺过程的每一个动作或操作，顺序地绘制成其操作原理图，工件的结构形状也可以简化示出。工艺原理图与自动机的结构布局没有直接联系。

图 2.12 为糖果包装机的工艺原理图，它是按照工艺流程和操作顺序绘制的。由图中可知，该糖果包装机有 11 个工位，多数工位上都集中实现几个动作，如在第 6 工位上，既有糖钳闭合动作，又有前后冲头返回动作。

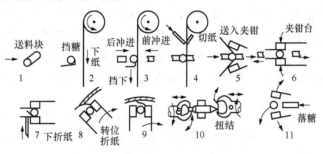

图 2.12 糖果包装机的工艺原理图

不管采用哪种表达方式，自动机的工艺原理图都必须形象、简练而清楚地表示出所有工艺动作及其先后顺序，以及辅助操作与产品加工的关系。因为随后的自动机的工作循环图、机构运动规律以及结构设计与选择等工作均是以此为基础的。

对于自动线，可在组成自动线的各个自动机的工艺原理图基础上，按照工艺流程绘出各单机所完成的工作，排列起来即成为自动线的工艺原理图。例如图 2.13 所示的装箱自动线的工艺原理图，它给出了小盒排列、装箱、封箱、贴封条、堆垛的各单机所完成的操作。

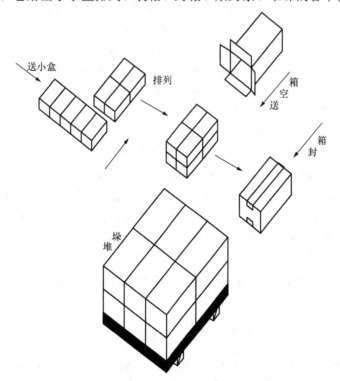

图 2.13 装箱自动线的工艺原理图

2.4 自动机的循环图

2.4.1 概述

在选定了自动机的工艺方案和工艺原理图之后，首先就要确定用什么样的传动方式以及什么样的装置和机构，才能实现机器的自动化生产，其次就是要考虑这些装置和机构的动作协调关系（包括各机构的动作顺序和相互制约关系）。在工程上，用来表达自动机各执行机构的运动循环在自动机工作循环内相互关系的示意图，称为自动机的循环图。循环图是设计、管理、使用、调试和维护自动机最重要的文件资料之一，可以说，没有循环图就没有自动机。

在间歇作用型自动机中，产品是间断地、周期性地生产出来的。通常把生产两个相邻产品之间的时间间隔，即生产一个产品所需的时间，称为自动机的工作循环。如前面介绍理论生产率时所述，工作循环时间用 t_p 表示。

自动机能完成生产任务，是各执行机构有规律地联合协调动作的结果。在自动机一个工作循环时间内，各执行机构均完成一定的周期运动。执行机构的运动周期或执行机构在起始位置之间运行的时间称为执行机构的运动循环，常用 t_k 表示。如三面切书机上的推书机构（图 2.14），凸轮 4 转动使推书板 2 由初始位置 A 移动到切书位置 B，然后又返回位置 A。这样一个循环过程作用的时间就是该机构的运动循环。推书板的运动除了用机械方式控制外，也可用液压或气动来控制。

执行机构的运动循环一般包括空程行进运动、工作行进或停留、空程返回和返回后停留 4 个阶段。因此其运动循环时间 t_k 表示为

$$t_k = t_{p'} + t_{0p} + t_d + t_{0d} \quad (\text{min 或 s}) \tag{2.10}$$

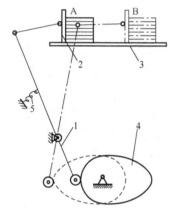

图 2.14 切书机推书机构图

1—摆杆 2—推书板 3—工作台
4—凸轮 5—拉簧

式中，$t_{p'}$ 为执行机构空程行进运动时间；t_{0p} 为执行机构工作行进或工作停留时间；t_d 为执行机构空程返回运动时间；t_{0d} 为执行机构返回后的等待停留时间。

机械式自动机的各执行机构的凸轮一般集中在一根或几根分配轴（凸轮轴）上，分配轴转一圈，各执行机构也都按顺序完成一次预定动作，自动机就加工出一个产品。可见，自动机的工作循环时间 t_p 与其任一个执行机构的运动循环时间 t_k 是相等的，即等于凸轮分配轴转一转所需的时间。

如前所述，间歇作用型自动机的理论生产率 Q_t 等于自动机工作循环的 t_p 倒数。由于 t_p 等于 t_k，故有

$$Q_t = \frac{1}{t_p} = \frac{1}{t_k} = \frac{1}{t_{p'} + t_{0p} + t_d + t_{0d}} \tag{2.11}$$

由式（2.11）可知，为了提高自动机的理论生产率，必须减少执行机构的循环时间 t_k，也就是减少 $t_{p'}$、t_{0p}、t_d 或 t_{0d} 的时间。其中 $t_{p'}$ 和 t_{0d} 与工艺过程的工艺参数有关，t_d 与执行机构的运动规律有关，而 t_{0d} 则与自动机的整体循环图设计有关。

在间歇作用型多工位自动机中，自动机的工作循环与工作台的转位机构的运动循环相同。要缩短转位机构的运动循环，首先应减少多工位自动机上操作时间最长的工位，即限制该工位上的执行机构的运动循环时间。这是设计者必须充分考虑的问题。

对于连续作用型自动机，通常也包括一些做周期运动的执行机构，如灌装机中托瓶台机构的周期性升降，吹泡机中模型机构的周期性开合等，它们也具有一定的运动循环。但是，这些执行机构的运动循环主要是由工艺速度决定的。

2.4.2　自动机的循环图

循环图分两种，一种是自动机执行机构的运动循环图，另一种是自动机的工作循环图，下面分别说明。

1. 执行机构的运动循环图

自动机的工作循环图是由各执行机构的运动循环经过统一协调后组成的，因此，首先必须绘制各执行机构的运动循环图。执行机构的运动循环主要是根据工艺要求进行设计的，执行机构运动循环图是绘制自动机工作循环图的基础。

表示执行机构运动循环的图形称为执行机构的运动循环图。在图 2.15 所示的自动冲压机中，冲头 2 的上下运动是通过凸轮机构 1 实现的。冲头 2 的运动循环由以下 4 个部分组成：冲头在初始位置的等待停留时间 t_{0d}，冲头空程前进运动和工作行程时间 t_p 和 t_{0p}，冲头空程返回时间 t_d，故冲头的运动循环 t_k 可以用式（2.10）表示，也可以用图形表示。

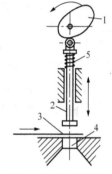

图 2.15　自动冲压机

1—凸轮　2—冲头　3—工件
4—下冲模　5—压簧

用图形表示运动循环 t_k 有以下 3 种形式。

（1）直线式循环图

如图 2.16（a）所示，直线式循环图是将运动循环各运动区段的时间及顺序按比例绘制在直线坐标上。由图可以看出这些运动状态在整个运动循环图内的相互关系及所占时间。

（2）圆环式循环图

如图 2.16（b）所示，圆环式循环图是将运动循环的各运动区段的时间及顺序按比例绘制在圆形坐标上，这对于具有凸轮分配轴或转鼓的自动机械尤其合适，因为 360° 圆形坐标正好与分配轴或转鼓的一整转一致。

（3）直角坐标式循环图

如图 2.16（c）所示，直角坐标式循环图以横坐标按比例表示运动循环内各运动区段的时间或分配轴转角，纵坐标（可不按比例）表示执行机构的运动状态，用平行于横坐标轴的线段表示机构处在停留状态，倾斜线段表示机构处在运动状态，一般以上升线段表示工作行程，下降线段表示返回行程。比较图 2.16（a）～（c）可知，直角坐标式循环图比其他两种循环图更能清楚地表示执行机构的运动状态，因此，在工程实践中得到较广泛的应用。

2. 自动机的工作循环图

自动机的工作循环图是将自动机各执行机构的运动循环图按同一时间（或分配轴转角）

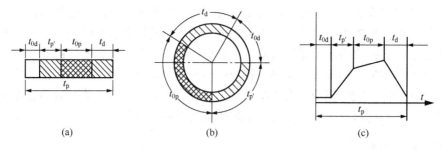

图 2.16　运动循环圈的表示方法

的刻度，按比例绘在一起的总图。绘图时，它总是以某一主要执行机构的工作起点为基准，表示出各执行机构的运动循环相对于该主要执行机构动作的先后次序。

自动机的工作循环图和执行机构的运动循环图一样，也有直线式、圆环式、直角坐标式 3 种表示形式。

图 2.17 是某陶瓷滚压成型机动作原理图。本机为间歇作用型回转式四工位自动滚压成型机 [图 2.17（a）]。在 I 工位由人工将石膏模放在转盘的工位孔中，在 II 工位将泥料放在石膏模上，III 工位为滚压成形工位，其结构见图 2.17（b）。转盘能升降，并由槽轮机构使它转位，这个动作便将 II 工位上带有泥料的石膏模送到 III 工位的托盘上，同时将 III 工位上滚压好的坯模转送到卸模工位 IV。III 工位的滚压头能升降及摆动，当下摆时，与石膏模一起把泥料滚压成盘形坯料。

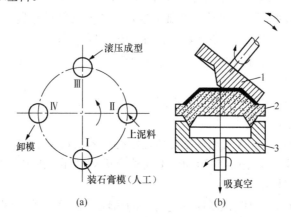

图 2.17　某陶瓷滚压成型机动作原理图

1—滚压头　2—石膏模　3—托模盘

图 2.18 是上述陶瓷滚压成型自动机的 3 种形式的工作循环图。这台成型机的凸轮分配轴控制 4 个执行机构的动作：①滚压头升降；②滚压头偏摆；③转盘台升降；④真空泵阀门开闭。这 4 个执行机构的运动循环经过动作循环协调统一的过程绘制在图 2.18 中，就形成了该陶瓷成型机的工作循环图。因本自动机是由分配轴集中控制各执行机构动作顺序，故循环图的自变量用分配轴的转角表示。

由图 2.18 可知，直线式循环图（a）的绘制比较简单，但动作状态表示不形象。圆环式循环图（b）便于在分配轴上直观地看出各执行机构的主动件（凸轮）在分配轴上所处的相互位置，便于凸轮的安装和调整，但是，当执行机构太多时，由于同心圆太多而显得不够清楚。直角坐标式循环图（c）可获得各执行机构运动循环的动作状态以及各循环在自动机工作循环内相互关系的清晰概念。因此，这种循环图在自动机的设计、测绘、调试中被广泛应用。

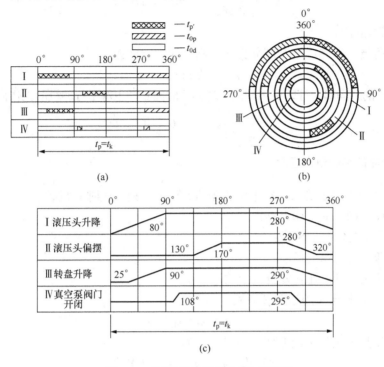

图 2.18　陶瓷滚压成型机工作循环图

2.5　自动机循环图的设计与计算

2.5.1　执行机构运动循环图的设计与计算

　　自动机执行机构运动循环图是自动机循环图的组成部分，它的设计一般是在自动机的理论生产率已初步确定、工艺方案已经选定且传动方式和执行机构结构均已选定的基础上进行的。其设计步骤如下：

　　1）确定执行机构的运动循环（时间）；

　　2）确定运动循环的组成区段；

　　3）确定运动循环内各区段的时间（或分配轴转角）；

　　4）绘制执行机构的运动循环图。

　　现以打印机的打印头机构为例说明执行机构运动循环图的设计和计算方法。打印头的结构原理如图 2.19 所示，打印头 2 在凸轮 1 的作用下在产品 3 上打印。

　　下面就上述 4 个步骤分别阐述。

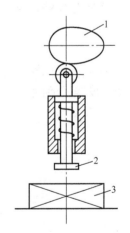

图 2.19　打印头机构原理图

1—凸轮　2—打印头　3—产品

1. 确定打印头的运动循环 t_k

　　若给定打印机的生产纲领为 4000 件/班，停顿系数 $\varepsilon =0.85$，则理论生产率为

$$Q_t = \frac{4000/0.85}{8 \times 60} = 9.8 \quad (件/min)$$

可取 $Q_t = 10(件/min)$。

若分配轴每转一转完成一个产品打印，则分配轴转速为

$$n = 10 \quad (r/min)$$

分配轴每转一转的时间即为打印头机构的运动循环时间 t_k，也等于打印机的工作循环 t_p，故

$$t_k = \frac{1}{n} = \frac{1}{10}(min) = 6 \quad (s)$$

2. 确定运动循环的组成区段

根据产品打印的工艺要求，打印头的运动循环由下列 4 段时间组成：

$t_{p'}$——打印头向下的打印运动；

t_{0p}——打印头打印时的停留；

t_d——打印头向上返回运动；

t_{0d}——打印头返回后在初始位置上的停留。

按式（2.10），打印头的运动循环表示为

$$t_k = t_p + t_{0p} + t_d + t_{0d}$$

若用角度来表示打印头的运动循环，则可表示为

$$\phi_k = \phi_{p'} + \phi_{0p} + \phi_d + \phi_{0d} = 360° \tag{2.12}$$

3. 确定运动循环内各区段的时间（或分配轴转角）

根据工艺要求，打印头应在产品上的停留时间为

$$t_{0p} = 0.2 \quad (s)$$

则相应的分配轴转角为

$$\phi_{0p} = 360° \frac{t_{0p}}{t_k} = 360° \times \frac{0.2}{6} = 12° \tag{2.13}$$

根据执行机构可能实现前运动规律，初步确定 $t_{p'} = 1.5s$，$t_d = 1.3s$，则 $t_{0d} = 3s$，相应的分配轴转角分别为

$$\phi_{p'} = 360° \times \frac{t_{p'}}{t_k} = 360° \times \frac{1.5}{6} = 90°$$

$$\phi_d = 360° \times \frac{t_d}{t_k} = 360° \times \frac{1.3}{6} = 78°$$

$$\phi_{0d} = 360° \times \frac{t_{0d}}{t_k} = 360° \times \frac{3}{6} = 180°$$

4. 绘制执行机构的运动循环图

将以上计算结果绘成直角坐标式循环图，如图 2.20 所示。有了运动循环图，就可以进行凸轮轮廓设计。

2.5.2　自动机循环图的设计与计算

合理地设计自动机的循环图，是提高自动机理论生产率的一个重要途径。在确定了自动机各执行机构的运动循环图之后，应进一步设计自动机的循环图。

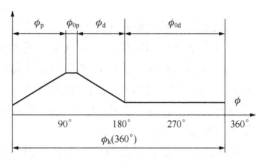

图 2.20　打印头机构运动循环图

自动机循环图设计的主要任务就是要建立各执行机构运动循环之间的正确联系，也就是要进行各执行机构运动的同步化（或协调化），从而达到最大限度地缩短自动机的工作循环。
自动机的工作循环图实质上就是自动机各执行机构运动的同步图（或协调图）。

各执行机构运动的同步化，分为时间同步化和空间同步化。

1. 执行机构运动循环的时间同步化

执行机构之间的运动只有时间上的顺序关系，而无空间上的干涉关系，建立这些机构运动循环之间的正确联系的问题称为运动循环的时间同步化问题。

（1）两个执行机构运动循环的时间同步化

现以有两个执行机构的自动打印机（图 2.21）为例说明运动循环的时间同步化问题。

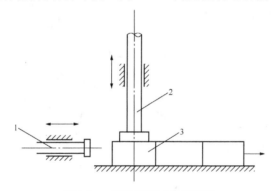

图 2.21　打印机的工作原理图

1—推送机构　2—打印头　3—产品

该打印机的整个工艺过程为：推送机构 1 首先将产品 3 送至被打印的位置，然后打印头 2 向下动作，完成打印操作；在打印头退回原位后，推送机构再推送另一个产品向前准备打印，并把已打印好的产品顶走，打印头再下降；如此反复循环，完成自动打印的动作。显然，机构 1 和 2 对产品 3 顺序动作，其运动只有时间上的顺序关系，而在空间上不发生干涉。

假定机构 1 和机构 2 的运动规律已按工艺要求基本确定，即这两个执行机构运动循环图已经做出，如图 2.22（a）和（b）所示。两个机构的运动循环分别为 t_{k1} 和 t_{k2}，一般来说 $t_{k1} = t_{k2}$。

按简单办法来确定这两个机构的运动顺序是：机构 1 动作完成之后，机构 2 才开始运动；而在机构 2 的运动完成之后，机构 1 才开始运动，这样两机构的运动在时间上是不重合的。这时，打印机的循环图将如图 2.22（c）所示。其总的工作循环将为最长的工作循环，即

$$t_{pmax} = t_{k1} + t_{k2} \tag{2.14}$$

　　显然，这种循环图是不合理的。实际上，两机构在空间上没有干涉现象，可以同时动作。因为根据打印要求，只要机构 1 把产品推到打印位置时，打印机构 2 就可以在这一瞬时与产品接触打印。因此，两机构运动循环在时间上的联系点由循环图上的 A_1 与 A_2 两点决定，即机构 1 与机构 2 同时到达加工位置处的时刻，就是它们的运动在时间上联系的极限情况。这时，打印机总的工作循环将为最短的工作循环，如图 2.22（d）所示。使两机构运动循环图的 A_1 和 A_2 点相重合，并且将机构 2 的停留时间中的部分停留时间 ΔT 从右端移动到左端，得到具有最短工作循环的循环图，并且有

$$t_{pmin} = t_{k1} = t_{k2} \tag{2.15}$$

但是，实际上，如果按 A_1 和 A_2 重合的极限情况来设计循环图是不可靠的，因为：

　　1）机构运动规律的误差；

　　2）机构运动副存在间隙；

　　3）机构元件的变形；

　　4）机构的调整、安装存在误差；

　　5）运动冲击等产生的运动误差。

　　因此，必须使机构 2 的 A_2 点在时间上比机构 1 的 A_1 滞后时间 Δt，才能保证两机构正常可靠运行。时间滞后量 Δt 的大小应根据实际情况综合确定。考虑时间滞后量的循环图如图 2.22（e）所示。

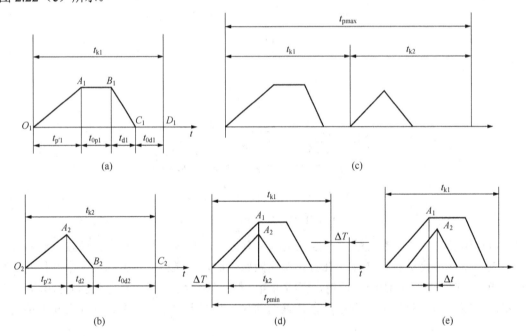

图 2.22　运动循环的时间同步化过程

　　图 2.23 是经过时间同步化以后具有合理工作循环的循环图。由图可知，两机构的运动在时间上是重合的，使整个工作循环时间缩短了，从而使打印机的理论生产率获得提高。

　　一般说来，对于只具有时间上顺序关系的执行机构，不管有多少个执行机构，只要根据它们的运动循环图就可以进行整机工作循环图同步化设计了。

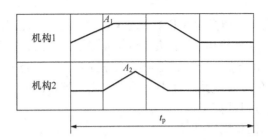

图 2.23　同步化后的工作循环图

（2）多个执行机构运动循环的时间同步化

当自动机具有更多执行机构时，同步化步骤是一样的。为进一步说明在循环图同步化设计中的一些技巧问题，再给出图 2.24 所示的自动电阻压帽机作为实例，讨论具有送料、夹料和压帽 3 个执行机构的运动循环图的同步化过程。

1）绘制工艺原理图，分析工艺操作顺序。产品由一个坯料 1 和两个铜帽 2 装配而成，如图 2.24（a）所示。它们的工艺原理如图 2.24（b）所示，包括以下 3 个工艺过程 [参见图 2.24（b）、（c）]。

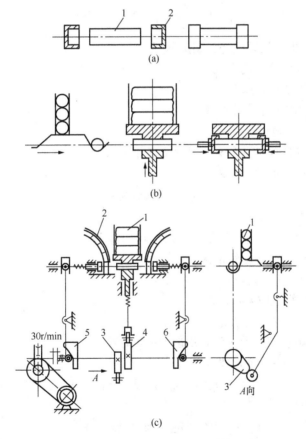

图 2.24　电阻压帽自动机的工艺与传动原理图

1—坯料　2—铜帽　3—送料机构　4—夹紧机构　5、6—压帽机构

第 1 步，送电阻坯料，送料机构 3 从料仓中取出坯料 1 并送至压帽工位。

第 2 步，坯料夹紧定位，夹紧机构 4 把电阻坯料 1 夹紧定位，送料机构 3 退回原位。

第 3 步，送帽/压帽，压帽机构 5 和 6 将电阻帽 2 快速送到加工位置，然后慢速压到电阻坯料上；操作完毕后，压帽机构复位，夹紧机构 4 退回，加工好的产品自由落入受料箱内。

以上动作，完全采用凸轮分配轴进行自动顺序控制。从工艺原理图不难看出，各执行机构的运动只有时间上的顺序关系，而不会发生空间干涉，因此，只要根据各执行机构的运动循环图，就可以进行时间同步化设计了。

2）绘制各执行机构的运动循环图。

第 1 步，确定各执行机构的运动循环 t_k。若给定电阻压帽自动机的生产纲领为 12240 件/班及停顿系数 $\varepsilon = 0.85$，则理论生产率为

$$Q_t = \frac{12240/0.85}{60 \times 8} = \frac{14400}{60 \times 8} = 30\,（件/\min）$$

凸轮分配轴每转一转加工一个产品，则分配轴转速

$$n = 30\,（r/\min）$$

分配轴每转一转的时间就是电阻压帽自动机的工作循环 t_p，也等于各个执行机构的运动循环 t_k，所以，

$$t_p = t_k = \frac{1}{n} = \frac{1}{30}（\min） = 2\,（s）$$

第 2 步，确定各机构运动循环的组成区段。

- 送料机构 3 运动循环的组成区段：

$t_{p'3}$——送料机构的送料运动；

t_{0p3}——送料机构的工作位置停留；

t_{d3}——送料机构的返回运动；

t_{0d3}——送料机构的返回后停留（初始位置停留）。

因此，送料机构 3 的运动循环 t_{k3} 为

$$t_{k3} = t_k = t_{p'3} + t_{0p3} + t_{d3} + t_{0d3}$$

相应的分配轴转角为

$$\phi_{k3} = \phi_{p'3} + \phi_{0p3} + \phi_{d3} + \phi_{0d3} = 360°$$

- 夹紧机构 4 运动循环的组成区段：

$t_{p'4}$——夹紧机构的工作运动；

t_{0p4}——夹紧机构的工作位置停留；

t_{d4}——夹紧机构的返回运动；

t_{0d4}——夹紧机构的返回后停留（初始位置停留）。

因此，夹紧机构 4 的运动循环 t_{k4} 为

$$t_{k4} = t_k = t_{p'4} + t_{0p4} + t_{d4} + t_{0d4}$$

相应的分配轴转角为

$$\phi_{k4} = \phi_{p'4} + \phi_{0p4} + \phi_{d4} + \phi_{0d4} = 360°$$

- 压帽机构 5 或 6 运动循环的组成区段：

$t_{p'5}$——压帽机构的快速送帽运动；

t_{0p5}——压帽机构的慢速压帽运动；

t_{d5}——压帽机构的返回运动；

　　t_{0d5}——压帽机构的返回后停留（初始位置停留）。

因此，压帽机构 5 的运动循环 t_{k5} 为

$$t_{k5}=t_k= t_{p'5}+t_{0p5}+t_{d5}+t_{0d5}$$

相应的分配轴转角为

$$\phi_{k5} = \phi_{p'5} + \phi_{0p5} + \phi_{d5} + \phi_{0d5} = 360°$$

　　第 3 步，确定各机构运动循环内各区段的时间及分配轴转角。把送料机构 3 作为主要机构，以其工作起点为基准进行同步化设计。

　　• 送料机构 3 运动循环各区段的时间及分配轴转角。根据工艺要求，并经实验证实，送料机构工作位置停留时间应取 $t_{0p3}=\dfrac{1}{3}(\mathrm{s})$，则相应的分配轴转角为

$$\phi_{0p3} = 360°\frac{t_{0p3}}{t_k} = 360°\frac{1}{3\times2} = 60°$$

根据运动规律初定

$$t_{p'3} =\frac{1}{2}(\mathrm{s}), \quad t_{d3} =\frac{1}{2}(\mathrm{s}),\ 则\ t_{0d3} =\frac{2}{3}(\mathrm{s})$$

相应分配轴的转角为

$$\phi_{p'3} = 360°\frac{t_{p3}}{t_k} = 360°\times\frac{1}{2\times2} = 90°$$

$$\phi_{d3} = 360°\frac{t_{d3}}{t_k} = 360°\times\frac{1}{2\times2} = 90°$$

$$\phi_{0d3} = 360°\frac{t_{0d3}}{t_k} = 360°\times\frac{2}{3\times2} = 120°$$

　　• 夹紧机构 4 运动循环内各区段的时间及分配轴转角。根据工艺要求并参照有关生产实践，取夹紧机构工作停留时间为 $t_{0p4}=\dfrac{11}{12}(\mathrm{s})$，相应的分配轴转角为

$$\phi_{0p4} = 360°\frac{t_{0p4}}{t_k} = 360°\times\frac{11}{12\times2} = 165°$$

根据运动规律初定

$$t_{p'4} =\frac{5}{12}(\mathrm{s}), \quad t_{d4} =\frac{5}{12}(\mathrm{s}),\ 则\ t_{0d4} =\frac{1}{4}(\mathrm{s})$$

相应分配轴转角为

$$\phi_{p'4} = 360°\frac{t_{p4}}{t_k} = 360°\times\frac{5}{12\times2} = 75°$$

$$\phi_{d4} = 360°\frac{t_{d4}}{t_k} = 360°\times\frac{5}{12\times2} = 75°$$

$$\phi_{0d4} = 360°\frac{t_{0d4}}{t_k} = 360°\times\frac{1}{4\times2} = 45°$$

　　• 压帽机构 5 运动循环内各区段的时间及分配轴转角。根据工艺要求，取压帽机构 5 的慢进压帽时间为 $t_{0p5}=\dfrac{23}{36}(\mathrm{s})$，相应的分配轴转角为

$$\phi_{0p5} = 360^\circ \frac{t_{0p5}}{t_k} = 360^\circ \times \frac{23}{36 \times 2} = 115^\circ$$

根据运动规律初定

$$t_{p'5} = \frac{5}{12}(\text{s}), \quad t_{d5} = \frac{1}{2}(\text{s}), \quad \text{则} \ t_{0d5} = \frac{4}{9}(\text{s})$$

相应分配轴转角为

$$\phi_{p'5} = 360^\circ \frac{t_{p5}}{t_k} = 360^\circ \times \frac{5}{12 \times 2} = 75^\circ$$

$$\phi_{d5} = 360^\circ \frac{t_{d5}}{t_k} = 360^\circ \times \frac{1}{2 \times 2} = 90^\circ$$

$$\phi_{0d5} = 360^\circ \frac{t_{0d5}}{t_k} = 360^\circ \times \frac{4}{9 \times 2} = 80^\circ$$

第 4 步，绘制各机构的运动循环图。用以上计算结果，分别绘制 3 个执行机构的运动循环图，如图 2.25 所示。

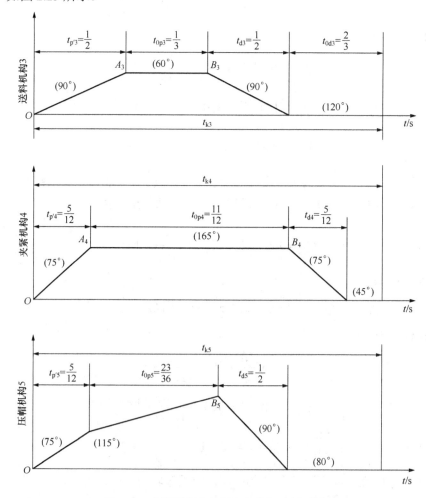

图 2.25　电阻压帽自动机各机构运动循环图

3）各执行机构运动循环的时间同步化设计。

第 1 步，确定电阻压帽自动机最短的工作循环 t_{pmin}。根据工艺要求，3 个机构的运动可在时间上重合，当送料机构 3 将电阻坯料送到加工位置（A_3 点）后，夹紧机构 4 就可以将坯料夹紧（A_4 点），压帽机构 5 就可开始对电阻坯料进行慢速压帽操作（A_5 点）。3 个机构运动循环在时间上的联系点由循环图上的 A_3、A_4、A_5 点 3 点决定。使这 3 个机构的循环图上 A_3、A_4 和 A_5 3 点重合，是 3 个机构运动在时间上联系的极限情况，就可得到自动机最短的工作循环时间 t_{pmin}。最短工作循环的循环图如图 2.26 所示。

由图 2.26 可知：

$$t_{pmin} = t_{p'4} + t_{0p4} + t_{d4} + (t_{p'3} - t_{p'4})$$
$$= \frac{5}{12} + \frac{11}{12} + \frac{5}{12} + \left(\frac{1}{2} - \frac{5}{12}\right)$$
$$= 1\frac{5}{6}(s)$$

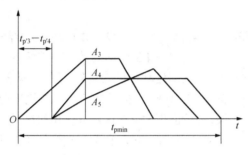

图 2.26　最短工作循环图

但是，由于前面介绍过的各种实际误差因素存在，不应让 A_3、A_4 和 A_5 三点重合，必须让机构 4 的 A_4 点滞后机构 3 的 A_3 点；机构 5 的 A_5 点滞后机构 4 的 A_4 点。它们的滞后量（或称错移量）分别用 Δt_3 和 Δt_4 表示，其量值大小根据自动机的工作情况，通过试验或类比方法加以确定。考虑运动滞后量的同步化运动循环图如图 2.27 所示。

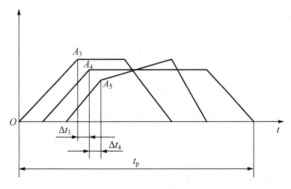

图 2.27　考虑运动滞后量的同步化循环图

第 2 步，计算同步化后电阻压帽自动机的工作循环 t_p。由图 2.26 及图 2.27 可知

$$t_p = t_{pmin} + \Delta t_3$$

若取 $\Delta t_3 = \frac{1}{6}(s)$，　$\Delta t_4 = \frac{1}{12}(s)$，相应的分配轴转角的滞后量为

$$\Delta\phi_3 = 360° \times \frac{\Delta t_3}{t_p} = 360° \times \frac{1}{6 \times 2} = 30°$$

$$\Delta\phi_4 = 360° \times \frac{\Delta t_4}{t_p} = 360° \times \frac{1}{12 \times 2} = 15°$$

电阻压帽自动机同步化的工作循环时间为

$$t_p = t_{pmin} + \Delta t_3 = 1\frac{5}{6} + \frac{1}{6} = 2 \text{（s）}$$

此值正好与理论生产率 Q_t 对应的工作循环时间一致。

4）绘制电阻压帽自动机的工作循环图各执行机构运动循环时间同步化后，就可绘制自动机的工作循环图（图 2.28）。利用此工作循环图就可以设计凸轮分配轴上的各凸轮轮廓曲线。

一般来说，通过以上设计过程，就已经完成了这台自动机各机构同步化设计了。按照上述工作循环图设计加工出的凸轮分配轴控制系统，就能使该自动机各执行机构的动作协调一致。

从进一步挖掘潜力来提高自动机生产率的设计角度出发，再深入分析已设计出的工作循环图（图 2.28）可以发现，在送料机构 3 运动的前 45° 转角内，机构 4 和机构 5 均处于停歇状态，而在机构 4 与机构 5 返回运动中的约 45° 范围（即 315°～360°）内，机构 3 处于停歇状态。若在 315°～360° 的范围内，把机构 4 与 5 的这部分返回运动移到 0°～45° 范围内，代替原来的停歇区段，从而把机构 3 这部分停歇时间截掉。像这样处理，只是执行机构的停歇时间减少了 45° 所对应的时间，它不会改变原来的工艺操作时间，这就得到一个如图 2.29 所示的截短后的工作循环图。其工作循环由原来的 t_p（或 ϕ_p）减少到 t_p' 或 ϕ_p'。

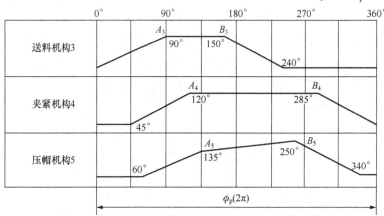

图 2.28　电阻压帽自动机工作循环图

截去 45° 后的工作循环时间变成：

$$t_p' = \frac{\phi_p'}{\phi_p} \cdot t_p = \frac{315°}{360°} \times 2 = 1.75 \text{（s）}$$

相应的分配轴转速和理论生产率为

$$n_p' = \frac{1}{t_p'} = 34.3 \text{（r/min）}$$

$$Q'_t = 34.3（件/min）$$

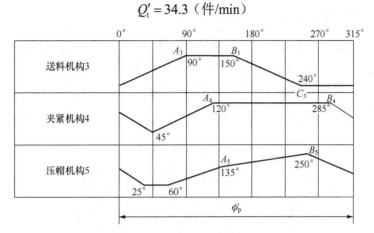

图 2.29　截短后的工作循环图

由以上分析可知，原来需要 2s 生产一件产品，修正后只需 1.75s 就能生产一件产品，显然生产率进一步提高。但修正后的循环图中，ϕ'_p 只有 315°，而生产一件产品，分配轴必须转 360° 才能完成一件产品。为此，要对图 2.29 进行修正。修正的办法是：在保证 $t'_p = 1.75$s 情况下，把 $\phi'_p = 315°$ 扩大到 360°，图中各执行机构按图形比例或用分析法求出各运动循环。修正后各机构运动循环各区段对应点的凸轮分配轴转角为 ϕ'_x，即

$$\phi'_x = \phi_x \cdot \frac{t_p}{t'_p}$$

式中，ϕ_x 为修正前各机构运动循环区段对应点的凸轮分配轴转角。

以送料机构为例，图 2.26 中 A_3（90°）、B_3（150°）和 C_3（240°），按上述计算有

$$\phi'_{A_3} = \phi_{A_3} \cdot \frac{t_p}{t'_p} = 90° \times \frac{2}{1.75} = 103°$$

$$\phi'_{B_3} = \phi_{B_3} \cdot \frac{t_p}{t'_p} = 150° \times \frac{2}{1.75} = 171°$$

$$\phi'_{C_3} = \phi_{C_3} \cdot \frac{t_p}{t'_p} = 240° \times \frac{2}{1.75} = 274°$$

把另外两个执行机构的对应点角度也按此法计算出来后，就可画出最终修正后的电阻压帽自动机工作循环图（图 2.30）。

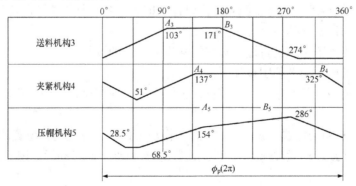

图 2.30　修正后电阻压帽自动机的工作循环图

2. 执行机构运动循环的空间同步化

执行机构之间的运动既具有时间上的顺序关系，又具有空间上的干涉关系，建立这些机构运动循环之间的正确联系的问题称为运动循环的空间同步化问题。

如图 2.31 所示的饼干包装机的两个折侧边的执行机构，不仅有时间上的顺序关系，而且还有空间上的相互干涉关系。

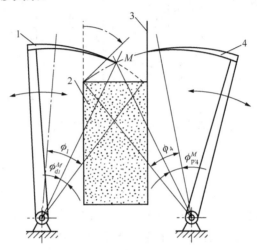

图 2.31　饼干包装机折边机构工艺原理图

1—左折边器　2—饼干（工件）　3—包装纸　4—对右折边器

图中折边机构 1 和 4 均用凸轮机构控制。M 点是两折边器运动轨迹的交点，亦就是空间干涉点。如两折边机构的运动循环同步化设计不正确，就会发生如下两种可能：一是由于两折边器先后顺序动作的间隔时间太长，使已折过边的包装纸重新弹到虚线位置，使包装质量无法保证；二是由于两折边器先后顺序动作的时间间隔太短，使两折边器在空间相碰，导致机件损坏。因此，对这两个执行必须进行空间同步化设计。

空间同步化设计步骤如下：

1）各执行机构运动循环图设计；

2）绘制各执行机构执行件的实际位移图；

3）绘制各执行机构的工艺简图（应按实际尺寸画），确定干涉点 M 的相对位置，并利用执行件中的位移图和机构的工艺简图，确定 M 点在位移图上的坐标位置；

4）进行执行机构运动循环空间同步化设计，即确定各执行机构运动错移量；

5）绘制自动机的空间同步化循环图。

下面简单介绍饼干包装机折边机构空间同步化设计的过程。

（1）各执行机构运动循环图设计

根据饼干包装的工艺要求及前述的执行机构运动循环图设计方法，两执行机构和运动循环按如下考虑。

左折边器 1 从初始位置（$\phi_1 = 0$）顺时针摆动去折边，以此初始位置的时刻为各执行机构的运动起点（或运动循环起点），可画出折边器 1 和 4 的运动循环图分别如图 2.32 和图 2.33 所示。

（2）绘制左、右折边器 1、4 的位移曲线

因两折边器 1 和 4 都在摆动，则摆角 ϕ 是时间的函数，可画出它们的位移曲线图，如图 2.34 和图 2.35 所示。

（3）绘制执行机构的工艺简图，确定干涉点 M 的相对位置

由图 2.31 饼干包装折边机构的工艺原理图所示，左折边器 1 的摆角为 ϕ_1，干涉点 M 相对位置角为 ϕ_{d1}^{M}；右折边器 4 的摆角为 ϕ_4，干涉点 M 相对位置角为 $\phi_{p'4}^{M}$。因此，在图 2.34 左折边器 1 的位移曲线图上找到与 M 点相对应的 M_1 点；在图 2.35 右折边器 4 的位移曲线图上找到与 M 点对应的 M_4 点。

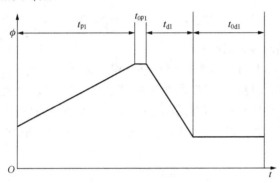

图 2.32　折边器 1 运动循环图

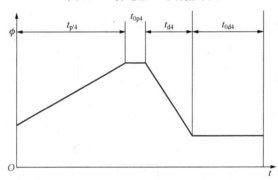

图 2.33　折边器 4 运动循环图

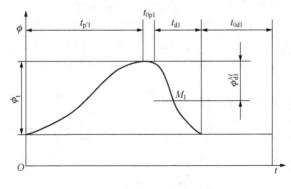

图 2.34　折边器 1 的位移图

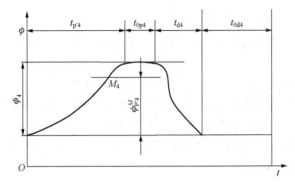

图 2.35 折边器 4 的位移图

（4）执行机构运动同步化设计

若将图 2.34、图 2.35 所示的两折边器位移曲线的 M_1 和 M_4 相重合，则得两折边机构运动循环图在干涉点 M 的极限状态（即图 2.36 的虚线位置）。考虑到机构运转的实际情况，适当地确定错移量 Δt（即当左折边器返程经过 M 点之后的 Δt 时间，右折边器才工作前进到 M 点），从而得到合理的经过空间同步化的执行机构运动循环图（如图 2.36 的实线所示）。

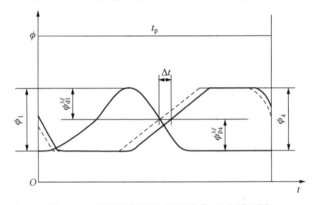

图 2.36 两折边机构空间同步化运动循环图

一般说来，执行机构运动循环空间同步化也可以用分析法求得，但是，使用作图法比较简单直观，特别当执行机构较多时，作图法更显得方便。

（5）绘制自动机（两折边机构）的同步化运动循环图

根据图 2.36 两折边机构空间同步化运动循环给定的运动区段时间 t_p，转换成分配轴的转角，即可绘制饼干包装折边机构空间同步化循环图，如图 2.37 所示。

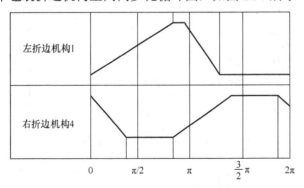

图 2.37 饼干包装折边机构空间同步化循环图

【**例 2.3**】　图 2.38 为自动包装机的送料和转位机构，由推杆 1、推杆 2 和间歇运动转盘 3（转盘轴为水平放置）来完成以下操作：

1）推杆将工件从初始位置 I 推到位置 II 后，停留 0.35s，作为工件左行的导轨面。推杆 1 行程 0.4s，回程 0.2s。

2）推杆 2 将工件从位置 II 推到位置 III 后立即返回，行程 0.6s，回程 0.3s。

3）转盘带工件转过一个分度后停止，每次转位时间为 0.3s。已知推杆 1、2 均选用等速运动规律，各执行机构原始位置及机构位移量如图 2.38 所示（单位为 mm），要求：

① 绘制 3 个机构的运动循环图；

② 绘制 3 个机构运动循环的同步图，并求出最短工作循环 t_{pmin}；

③ 令各同步点的错移量 $\Delta t = 0.05$s，画出各机构空间同步化运动循环图及该自动机的工作循环图；

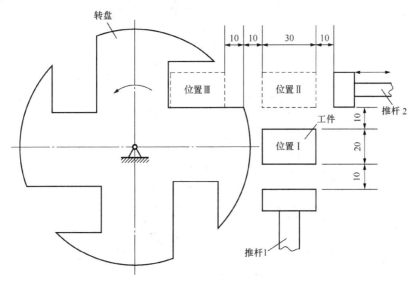

图 2.38　自动包装机工艺原理图

④ 试计算此自动机的理论生产率 Q_t。

解： 1）根据已知条件，绘制出 3 个机构运动循环图如图 2.39 所示。各执行机构的返回停留时间 t_{0d} 暂不确定。

2）如图 2.38 所示，转盘逆时针间歇转动，推杆 1 上下运动，推杆 2 左右运动，3 个机构之间有以下 3 个空间同步点：

① 以推杆 1 起始时刻为该自动机的运动循环起点，推杆 1 上升 0.4s 到位时，推杆 2 最多只能向左行 0.1s，行程为 10mm；

② 推杆 2 回程 10mm 时，转盘才能开始转位，这时推杆 2 处于回程中第 0.05s（因回程速度比升程快一倍）；

③ 推杆 2 回程 50mm 时，推杆 1 最多升程 20mm，这时推杆 2 处于回程中第 0.25s，推杆 1 处于升程中第 0.2s。

经上述分析，可画出该包装机最短工作循环同步图（图 2.40）。

由图可知，最短工作循环时间为

$$t_{pmin} = 0.4 - 0.1 + 0.6 + 0.25 - 0.2 = 0.95 \, (s)$$

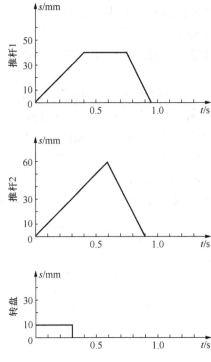

图 2.39　3 个执行机构的运动循环图

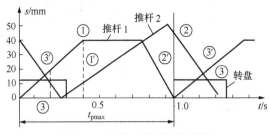

图 2.40　最短工作循环同步图

3）当考虑各同步点的错移量 $\Delta t = 0.05\text{s}$ 时，可得工作循环同步图（图 2.41）。

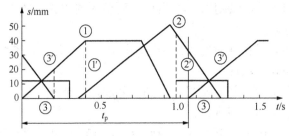

图 2.41　考虑 Δt 后的工作循环同步图

由图 2.41 可知，工作循环为

$$t_p = t_{pmin} + 2 \times \Delta t = 0.95 + 2 \times 0.05 = 1.05 （s）$$

根据图 2.41，利用时间和转角之间的关系，可得到用直角坐标形式表示的自动包装机的工作循环图（图 2.42）。

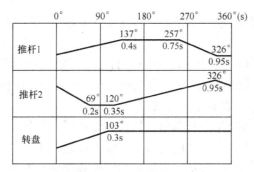

图 2.42　自动包装机工作循环图

4）理论生产率：

$$Q_{\mathrm{t}} = \frac{60}{t_{\mathrm{p}}} = \frac{60}{1.05} = 57 \text{（件 / min）}$$

2.6　自动机循环图设计步骤与实测方法

如前所述，任何一台自动机的各执行机构均需协调一致动作，才能顺利完成产品的加工任务。各机构要协调一致，在设计自动机时必须正确设计出自动机的循环图。此外在安装调试、维护修理时又要随时了解自动机各执行机构的实际运动状态，这就要会实测自动机的循环图。

2.6.1　自动机循环图的设计步骤

综上所述，自动机循环图的设计步骤如下：

1）绘制自动机的工艺原理图，并标明工艺操作顺序。

2）根据给定生产量（生产纲领）及停顿系数，计算出自动机的理论生产率和工作循环时间。

3）绘制各执行机构的运动循环图。

4）各执行机构运动循环的同步化（时间与空间同步化）。根据空间同步化的要求，必要时应绘出执行机构的位移图（图 2.34 和图 2.35）。

5）拟定和绘制自动机的工作循环图。对于具有电气、液压与气动控制系统的自动机，还应拟定信号循环图。

2.6.2　自动机循环图的实测方法与步骤

自动机循环图的实测工作，在工程上很有意义。为了分析研究已有的自动机的运动状态及各机构的运动循环时，需要对该自动机的工作循环进行实测；为了对自动机的动作进行调整，也需要对执行机构的动作进行测试。可以说，自动机循环图的实测方法广泛应用于自动机的性能分析和改进，自动机的安装和调试，自动机的维护和管理工作中，因此它是设备管理和维修技术人员必须掌握的技能之一。现仅对由凸轮分配轴控制的自动机的循环图实测方法和步骤介绍如下。

1）用硬纸板或木板制作一个适当大小的圆盘，并按所选分度值（如 1°、2°、3°、…）将圆盘等分。

2）将该分度后的圆盘固定于分配轴一端或与分配轴相关联的轴端，并在机架上选定定位标线。

3）选定某一机构作为基准机构，以此机构的起始位置为分度圆盘的零位，对准定位标线。

4）用手慢慢转动分配轴或与分配轴有关联的轴，按每一分度值测出各执行机构的相应位移量，并记录在表格中，直到分配轴转过一整转为止。

5）根据实测数据，用坐标纸绘制出各机构的位移图（位移与转角关系图）。

6）确定各机构的工作状态，并绘制自动机的工作循环图。

7）根据位移图，用图解微分法给出机构的速度和加速度曲线图。

8）分析研究该自动机的工作循环的合理性，并提出改进设计的意见和措施。

2.6.3 自动机循环图实测举例

现仅以 BZ350-Ⅰ型糖果包装机为例，简要说明自动机循环图的实测方法和步骤。

图 2.43 为 BZ350-Ⅰ型糖果包装机的主传动系统图。由图知，Ⅱ轴为分配轴，但Ⅱ轴两轴端均在箱体内，无法将分度圆盘装在分配轴上。为此可将分度圆盘装在 D180 的带轮上。由图中传动关系可知，分配轴Ⅱ转一转，分度盘应转 $Z80/Z25=3.2$ 转，即在具体测试时，分度盘转角与分配轴转角存在 3.2 倍关系，要进行适当换算才能绘制出各执行机构的运动循环图。

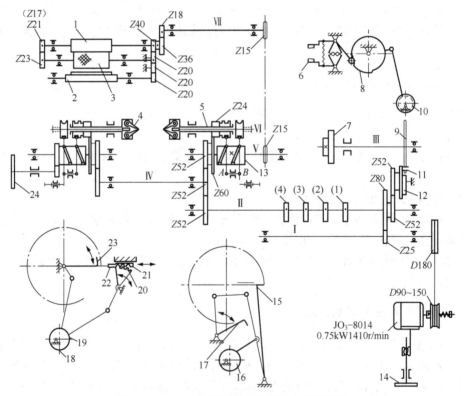

图 2.43 BZ350-Ⅰ型糖果包装机的主传动系统

1—卷纸筒　2—滚刀轴　3—橡皮滚筒　4—扭手　5—扭手套轴　6—糖钳　7—转盘
8—凸轮　9—马氏轮　10—偏心轮（2）　11—拨销　12—拨盘　13—扭手凸轮　14—手轮
15—后冲头　16—偏心轮（4）　17—拨糖棒　18—偏心轮（3）　19—偏心轮（1）　20—扇形齿轮
21—齿条　22—前冲头　23—抄纸板　24—盘手手轮

用手慢慢转动手轮 24，以工序盘刚开始转动瞬时作为各执行机构运动循环起点，即当工序盘刚转动（或转臂圆销刚进入槽轮的槽）时，把指针对准分度圆盘的某一刻度（一般可通过安装螺栓调整到 0 位刻度），以此刻度为起点，观察各执行机构的动作情况（如工作前进、工作停留、返回、返回后停留）并记录在实测表格中。

一般情况下，每个执行机构均要实测 4 次，取 4 次的平均值来绘制循环图。图 2.44 为实测 BZ350-I 型糖果包装机部分执行机构的循环图。

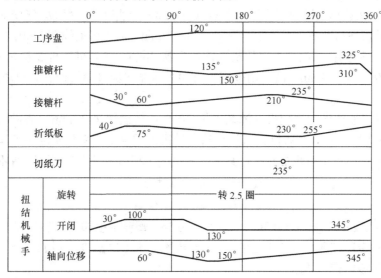

图 2.44 实测循环图

思考练习题

1. 自动机械由哪几大部分组成？各部分功能如何？自动机控制系统按动作顺序的控制可分为哪几类？各类控制系统的特点是什么？

2. 自动线的组成方式有哪几种？各有何特点和优缺点？

3. 什么叫理论生产率？间歇作用型和连续作用型自动机的理论生产率如何计算？

4. 什么叫实际生产率？间歇作用型自动机的实际生产率如何计算？

5. 简述各种自动线生产率的计算方法。

6. 提高自动机与自动线生产率的途径有哪些？

7. 选择工艺方案时，应考虑哪些问题？

8. 什么叫工艺原理图？什么叫工艺流程及操作原理图？各有何用处？

9. 什么叫自动机的工作循环？什么叫执行机构的运动循环？两者有什么关系？

10. 执行机构运动循环一般包括哪几个阶段？

11. 循环图有哪 3 种表达形式？各有何特点？

12. 执行机构运动循环图的设计和计算一般有哪 4 个步骤？怎样分配各区段的时间或分配轴的转角？

13. 设计自动机循环图时，怎样进行运动循环的时间同步化？怎样进行运动循环的空间同步化？

14. 试述自动机循环图设计的步骤和自动机循环图实测的方法。

15. 某味精包装机，每班（以 8h 计）生产 25g/小包装味精 480kg，试计算其理论生产率 Q_t（包/min）和工作循环 t_p(s)。

16. 已知电阻压帽自动机的电动机转速为 1440r/min，经皮带及蜗轮两级减速后到分配轴，总降速比为 48。分配轴每转一转生产一个产品。该机在一个工作班（8h 计）停机 16 次，每次平均 3min，试计算该机的理论生产率 Q_t（件/min）及实际生产率 Q_p（件/min）。

17. 某陶瓷口杯自动线，理论生产率 $Q_t=30$ 个/min。但该自动线在 8h 内，一次成型机停机 5 次，每次 3min；二次成型机停机 4 次，每次 2min；切卷机停机 3 次，每次 4min；压光机停机 2 次，每次 5min。试分别按同步自动线和非同步自动线计算该自动线的实际生产率。

18. 某转盘式液体自动灌装机，灌装工位 50 个，转盘转速 3r/min。该机在 8h 内装瓶停顿 40 次，每次平均 6 个空瓶位。试计算该自动机的理论生产率和实际生产率。

19. 如图 2.45 所示塑料带捆扎机，其加热器机构 1 和压紧机构 2 的运动循环分别为

$$t_{k1} = t_{p'1} + t_{0p1} + t_{d1} + t_{0d1}$$

$$t_{k2} = t_{p'2} + t_{0p2} + t_{d2} + t_{0d2}$$

其中，$t_{p'1} = t_{d2} = 0.2s$，$t_{p'2} = t_{d1} = 0.3s$，$t_{0p1} = t_{0p2} = 0.5s$。塑料带被加热，加热器机构 1 经 0.1s 的时间退出塑料带所在区域（A-B 区域），在加热器机构 1 退出 B 点后的 0.05s 时刻，压紧机构 2 必须压紧塑料带。要求：

（1）绘制两机构的运动循环图。

（2）绘制两机构的时间同步图和自动机的工作循环图。并计算最短工作循环 t_{pmin}、工作循环 t_p 以及 t_{0d1} 和 t_{0d2}。

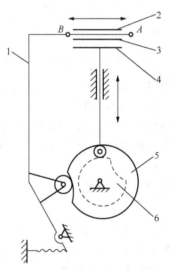

图 2.45 塑料带捆扎机原理图

1—加热器机构 2—上层塑料带 3—下层塑料带 4—压紧机构 5—凸轮 1 6—凸轮 2

20. 如图 2.46 所示，某包装机由推杆 1、上折纸板 3、下折纸板 6 及工位框 4 来完成以下操作：

（1）推杆 1 将工件推入工位框内后立即返回，行程 S_1=100mm，往返时间各为 1s；

（2）上折纸板 3 折纸到位后停留 0.3s 再返回原位，S_2=70mm，往返时间各为 0.7s；

（3）下折纸板 6 折纸到位后停留 0.3s 再返回原位，S_3=80mm，往返时间各为 0.6s。

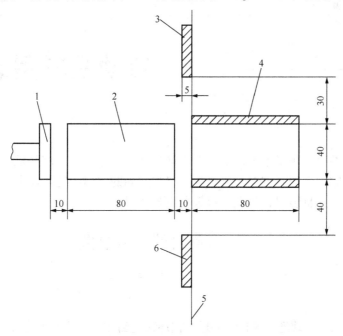

图 2.46　自动包装机原理图

1—推杆　2—工件　3—上折纸板　4—工位框　5—包装纸　6—下折纸板

已知 3 个机构均选用等速运动规律，上、下折纸板的厚度均为 5mm，各分支机构的原始位置如图中所示。要求：

（1）绘制 3 个机构的运动循环图，求出 t_{pmin}；

（2）设同步点错移量 Δt =0.1s，画出 3 个机构的工作循环图，并求生产率 Q。

说明：工位框 4 及包装纸的运动暂不考虑。

自动机常用装置

工业产品的种类、规格繁多，所用的自动机械设备也很多，这些机械设备的结构和原理不尽相同，但它们之间有许多共同之处，有些共同的常用装置。本章将对这些共同的、通用的供料装置、定量装置、传送装置等做简要介绍。

3.1 自动机的供料装置

3.1.1 概述

供料装置是用来实现坯料定向、并适时把坯料送到加工位置上去的自动执行机构。正确选用和设计好供料装置是实现单机自动化、建立自动生产线和自动化工厂的基本条件之一。

由于坯料的多样性，供料装置的种类也很庞杂。一般可按照坯料的几何形状和物理力学性能分类，把供料装置分成五类，即卷料供料装置、板片料供料装置、单件物品供料装置、粉粒料供料装置及液体料供料装置。液体料和粉粒料的流动性能好，它们的供料主要是解决定量问题，这部分内容将在第 3.3 节中讨论。

3.1.2 卷料供料装置

这里所指的卷料有两类，一类是细长的金属丝，另一类是带状的金属皮、纸张及塑料薄膜等。

卷料在工业生产中用得很多，如金属细棒在钟厂、表厂、缝纫机针厂、圆珠笔厂、电子产品生产厂中，使自动切削机床加工成钟表零件、螺钉、缝针、圆珠笔头、小轴等；金属薄片带料被自动冲床加工成各种罐、盖等；在包装自动机械中，应用塑料薄膜等包装材料对产品进行包装。

如图 3.1 所示为一种简单结构的卷料供料装置工作原理图。卷料支承 1 一方面支承卷料，另一方面为卷料的舒展提供一定的张力，防止卷料在送料装置 3 的牵引下做惯性运动而使卷带失去张力。导辊组 2 起舒展校正引导卷带的作用。导板 4 引导松展的带材到达转盘切刀 5，以避免在外界干扰下，松展的带材摆动而裁切不整齐。

由此可知，卷料供料装置一般由支承张紧装置、校直装置、送料装置和裁切装置等组成，下面分别介绍这些常用装置。

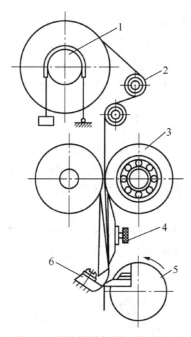

图 3.1　卷料供料装置工作原理图

1—卷料支承　2—导辊组　3—送料装置　4—导板　5—转盘切刀　6—固定切刀

1. 卷料的支承、张紧装置

卷料的支承、张紧装置亦称退卷装置。它要求便于安放卷料盘，且卷盘的轴向放置位置可调；卷盘架转动要灵活，并为卷料的松展提供一定的牵引张力以防松展的料带时紧时松而在输送过程中摆动与跑偏。因此，该装置一般由支座、卷盘心轴、套筒、卷盘挡盘、卷盘轴向调节器、制动张紧装置等组成。

图 3.2 为卷料支承、张紧装置结构简图。支座 8 上固定着心轴 1，套筒 2 套装在心轴 1 上，并能在心轴上自由转动。

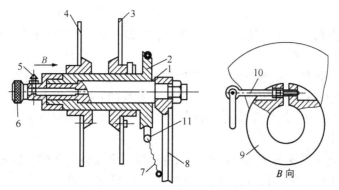

图 3.2　卷料支承、张紧装置结构简图

1—心轴　2—套筒　3—固定盘　4—装卸盘　5—锁止螺钉　6—调节螺栓

7—弹簧　8—支座　9—内套　10—松紧螺钉　11—闸带

套筒上装有支承卷料盘的装卸盘 4 和固定盘 3，装卸盘做成易于装拆和固定，以便能快速更换料盘。其方法是在装卸盘 4 的内套 9 上开一条缝（见 B 向视图），用可以摆动的手柄转动松紧螺钉 10 使内套能在套筒 2 上很快地放松或夹紧。利用心轴 1 外端的调节螺栓 6，可以调整料盘在心轴 1 上的位置。锁止螺钉 5 的端头松嵌在调节螺栓的圆周槽中，它与套筒一起转动，使套筒不会轴向窜动。套筒 2 右端的带槽圆盘作为制动盘，其上面绕以闸带 11，由拉紧弹簧 7 牵拉而引起制动阻力，使供料保持一定的张力。

2. 卷料校直装置

为了保证加工质量和送料畅通，需将卷料校直，其工作原理是利用"过正"方法，即使卷料在交错的销子或滚轮（导辊）间拉过时，弯曲部分受到压力产生相反方向变形而被校直。同时，这些交错排列的销子或滚轮还起着对卷料进行引导和转向的作用。

（1）梳形板校直机构

图 3.3（a）是梳形板校直机构。梳形板由夹布胶木或塑料制成，其中一块为活动的，靠弹簧力压住卷料，调整弹簧力就可以改变其校直力，适用于直径为 1mm 以下的钢丝料。

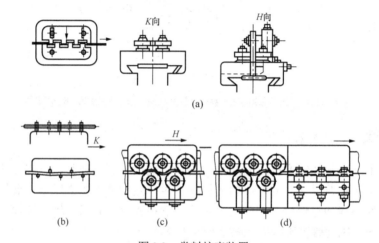

图 3.3　卷料校直装置

（2）固定销校直机构

图 3.3（b）是固定销校直机构。它结构简单，制造方便，但其弯曲程度不能调节，为了防止卷料表面擦伤，销子可用尼龙、牛角等材料制作。这种校直机构适合于细丝料。

（3）滚轮式校直机构

图 3.3（c）是滚轮式校直机构。滚轮的摩擦力比梳形板和固定销的校直机构小，可以校直较粗或较厚的卷料。滚轮的形状应与被校直卷料的截面形状相适应。在纸、塑料薄膜等柔性卷料供料装置中，这些交错排列的滚轮（如图 3.1 中的导辊组 2）起着对卷料带导引、校正与转向的作用。

图 3.3（d）是双排滚轮式校直机构。双排滚轮分别安装在互相垂直的两个平面上，使卷料在两个方向上同时得到校直，其校直精度比单排四轮式的高。

3. 卷料送料装置

常用的卷料送料装置有杠杆式、钢球式和滚轮式三种。

（1）杠杆式送料装置

如图 3.4 所示，卷料夹紧的机构在滑板 3 上，夹紧卷料的动作是由滑板上部可调整的上夹紧块 5 和杠杆 2 上端的下夹紧块 4 来实现。弹簧片 1 所产生的夹紧力顶住杠杆 2，使下夹紧块向上顶紧。

卷料行程和退回行程是由凸轮或其他机构推动滑板来实现的，如图 3.4 所示，当滑板 3 向左移动时，下夹紧块 4 在坯料表面滑过；当滑板 3 向右移动时，坯料被夹持在上夹紧块 5 和下夹紧块 4 之间，一起向右移动，从而实现送料的目的。

这种装置结构简单，但容易损伤坯料表面，因此只适用对坯料表面要求不高的工件。

图 3.5 是由滑块通过杠杆带动的钩式送料机构。先用手工送料冲压出几个孔，当送料钩 6 钩住搭边后即能自动送料。其过程如下：当带动冲头 3 的滑块上升时，连杆 4 也随之上升，使杠杆 5 逆时针转过一个角度，送料钩便拉动材料前进一个进料距。当滑块下降做工作行程时，杠杆 5 做顺时针转动，送料钩后退。因送料钩 6 的下面有斜面或圆角，故能滑过搭边进入下一个孔内。以后不断按上述顺序进行。

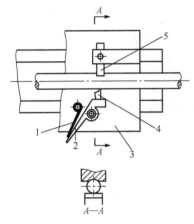

图 3.4　杠杆式送料装置
1—弹簧片　2—杠杆　3—滑板　4—下夹紧块
5—上夹紧块

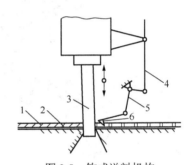

图 3.5　钩式送料机构
1—坯料　2—下模　3—冲头　4—连杆
5—杠杆　6—送料钩

这种机构的优点是结构简单，造价低，能在转速小于 200r/min 的冲压机械上使用。其缺点是需要较大的搭边，材料利用率比一般送料机构低 4%～6%，对太薄和过重的料不适用，否则会拉断搭边或钩子。

（2）滚轮式送料装置

这类送料装置是靠滚轮与坯料之间的摩擦力进行送料的，其优点是滚轮与坯料之间的接触面积较大，不会压伤材料，故在金属丝、金属带及纸张、塑料薄膜等卷料的供料装置中得到非常广泛的应用。

送料滚轮既可间歇回转，又可连续回转，从而实现间歇送料或连续送料，滚轮的形状应与被送卷料的截面形状相适应，滚轮的材料要根据被送卷料的材料来确定，一般为钢材、橡胶等。图 3.6 为带钢自动冲压机供料装置，其中的送料装置 4 和校直机构 2 都为滚轮式。带钢盘绕在卷盘 1 上，先输入滚轮式校直机构 2 中，通过滚轮碾压校直、矫平，然后由滚轮式送料装置 4 的一对辊轮送到冲头 5 下面进行冲裁工件。送料装置起着推送作用，同时有夹持作用，保证冲压时带钢不动，协调好送料装置和冲头之间的运动关系，即可保证送料、冲压依次完成。

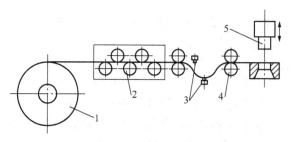

图 3.6 自动冲压机供料装置

1—卷盘 2—校直机构 3—限位开关 4—送料装置 5—冲头

图 3.7 所示为线材卷料自动供送与分切装置，线材 1 经过校直滚轮 2 校直，由凸轮分度器 6 控制的驱动滚轮 9 间歇向前送料，切刀 7 间歇切断线材 1，切断的线材由链条输送线 8 送往下一道工序加工。

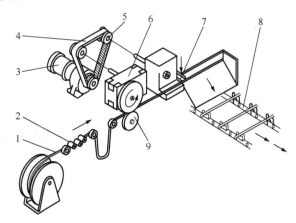

图 3.7 线材卷料自动供送与分切装置

1—线材 2—校直滚轮 3—电机 4—同步带 5—张紧轮
6—凸轮分度器 7—切刀 8—链条输送线 9—驱动滚轮

4. 卷料裁切装置

裁切装置用于将输送中的卷料按要求进行切断，通常采用机械式裁切和热熔断裁切两种方法。机械式裁切适用于金属丝、金属带、纸张及塑料薄膜等，热熔断裁切适用于塑料薄膜及复合材料薄膜等。热熔断裁切多与热封装置组合一起使用。机械式裁切装置按其结构特点可分为飞刀裁切和滚刀裁切两种。飞刀裁切装置由飞刀和底刀两部分组成，底刀固定不动，飞刀刃和底刀刃处在同一剪切平面上。飞刀与底刀间可配置成剪切形式，此时，飞刀可做反复摆动或转动，因卷料不停地前进，易使切口不整齐；飞刀与底刀亦可配置成齐切形式，此种情况下，飞刀应做往复平动，切口可保证齐整。图 3.8 所示为剪切式飞刀裁切装置示意图。

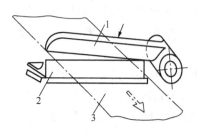

图 3.8 剪切式飞刀裁切装置

1—飞刀 2—底刀 3—卷料

若将飞刀安装在圆柱体上，使飞刀刃口与圆柱体轴线平行，使圆柱体绕轴线回转，则可与底刀一起组成齐切形式的裁切装置，此时安装在圆柱体上的飞刀称为滚刀。如 350-Ⅰ 型糖果包装机上的裁纸刀即为齐切式滚刀裁切装置。

3.1.3 板片料供料装置

金属薄片、单张包装纸以及纸板等的供料机构均属于板片料供料机构的范畴。这类物料的定向，通常由人工进行，即把板片料成叠地放入储料库中，供料机构只需保证每次从库中取出一定数量（一般是一件）的板片料，并将其送到加工工位上。

在工业生产中，主要有如下四种板片料的供料装置。

1. 摩擦滚轮式

这种类型的供料装置，是利用滚轮与板片（大多用在供纸上）之间的摩擦力大于板片之间的摩擦力的原理，从而把与滚轮接触的单张板片料从储料库中分离出来。

图 3.9 为香烟、糖果、香皂等包装机中常用的摩擦滚轮式供纸装置。

纸片由人工放入料仓 1，小针 4 戳入纸片中，摩擦轮 3 旋转时，送出最外一张纸片。小针安装位置应在纸片边缘，这样可使纸片破缝不影响商标图案的美观。

摩擦轮 3 是偏心的，在间歇送出纸片的过程中，由于纸片不接触摩擦轮而失去向前的动力，因此需用一对滚轮配合。

料仓的后端需放置重锤，使纸片向前压紧。

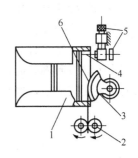

图 3.9 摩擦滚轮式供纸装置

1—料仓 2—滚轮 3—摩擦轮
4—小针 5—可调旋钮 6—单张纸

摩擦滚轮式供纸装置结构简单，应用较为广泛，但可靠性差，有时一次供上几张片。

图 3.10 所示为某包装机的纸片摩擦供送装置。工作时，先将纸片放入纸库 9 内，纸的后端由顶纸针 5 顶住，前端由托纸辊 7 托住，托纸辊 7 在传动系统的带动下作等速回转运动，当摩擦送纸块 1 和纸片接触时带纸向前运动，纸片被旋转的主动牵引辊 11 和从动压纸辊 10 牵引，通过导向钢片 13 的导向，使纸成垂直的方向送入托纸钩 15 内。包装物品从左向右被推送时，纸片就裹在其外面，再经后序的包装工序完成包装。当机器发生故障不需

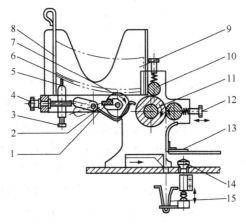

图 3.10 纸片摩擦供送装置

1—摩擦送纸块 2—升纸钢丝 3—顶针高低调节螺钉 4—顶针前后调节螺钉
5—顶纸针 6—包装纸 7—托纸辊 8—止退铁丝 9—纸库 10—从动压纸辊
11—主动牵引辊 12—调节螺钉 13—导向钢片 14—托纸钩调节螺钉 15—托纸钩

要纸片下落时，把升纸钢丝 2 逆时针摆动一定的角度将纸抬起，使之纸与托纸辊 7 上的摩擦送纸块 1 完全脱离接触而停止供送。如果纸片下落位置不符合要求时，可调整托纸钩调节螺钉 14。该装置对称分布的两根顶纸针会局部拉破纸片，所以对商标纸忌用。另外，对质地较软、摩擦较大的纸片也不适用。

2. 推板式

图 3.11（a）为推板式供料装置示意图。板片料放于料仓 1 中，凸轮 2 带动推板 3 做往复运动，每一行程从料仓 1 下面推送出一张板片。这种供料装置用于较厚及较硬的板片料供料中，如箱扣装配自动机械中箱扣大小片的送料、冲压板片料的送料、包装纸壳的送料以及书芯的送料等，均可采用这种方法。其优点是结构简单，但可靠性不高。

图 3.11（b）为由气缸控制的推板推送较厚板片料的生产实例。气缸 1A 活塞杆端部连接一个推板，气缸伸出，带动推板将料仓最下方的一只工件沿直线方向推送到装配位置，工件的运动方向靠导向槽来实现。工件到达装配位置后接着进行相关的装配或加工等操作，加工或装配完成后，气缸 2A 伸出，将工件自动卸下，完成一个工作循环。

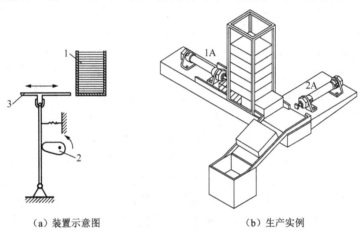

（a）装置示意图　　　　　　　（b）生产实例

图 3.11　推板式供料装置

1—料仓　2—凸轮　3—推板

3. 真空吸料式

真空吸料式供料装置广泛用于工业生产各种板片料的供料中，它既可吸送较厚板料（如钢板、硬纸板），也可吸送薄片料（如纸片、薄膜、刀片）等。对于厚料要用真空泵抽真空解决吸力；对于轻的薄片料，则可采用橡皮吸头紧压在薄片料上的办法进行吸取。前者要求真空度在 80% 左右，后者也要达 35%。

图 3.12 是冲压自动机械中的片料供料装置。片料 1 放于料仓 2 中，橡皮吸头 3 被安置在支架 4 上，当支架做上下运动时真空吸头从料仓中压紧并吸取一张片料；当支架做左右运动时，片料被过桥滚轮 5 取走并送往加工工位。

图 3.13 为自动包装机中的纸页片供料装置原理图。纸页库 1

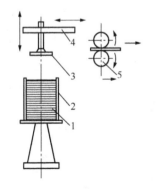

图 3.12　橡皮吸头供料装置

1—片料　2—料仓　3—橡皮吸头

4—支架　5—过桥滚轮

中的包装纸页 2 由真空吸嘴 3 吸送到引纸对滚辊 4、5 之间，经引纸导板 7 引送到对滚辊 8、9 之间再送到要求的工位上。吸纸时，真空吸嘴接通真空系统，同时由机械驱动吸嘴摆动到引纸辊 4 的环形槽中，从而使所吸持的一片纸页从纸库出来一部分，引纸辊 5 向下摆动压住纸页前头部分，并将该张纸页向前引送；此时，真空吸嘴与真空系统断开，并反向回摆到纸页库底部，准备再次吸纸。当引纸辊 4、5 将纸页片从纸页库引出绝大部分后，辊 5 向上摆动，以备接受真空吸嘴再次吸送来的纸页片。这种装置保证了纸页片的完整性，但需置真空系统，结构比较复杂。

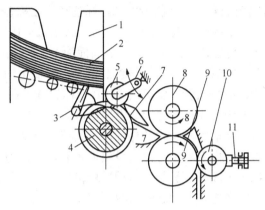

图 3.13　纸页片真空吸送装置

1—纸页库　2—包装纸页　3—真空吸嘴　4、5、8、9—引纸辊

6—摆杆　7—引纸导板　10—侧压辊　11—调压螺旋

图 3.14 为真空吸出式纸箱片供送装置。它广泛应用于需要使用预制好的纸箱片材料的纸箱装箱机中。它由真空吸盘 1、真空吸盘架 2、导轨 3、气缸 4、可动支架 5、气缸 6 以及进排气管路系统等组成。这种纸箱片供送这种结构简单、重量轻、使用方便可靠、不损伤箱片表面。工作时，首先气缸 6 的活塞杆伸出，使可动支架 5 绕 A 铰链转动，真空吸盘 1 与纸箱片库中最底层纸箱片接触，并将该纸箱片吸住；气缸 4 驱动真空吸盘架 2 沿导轨 3 向右移动，使纸箱片的底边脱离箱片库的左支承板 7；之后，改变气缸 4 的气流方向，使真空吸盘架 2 向左下方移动，使纸箱片的右边也脱离纸箱片库的右支承板 9；接着，气缸 6

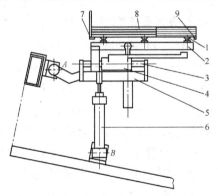

图 3.14　真空吸出式纸箱片供送装置

1—真空吸盘　2—真空吸盘架　3—导轨　4、6—气缸

5—可动支架　7—左支承板　8—纸箱片　9—右支承板

活塞杆换向缩回，可动支架 5 连同已完全脱离箱片库支承的纸箱片缓缓地降落在纸箱输送导轨上，这时，真空吸盘与大气相通，纸箱片被释放并由链式输送机把它送到下道开箱工位，完成一个纸箱片的供送加工。

4. 胶粘取料式

这种机构是通过对工件或对纸张涂胶，在工件和纸张相接触时，靠胶水的粘力，从纸库中取走面上的一张纸。

图 3.15 所示为龙门式玻璃容器贴标机示意图。标签存放在标签盒 2 中，推标重块 3 始终压着标签向左下方移动。取标辊 1 每转动一圈，从标签盒 2 中取出最前面的一张标签，并落到引标辊 4 处。当标签传送到涂胶辊 5 时，其背面涂上一层黏结剂，黏结剂由上胶辊 6 从胶缸 7 中带到涂胶辊上。随后标签沿龙门导轨 8 落下，容器由输送带带着等距离向右运动，通过龙门导轨时，带着标签一起移动，靠毛刷 10 把标签抚平在容器表面。如需要印码，在涂黏结剂前可设置打印机构。各机构的运动由齿轮传动 9 提供。

这种贴标机适合于圆形玻璃容器身标的粘贴，且只能粘贴宽度大致等于半个容器周长的标签，过长过短都不能贴。由于标签在龙门导轨内是靠自身重力下落到贴标位置的，因此该机种的生产能力受到一定限制。另外，这种贴标机在贴标位置的准确性不高。这种贴标机的结构简单，粘贴，生产能力为 1500～1800 瓶/h。

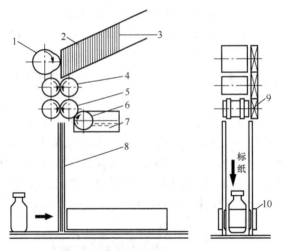

图 3.15　龙门式玻璃容器贴标机示意图

1—取标辊　2—标签盒　3—推标重块　4—引标辊　5—涂胶辊
6—上胶辊　7—胶缸　8—龙门导轨　9—齿轮传动　10—毛刷

一般贴标机的转鼓上设置有多块标板，靠涂有胶的取标转鼓的标板从一个标盒中取出标签，再通过传标转鼓的标板将标签粘贴到回转运动的容器表面。图 3.16 所示为多标盒转鼓贴标机，它的最大特点是将标盒设置于转鼓上，靠标盒随转鼓转动为直线移动的容器表面贴标。工作时容器由板式输送链带 1 送入，经不等距螺杆 6 直线进入贴标机。转鼓 2 等速连续旋转，当不等距螺杆中有容器时，涂胶装置 3 给相应标盒中的最前面一张标签涂上黏结剂。当此标盒转到与海绵衬垫 5 相对应的位置时，刚好与送来的容器相遇，标签被滚粘在容器上，随后容器通过搓滚输送带 4 把标签滚搓贴牢。该机无取标及标签传送等装置，结构简单，但生产过程中调整和给标盒补充标签时需停机，影响产量。其生产能力为 1000 瓶/h。

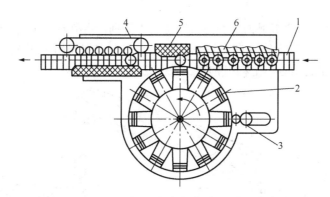

图 3.16　多标盒转鼓贴标机示意图

1—板式输送链带　2—转鼓　3—涂胶装置　4—搓滚输送带　5—海绵衬垫　6—不等距螺杆

3.1.4　件料供料装置

件料供料是指单件物品的供料。单件物品的供料装置应解决定量和定向问题，解决定向问题尤为关键。在加工、装配、包装等工农业生产机械中所涉及的单件物品是很多的，如链条的链套、链片、销轴，灯泡的灯壳、喇叭管、玻璃杆、排气管、导线和灯丝，灌装制品的盒、盖、瓶、塞以及火柴、铅笔、糖果、纽扣、钟表元件等。这类机械的工艺加工部分已由机器自动完成，而上料部分的自动化，有的至今难于实现，其原因之一，是单件物品的定向问题难以解决。

根据单件物品的轮廓大小和构成形状，有些可以自动定向，有些必须用人工排列成一定方向和位置放到储料仓里。因此，件料供料装置可分成料仓式半自动供料装置和料斗式自动供料装置两种形式。下面将分述这两种形式的工作原理和结构组成。

1. 料仓式半自动供料装置

对于很难自动定向排列的工件，需要靠人工事先按一定位置放到料仓内，然后才靠装置自动地送到加工地点。这种装置适用于产量虽大，但因重量、尺寸或几何尺寸等特征原因而难于自动定向排列的工件，如长轴、连杆等，也适用于工件加工时间较长，人工定向排列一批工件后可以工作很长一段时间，没有必要采用料斗式自动供料料装置的场合。

如图 3.17 所示的直线供送料仓式供料装置，当人工把物品装入料仓 1 后，物品依次沿料槽向下移动，在图示位置，最底下的物品落入送料器 5 的容纳槽中，凸轮机构 7 使送料器向左运动送料时，隔料器 4 受弹簧 3 作用而顺时针转动，挡住料槽下口，从而达到分离、供送的目的。当送料器向右返回后，隔料器受挡销 6 作用做逆时针转动而让开料槽口，料槽中最下面一个物品又落入送料器中，进行第二次供送。消拱器 2 可防止料仓中物品架空。

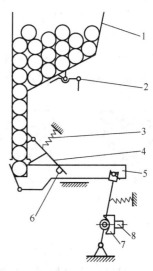

图 3.17　直线供送料仓式供料装置

1—料仓　2—消拱器　3—弹簧　4—隔料器
5—送料器　6—挡销　7—凸轮机构　8—主轴

如图 3.18 所示，工件 1 靠人工事先在料仓 3 中排列，送料器（亦兼隔料器）2 在气缸 4 的控制下作往复运动。当活塞 5 向右运动时，工件 1 在自重作用下落入上料机构的夹持器 6 里，当活塞 5 向左运动时，上料机构将工件 1 送往工作地点。

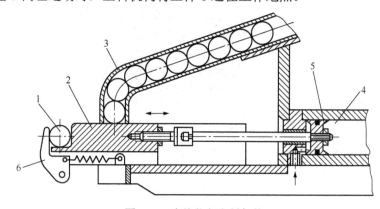

图 3.18　直线往复上料机构

1—工件　2—送料器　3—料仓　4—气缸　5—活塞　6—夹持器

由以上几例可知，料仓式供料装置由料仓、隔料器、送料器、消拱器以及驱动机构等组成，但主要是三部分：料仓、送料器和隔料器。

（1）料仓

料仓起储料和送料作用。料仓结构要根据物品的形态、尺寸和加工要求来确定。常用形式有斗式料仓、槽式料仓、管式料仓。

1）斗式料仓的料仓和料槽为一体。可由人工一次将若干个物品定向堆放入料斗，物品再由料斗落入料槽，这样可减少人工装料的频次。斗式料仓的结构形式比较多，如图 3.19 所示是一些常见形式。由于物品在料斗中互相挤压而造成拱形架空，所以一般都在料斗中设置有消拱器（搅拌器）1。图 3.19（b）、（c）所示的消拱器靠近料槽入口，以消除小拱，适用于表面比较光滑的物品；对于表面比较粗糙、摩擦阻力较大的物品，拱形发生在料槽入口上部而形成大拱，这可采用图 3.19（d）、（e）所示的消拱器，其料槽入口较大，便于落料，当消拱器动作时，经常有几个物品同时接触消拱器，致使其上面的、周围靠近的物品均运动，从而可以消除小拱和大拱。消拱器可连续或间歇性工作。

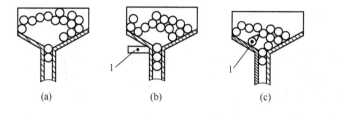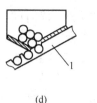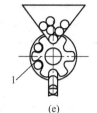

(a)　　　　　(b)　　　　　(c)　　　　　(d)　　　　　(e)

图 3.19　斗式料仓

1—消拱器

2）槽式料仓是根据物品的结构形态而专门设计的，物品只能成队列放入料仓（或称料槽），储量一般比较小。槽式料仓有图 3.20 所示的几种形式。图 3.20（a）为 U 型料槽，适用于料仓水平布置或倾斜角较小的场合。图 3.20（b）为半闭式，用于料仓是垂直布置或者料仓较长的场合，上面的包边可防止物品从料槽中脱出。图 3.20（c）为 T 型料仓，用于诸如铆钉、螺钉、推杆等带肩、台阶类物品的供送。图 3.20（d）为板式料仓，用于带肩、台阶类物品的供送。另外还有如单杆式、双杆式、V 型槽式料仓等。

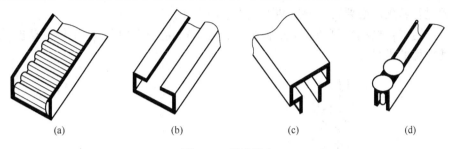

图 3.20　槽式料仓

3）管式料仓可看作是槽式料仓的变形，其结构简单、制作方便，主要用于旋转体物品的供料。根据制作材料，管式料仓可分成刚性和柔性两种。刚性管式料仓用钢管或工程塑料制成，在管内可供送各种旋转物品，圆环类工件则可套在管外供料；柔性料仓用弹簧钢丝绕成，可以适当弯曲、伸缩，适用于储存和运送球、柱和轴类工件。

在设计或选用管子时，应使管内径比工件外径大 1/50～1/10，弯曲段的最小曲率半径要保证不卡住工件，当管道较长时，可在管壁的适当位置开观察孔，以观察工件输送情况，及时排除卡住、挤塞等故障。

（2）送料器

送料器的作用主要是把物品从料槽中取出，分离后送到所指定的工位。根据其运动特点，送料器可分成直线往复式、摇摆式、回转式和复合运动式等。

1）直线往复式送料器通过推板、推杆或送料手等将物品从料槽中取出，分离后送到所指定的工位。其中推板和推杆是将落在送料平台上的物品推送到工位置，如图 3.21 所示。推板适用于板片状物品的供送，亦可供送平放的圆盘、盖、环类物品；推杆用于管、套类物品的供送，必要时可根据物品的形态来确定送料平台工作面的形状，如平面、V 型等。

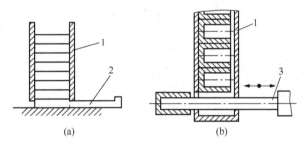

图 3.21　直线往复式送料器
1—料槽　2—推板　3—推杆

直线往复式送料器结构简单，安装方便，但供料速度较低，一般用作单工位自动机的供料机构。

2）摇摆式送料器可看成是直线往复式送料器的变形，如图 3.22 所示。一般由摇臂 1、夹板 2 和弹簧 3 等组成。当摇臂顺时针摆动使容纳槽对准料槽口时，夹板被料槽下部侧面的挡板顶开，物品就落入容纳槽中，靠弹簧力而夹紧。然后逆时针摆动将物品送到加工工位。

摇摆式送料器结构简单，供料速度较直线往复式送料器要高，亦适合于单工位自动机的供料。

3）回转式送料器一般做单向旋转运动。图 3.23 为自动磨圆柱销的供料机构。当送料盘 2 顺时针转动使容纳槽对准料槽 1 时，物品被容纳槽接住、分离、供送到加工部位，然后由砂轮进行磨削。必要时可设置两顶尖将柱销夹住。

回转式送料器结构较复杂，但供料平稳、速度较高，广泛用于多工位自动机或要求高效、连续作用的供料。

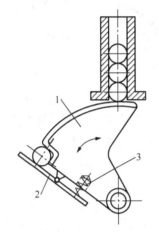

图 3.22 摇摆式送料器

1—摇臂 2—夹板 3—弹簧

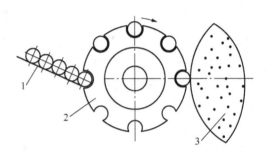

图 3.23 回转式送料器

1—料槽 2—送料盘 3—砂轮

（3）隔料器

隔料器配合送料器完成物品的分离，即控制物品单个地从料槽进入送料器。摇摆式、回转式送料器一般兼有隔料器的作用。而当物品较重或垂直料仓中物品数量较多时，一般应设置隔料器。常用的隔料器如图 3.24 所示。

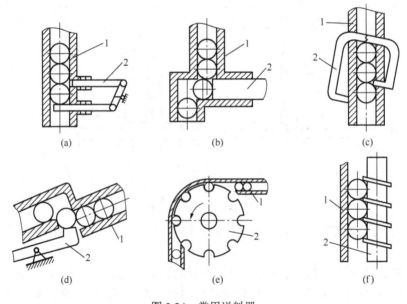

图 3.24 常用送料器

1—料槽 2—隔料器

图 3.24 （a）、（b）为直线往复插板（销）式，通过插板（销）插入或退出料槽完成隔

料任务。一般隔料速度小于 150 件/min。适用于球、柱、轴、套、管、板块类物品的隔料。当插板（销）速度较高时，可能使料槽中物品跳动；但速度过低时，插板（销）有可能被物品顶住而卡死。图 3.24（c）、（d）为摇摆插板式，隔料速度可达到 150～200 件/min，适用于球、柱、轴、套、管类物品的隔料。图 3.24（e）、（f）为旋转式，其工作平稳，可连续隔料并有推送作用，一般隔料速度可达到 200 件/min 以上。其中图 3.24（e）为拨轮式，适用于球、短柱、环类物品；图 3.24（f）为螺旋式，适用于球、柱、环、螺钉等带肩类物品。

2. 料斗式自动供料装置

料斗式供料装置可使倒入其中的成堆工件按工艺加工的要求自动定向并送出去。这在钟表、制笔、无线电等体积小、重量轻的零件的供料方面尤为需要。这里介绍常用的几种结构型式及其定向装置。

（1）直线往复式料斗

图 3.25 为直线往复式料斗，适用于圆柱、圆盘、螺钉及"Γ"型、"Π"型工件。当凸轮 5 转动时，滑动板 4 就做上升或下降的运动。滑动板在斗内上升时，斗中工件的方向和滑动板顶部沟槽方向一致时，工件为滑动板的沟槽所抓取，滑动板 4 继续上升，当它的缺口对准受料槽时，工件就沿着受料槽到达加工工位。滑动板 4 下降是为第二次上料的工件做准备。

当受料槽充满零件时，滑动板虽不断上升，但其上的工件就不能进入受料槽，而仍留在沟槽中。因此不会产生阻力和故障，不需设置安全装置。剔除器 2 的作用是排除定向错误的工件。

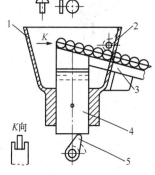

图 3.25　直线往复式料斗
1—料斗　2—剔除器　3—受料槽
4—滑动板　5—凸轮

直线往复式料斗的送料率较低，一般为 40～80 件/min；但改变滑动板顶部沟槽的形状，就可适应不同形状工件的上料，因此应用较为广泛。

（2）摆动式料斗

图 3.26 为摆动式料斗，适用于各种柱形、盘形、环形、喇叭形以及中小工件的自动定向和上料。当扇形板 4 摆至料斗 3 的底部时，工件 2 落入扇形板的缝隙中定向，如剖面 A-A 所示。当扇形板摆至最高位置时，工件 2 滑入料道 1 中。

扇形板的驱动机构应满足扇形板上升慢而下降快的要求，故常用摇杆机构，对摆角不大的扇形板，可用凸轮机构。

扇形板定向截面形状和尺寸应视工件的形状和尺寸而定（图 3.27）。

（3）回转式料斗

这里就常用的两种类型加以介绍。

1）转盘缺口式料斗。这种类型的料斗，生产率可达 150～200 件/min，噪声小，适用于各种圆形工件。其定向靠工件落入转盘的缺口中实现。

转盘缺口式料斗的工作原理如图 3.28 所示，主要由料斗 1 和带缺口转盘 2 组成。料斗和转盘倾斜放置，转盘在料斗这回转时，料斗中的工件就被转盘上的缺口（与供送工件形状一致的型孔）套住，然后随转盘一起转到最高点，当转盘的缺口与接料口对正时，工件靠自重滑入料槽而送出。

2）钩子式料斗。钩子式料斗的型式很多，如图 3.29 所示的是钩子均布在圆盘 7 四周

的上料机构。倒入料斗 5 中的工件通过遮板 4 下的窗口进入左边壳体中。进入壳体的工件

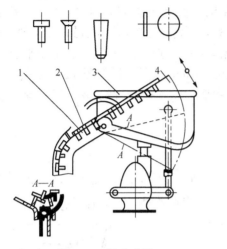

图 3.26　摆动式料

1—料道　2—工件　3—料斗　4—扇形板

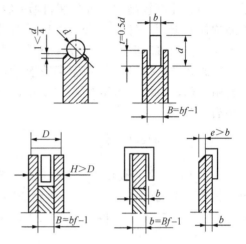

图 3.27　扇形板定向截面形状

数，可由遮板 4 调节窗口的大小来控制。在壳体中的工件，被旋转着的圆盘 7 上的钩子挂住，并传送到受料管 6 中。

当受料管充满工件时，如果钩子被继续带动，钩子便被压在受料管的工件上，发生卡住现象。为了避免机构受损坏，必须设计保险装置，图中的安全离合器 3 就是这类保险装置之一。如果钩子被受料管中的工件所卡住，钩子 2 上的压力就增加，星形轮的转动只能拉长弹簧并越过凸起部分。当工件空出时，在弹簧作用下，保证了钩子同星形轮转动的一致性。

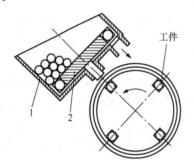

图 3.28　圆盘缺口式料斗

1—料斗　2—带缺口转盘

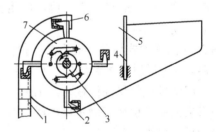

图 3.29　钩子式料斗示意图

1—工件　2—钩子　3—离合器　4—遮板
5—料斗　6—受料管　7—圆盘

（4）带式料斗

如图 3.30 所示为皮带提升机式料斗。在皮带 2 上等距离地嵌镶着磁铁，当皮带循环运动时，由磁铁吸住料斗 1 中的物品，提升后送到料槽 3 中而送出。或者将皮带倾斜布置，将磁铁换成柱销，由柱销挂住物品再送出。一般皮带的速度 $v = 0.1 \sim 0.4 \text{m/s}$，上料系数 $k = 0.2 \sim 0.4$，供料率 $Q = 60 \sim 150$ 件/min。

图 3.31 所示为刮板皮带式料斗，其供料率 Q 可达 $100 \sim 500$ 件/min。

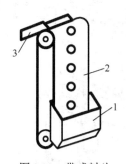

图 3.30　带式料斗

1—料斗　2—皮带　3—料槽

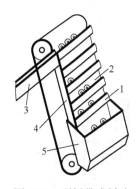

图 3.31　刮板带式料斗

1—刮板　2—皮带　3—料槽　4—挡板　5—料斗

带式料斗常用于自动线中对物品进行提升及供送。

通过机械搅拌、喷油、气流等，使料斗中的物品运动起来，在运动中或者落入料槽中，或者被定向机构抓住，亦可实现物品的自动定向供送。

3.1.5　工件的自动分配、汇总供送装置

在自动机、自动线生产中，有时需要把一个供料机构中的同一种工件供送到几个工位或几台自动机上，进行平行加工，这就需要分配供料装置，简称为分路器；有时则需要把几个供料装置中的不同工件送到一个工位或一台自动机上，进行集中加工，这需要汇总供料装置，简称为合路器。

1. 工件的自动分配装置

工件的自动分配是将来自同一料仓或料斗中的工件，按照工艺要求分别送到不同的加工工位。按其功用，可分成分类分配装置和分路分配装置。

（1）分类分配装置

分类分配装置是将同一料仓或料斗中送来的不同工件，按照其尺寸、结构或材质等进行分类后，分别送到不同的加工位置。主要是对工件进行分类供送。例如邮件分拣、工件尺寸分拣等。

如图 3.32 所示的翻板式分配装置。料槽 1 中的工件依次落入分类料槽 6 中，当工件直径小于规定尺寸时，可经分类料槽直接进入料槽 3 中；当工件直径较大时，则碰撞挡板 5 并发出信号，使翻板 4 动作，工件就掉落入料槽 2 中，实现分类供送。

图 3.33 为翻板式装置的结构示意图，料槽 1 中有尺寸大小不同的工件 3，由气缸 8 控制的梭式隔料器 2 对工件进行隔放，使料槽中工件逐个落下并从检测板 7 下方经过，当工件直径较大与检测板 7 接触时，控制通路中活动门 4 的挂钩 6 即脱开，开启活门，工件落入料槽（A）；接触不到检测板 7 的较小工件就直接经过活动门 4 的上面落入料槽（B）中。

（2）分路分配装置

分路分配装置是将同一料仓或料斗中送来的相同工件，分别送到几个加工位置。这可起到平衡工序节拍作用，用一个高效供料装置同时对几台自动机进行供料。

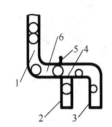

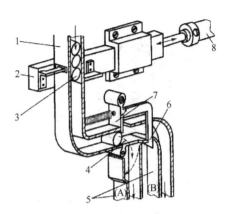

图 3.32 翻板式分配装置　　　　　图 3.33 翻板式装置的结构示意图

1、2、3—料槽　4—翻板　5—挡板　6—分类料槽　　1—料槽　2—隔料器　3—工件　4—活动门
　　　　　　　　　　　　　　　　　　　　　　　　5—料槽　6—挂钩　7—检测板　8—气缸

如图 3.34 所示的摇板式分配装置，工件由料槽 1 下落时，撞击分路摇板 2 使其左右摆动，工件就分别进入料槽 3、4 中。一般垂直布置，适用于小型工件的分路供送。

图 3.35 是推板式分配装置，推板 2 接住料槽 1 中的工件后，左右往复运动，将其交替送入料槽 3、4 中。

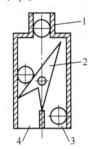

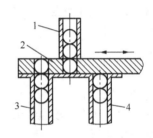

图 3.34 摇板式分配装置　　　　　图 3.35 推板式分配装置

1、3、4—料槽　2—分路摇板　　　　1、3、4—料槽　2—推板

2. 工件的自动汇总装置

工件的自动汇总是将来自几个料仓或料斗中的工件，按照工艺要求汇集到一个料槽或送到加工工位。按其功用，可分成组合汇总和合流汇总。

（1）组合汇总

组合汇总是将来自几个料槽或料斗中的不同工件，按一定的比例汇集在一个料槽中送出。

如图 3.36 所示的组合汇总装置，当隔离器 2 抬起时，从料槽 1 向料槽 3 中送出一种工件，然后隔离器关闭，插板 4 打开，由推板 6 从料槽 5 中向料槽 3 中送出另一种工件，这样在料槽 3 就形成两种工件的交替供送。

（2）合流汇总

合流汇总是将来自几个料仓或料斗中的相同工件，汇集到一个料槽中送出。

如图 3.37 所示的摆动式汇总装置，摆动料槽 1 可接住料槽 2、3、4 中的相同工件汇总后送出。

若将图 3.37 中摆动料槽做成回转盘，再加一接料口，使回转盘旋转，则成为图 3.38 所示的回转式汇总装置。

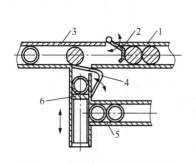

图 3.36　隔板式组合汇总装置

1、3、5—料槽　2—隔离器　4—插板　6—推板

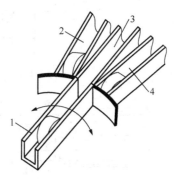

图 3.37　摆动式汇总装置

1—摆动料槽　2、3、4—料槽

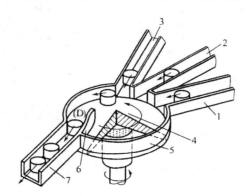

图 3.38　回转式汇总装置

1、2、3—进料槽　4—锥形旋转圆盘　5—料斗　6—固定导向板　7—出料槽

3.1.6　工件的变向供送装置

根据工艺路线与设备布局的要求，需改变输送中的物件的运动方向或姿态（如转弯、转角、拐角平移、转向、翻身、调头）等单独动作或组合动作时，需要设置相应的变向供给装置。常用的变向供给装置有以下几种。

1. 转弯转角变向装置

转弯转角变向装置是使输送中的物件在水平面内绕某一垂直轴线转过一定角度（多为 90°或 180°），从而改变运动方向但重心位置不变。常用的转弯转角变向装置如图 3.39 所示。

2. 拐角平移变向装置

拐角平移变向装置仅改变运动方向，物体重心位置也不变。图 3.40 所示为两种拐角平移换向装置，适用于块状或盒形产品的输送。图 3.40（a）为推板式变向输送装置；图 3.40（b）为链带式变向输送装置，装置由两条带推送头的输送链组成。输送中要求两个方向的输送速度密切配合，动作协调有序，否则会发生干涉，损坏产品。

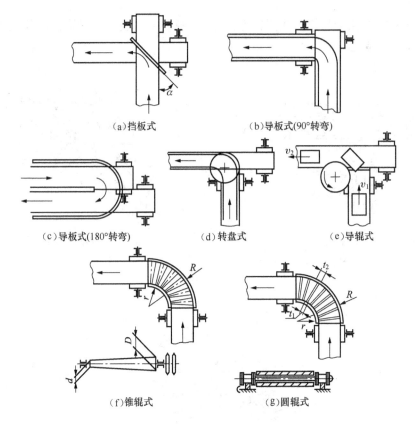

（a）挡板式　　　　　　　　　（b）导板式（90°转弯）

（c）导板式（180°转弯）　　　（d）转盘式　　　　　（e）导辊式

（f）锥辊式　　　　　　　　　（g）圆辊式

图 3.39　各种转弯转角变向装置简图

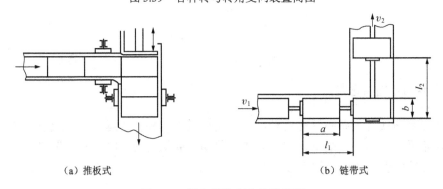

（a）推板式　　　　　　　　　　　（b）链带式

图 3.40　拐角平移变向装置简图

3. 转向输送装置

转向是指保持输送方向与重心位置不变，使物体绕自身垂直轴心线回转一定角度。图 3.41 所示为四种适用于盒、箱、袋形包装产品的自动转向输送装置。图 3.41（a）为固定挡块式转向输送装置；图 3.41（b）为对称对置锥辊式转向输送装置；图 3.41（c）为偏置转辊式转向输送装置；图 3.41（d）为交错对置锥辊式转向输送装置。

4. 翻转输送装置

翻转是指将物体绕水平轴线回转一定角度，物体的重心位置有变化，但运动方向不变。图 3.42 所示为各种在行进中自动翻转装置示意图，可使物件完成任意角度翻转。

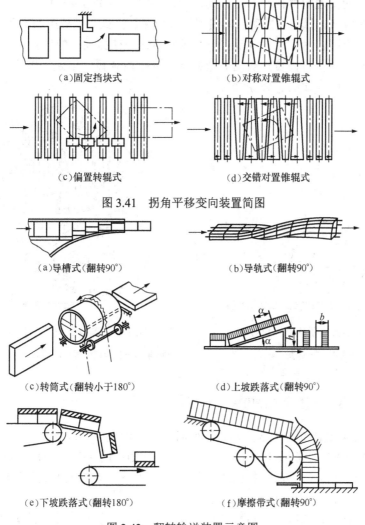

（a）固定挡块式　　　　　　　（b）对称对置锥辊式

（c）偏置转辊式　　　　　　　（d）交错对置锥辊式

图 3.41　拐角平移变向装置简图

（a）导槽式（翻转90°）　　　　　　　（b）导轨式（翻转90°）

（c）转筒式（翻转小于180°）　　　　　（d）上坡跌落式（翻转90°）

（e）下坡跌落式（翻转180°）　　　　　（f）摩擦带式（翻转90°）

图 3.42　翻转输送装置示意图

3.2　电磁振动供料装置

振动供料装置（或称电磁振动给料机，亦简称电振机）是一种高效的供料装置，它的结构简单，能量消耗小，工作可靠平稳，工件间相互摩擦力小，不易损伤物料，改换品种方便，供料速度容易调节；在供料过程中，可以利用挡板、缺口等结构对工件进行定向；也可在高温、低温或真空状态下进行工作。它被广泛应用于小型工件的定向及送料，如显像管锥壳阳极帽输送、铅笔橡皮头装配时的输送等。

3.2.1　振动供料装置的分类及组成

振动供料装置从结构上分直线料槽往复式（简称"直槽式"，如图 3.43 所示）和圆盘料斗扭动式（简称"圆盘式"，如图 3.44 所示）两类。直槽式一般作为不需要定向整理的粉粒状物料的给料，或用于对物料进行清洗、筛选、烘干、加热或冷却的操作机；圆盘式一般作为需要定向整理的供料，多用于具有一定形状和尺寸的物料场合。

如果从激振方式来区分，振动供料装置可分电磁激振式、机械激振式及气动激振式等。其中电磁激振式应用较为广泛。本节主要讨论圆盘式电磁振动供料装置。

圆盘式电磁振动供料装置一般由筒形料斗、支承板弹簧、电磁激振器、底座及在底座下面的减振器等组成，如图 3.44 所示。

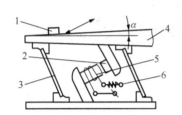

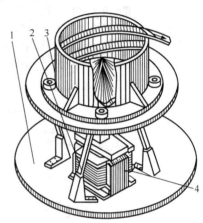

图 3.43　直槽式电磁振动供料装置

1—工件　2—衔铁　3—弹簧　4—料槽

5—电磁铁　6—硅堆

图 3.44　圆盘式电磁振动供料装置

1—底座　2—支承板弹簧　3—筒形料斗　4—电磁激振器

3.2.2　电磁振动供料装置的工作原理

电磁振动供料装置如图 3.43 所示，工作时，将交流电经半波整流后，接通电磁铁 5 的线圈，产生频率 50Hz 的断续电吸力，吸引固定在料槽上的衔铁 2，使料槽向左下方运动；电吸力迅速减少并趋近于零时，料槽在弹簧 3 的作用下，向右上方做复位运动，如此周而复始便使料槽产生微小的振动。

为了分析工件运动情况，可以把工件在槽式电磁振动供料装置上的运动，看成滑块在斜面上的运动 [图 3.45（a）]。当电磁铁吸力减少为零的瞬间，料槽 2 将在弹簧反力作用下，带动工件 1 以加速 a_1 从后下方朝前上方升起。工件受到与料槽运动方向相反的惯性力 ma_1 作用。此时，与料槽垂直的惯性力分量 $ma_1\sin\beta$ 向下，增加了工件与料槽之间的正压力 N_1 及摩擦力 F_1，而与料槽平行的惯性力分量 $ma_1\cos\beta$ 向后，故一般不会使工件滑动。而只会随料槽一起往前上方运动。如图 3.46（a）所示料槽从位置 A_1 至 A_2，工件从 B_1 至 B_2。

在电磁铁吸力瞬间，料槽在吸力作用下 [图 3.45（b）]，带着工件以加速度 a_2 从前上方向后下方运动，工件受到与料槽运动方向相反的惯性力 ma_2 的作用，此时，与料槽垂直的惯性力分量 $ma_2\sin\beta$ 向上，使工件作用在料槽上的正压力减小，摩擦力 F_2 亦减小；若与料槽平行的惯性力分量 $ma_2\cos\beta$ 大于摩擦力 F_2 时，工件便沿料槽向上方滑移；若与料槽垂直的惯性力分量 $ma_2\sin\beta$ 大于工件自重在垂直料槽方向的分量 $mg\cos\alpha$ 时，工件将跳起来 [图 3.46（a）从位置 B_2 到 B_4]。那么，工件产生腾空的条件为

$$ma_2\sin\beta \geqslant mg\cos\alpha \tag{3.1}$$

即

$$a_2 \geqslant g\cos\alpha/\sin\beta \tag{3.2}$$

如工件腾空时间等于料槽下降时间，则工件再与料槽接触时，就前移了一大步，如图 3.46（a）所示，工件从 B_1 到 B_4。如工件腾空时间少于料槽下降时间，则工件将过早返回料槽，随同料槽一起下降，有如在料槽上"进两步退一步"，每次前移较小，如图 3.46（b）所示。如工件腾空时间大于料槽下降时间，则工件将过晚返回料槽，跳得很高落得很近；甚至可能落回原位，没有前移，如图 3.46（c）所示。

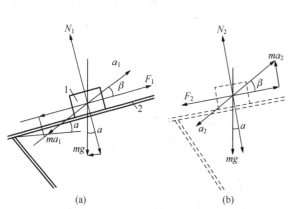

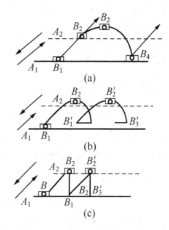

图 3.45　工件运动分析　　　　　　图 3.46　工件腾空时间与升移量的关系

实际上，工件在料槽上的运动过程是比较复杂的。它受到工件的质量、料槽的升角、弹簧片的斜角、振动频率和振幅等多方面因素的影响。

对于圆盘式振动供料装置，若截取其中很短一段料槽来看，工件在其上的运动也可当成斜面上的滑块进行受力分析，因此可以认为圆盘式振动供料装置的工作原理与直槽式振动供料装置大致相同。

3.2.3　振动供料装置的主要参数与设计计算

1. 主要参数

（1）振动频率 f

由振动学理论知，料槽振动频率 f 亦是系统受到的激振频率 f_j，即 $f = f_j$。为了减少振动供料装置的质量和结构尺寸，使振动系统具有较大的固有频率 f_0，常选取较低的激振频率 f_j，且使振动系统在近低共振状态下工作。电磁激振系统中，常用的激振频率 $f_j=50\mathrm{Hz}$ 和 $f_j=100\mathrm{Hz}$。

（2）固有频率 ω_0

为使振动系统在近低共振状态下工作，应使激振角频率 ω_j（$=2\pi f_j$）与固有频率 ω_0 之比 λ 满足近低共振式（$1 \approx \lambda = \omega_j / \omega_0 < 1$）。一般根据选定的激振频率 f_j 及 λ 值来确定系统的固有频率。常取 $\lambda = 0.8 \sim 0.95$，则系统的固有频率为

$$\omega_0 = 2\pi f / \lambda \ (\mathrm{rad/s}) \tag{3.3}$$

（3）振幅 A

振动体的振幅 A 较大时，可提高供料速度，但动载荷较大，运动不平稳，常据经验选取，且使振幅大小由结构上保证可调，以控制给料速度。电磁激振供料装置中振动体的振幅可在 $0.5 \sim 1.5\mathrm{mm}$ 范围内选取。

（4）料槽升角 α

α 角由料斗升程及中径大小确定，料槽升角 α 的大小影响上料速度。α 角太大会降低上料速度，甚至无法上料。α 角小些，则上料速度提高，但升程减小。一般取 $\alpha = 1° \sim 3°$。

（5）振动升角 β

一般来说，振动升角 β 由振簧的安装角及料槽的升角确定。β 角大小直接影响着作用在工件上的惯性力在垂直和水平两个方向上分量的比例。因此 β 角的选取应保证在其他条件相同的情况下，使工件沿料槽前进的速度为最大。一般当激振频率 $f=100\text{Hz}$，$\beta = 10° \sim 16°$；当 $f=50\text{Hz}$，$\beta = 20° \sim 25°$。

2. 有关的设计计算

（1）输送工件的平均速度 v_p 计算

由上述工件的运动分析可知，工件的运动情况是很复杂的，其运动速度在瞬时变化着。输送工件的平均速度 v_p 与所送工件的物理特性、振动频率 f、振幅 A 及振动升角 β 等有关。可用下式近似计算。

$$v_\text{p} = \eta_\text{v} g n_\text{p}^2 \cos(\alpha + \beta) / (2f\sin\beta) \text{（m/s）} \qquad (3.4)$$

式中，η_v 为速度修正系数，一般取 $\eta_\text{v}=0.6\sim1.0$，粗略计算时，取 $\eta_\text{v}=0.8$；n_p 为跳跃系数，即工件做腾空时间与料槽振动周期之比，一般取 $n_\text{p}=0.7\sim0.9$。

其他符号意义同前。

（2）振动系统中质量的设计计算

从振动学角度看，电磁振动供料装置可简化为图 3.47（a）双自由度双质点强迫振动系统。m_1 为有效质量，包括料槽（或圆盘形料斗）、衔铁、连接件及槽内被送工件的质量；m_2 为平衡质量，包括激振电磁铁的铁心、线圈、底座等的质量；k_1 为主振弹簧的刚度；k_2 为减振弹簧的刚度。增大 m_2 可减小平衡质量 m_2 所包括部分的振幅，有利于输送能力的提高，通常取 $m_2:m_1=(2\sim4):1$。如果 k_2 较大，振动系统可进一步简化为单自由度单质点的振动系统，如图 3.47（b）所示。其中，m 为折算质量，$m=m_1 m_2/(m_1+m_2)$；k 为折算弹簧刚度，$k \approx k_1$；C 为系统阻尼系数。

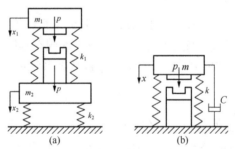

图 3.47 电磁振动供料装置的力学模型

为使结构简单，易于起振，所需振激力及功耗小，应尽可能使 m_1 较小。m_1 的具体数值由实际结构情况而定。

（3）主振弹簧刚度 k_1 计算

电磁振动供料装置的主振弹簧一般由若干板弹簧组分布于振动体下方组合而成。各板弹簧组刚度进行适当的折算而构成主振弹簧刚度 k_1 的值，由振动学理论可知，主振弹簧刚

度 k_1 与系统的折算质量 m 及系统固有频率 ω_0 之间有如下关系：

$$k_1 = \omega_0^2 m \text{（N/m）} \tag{3.5}$$

一般由此式确定 k_1 值，然后由 k_1 值设计板片弹簧组的组数及各组的刚度值，进而选定板片弹片的结构类型。

（4）支承隔振弹簧的结构设计

振动料斗如果直接安装在主机上，则由于振动惯性力的传递，将影响主机及其他机械设备的正常工作。因此为了隔振，将振动系统支承在隔振块 m_2 上 [图 3.47（a）]，再通过隔振弹簧与机座相连接。只要适当选择隔振块的 m_2 质量和隔振弹簧刚度 k_2，就可以使传递到机座上的惯性力减小到直接连接时的千分之几。例如取 $k_1/k_2=0.1$，$m_1/m_2=0.2$，则传递到基座的力只有直接连接的 0.36%。

由于橡胶内摩擦较大，当振动供料装置在共振区工作时，不易产生浪涌现象，而且结构简单，易于组合改变隔振弹簧刚度，故应用广泛。

（5）激振力的计算

在振动供料装置稳态工作情况下，其所需的激振力的幅值 P 可按下式计算：

$$P = A k_1 \sqrt{(1-\lambda^2)^2 + 4\xi^2 \lambda^2} \text{（N）} \tag{3.6}$$

式中，ξ 为阻尼比，$\xi = C/2m k_1$，一般取 $\xi = 0.1 \sim 0.3$，粗略估算时可取 $\xi = 0$。

3.2.4　振动料斗的结构设计

直槽式振动槽体的结构比较简单，在此不作介绍，下面仅对圆盘料斗式振动体的结构做些简要介绍。

1. 料斗结构

常用的料斗结构有两种，带内螺旋料槽的圆柱形料斗，结构工艺性较好；带内螺旋料槽的圆锥形料斗，适用于复杂的或较高的工件，但因上下直径不同，故工件的移动速度亦不相等。

图 3.48 中的圆柱形料斗 1 与托架 2 可根据工件形状不同进行更换。而上料机构的主体（包括料斗底盘 3 及其衔铁、电磁振动器、支承弹簧 4 和基座等）是通用的。其优点是可以标准化、系列化、进行批量生产、便于用户选用。铁心与衔铁之间的气隙 δ 可用螺钉 5、7 调节，然后用螺钉 6 顶紧。系统的固有频率可通过改变弹簧长度来调节。

图 3.49 中的锥形料斗 5 与弹簧 7 直接连接，而与料斗底部相分离。附加料斗 2 的作用是可以加大工件容量而不增大料斗尺寸，工件可从其四周出料口放出。分离底 3 只起承载工件的作用，而不参与振动，但可以浮动，便于工件滑入料槽。其优点是可以增加工件容量而不改变固有频率，使料斗能始终在谐振状态下工作，上料速度较高。

小型料斗，其螺旋料斗槽常与料斗做成整体式。中、大型料斗的螺旋料槽常采用镶片式，即先在料斗内壁镗出一条 2～3mm 深的螺旋槽，然后将径向切开的圆环片镶焊在料槽上。

为了使工件能顺利地从料斗底部滑入螺旋料槽起点，料斗底部应做成锥形，一般锥顶角为 170°～176°。对小尺寸的片状工件，其锥顶角可取下限。

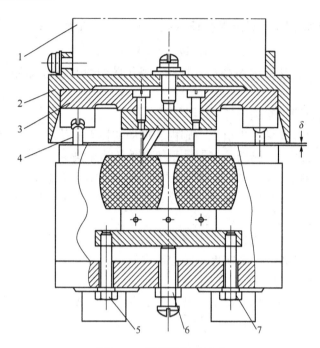

图 3.48　通用型振动料斗

1—料斗　2—托架　3—底盘　4—支承弹簧　5、6、7—螺钉

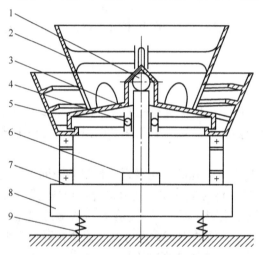

图 3.49　料斗底部与料槽分离浮动的振动料斗

1—钢球　2—附加料斗　3—分离底　4—轴承　5—料斗
6—支柱　7—弹簧　8—基座　9—消振弹簧

为了消除噪声，可在料槽表面覆盖一层耐摩擦橡胶板或将整个料斗用硬塑料制成。为了防止电磁铁的磁力线穿透料斗底部而磁化工件，可在料斗底部装一块铝片。

2. 料斗材料

料斗材料应选较轻的，常用的有铝、铜、不锈钢、有机玻璃及硬塑料等。铝较轻，但表面粗糙；铜加工方便，而且不会磁化，但重量较大；不锈钢表面光洁，但加工困难，而且较重，成本亦高；有机玻璃和硬塑料都比较轻，而且表面光滑。

3. 料斗基本尺寸确定

基本尺寸如图 3.50 所示。

1）螺旋料槽螺距 t，当升角 α （通常取 $\alpha \leqslant 3°$）已定时，螺距 t 越大则料斗直径越大，为紧凑尺寸，t 以不让两个重叠工件同时通过为宜，

$$t=1.6h+S$$

式中，h 为工件在料槽上的高度（mm）；S 为料槽板厚度，一般取 $1.5\sim2$mm。

当工件为楔形，或有在料槽内卡住的可能时，则要另采取措施，如使料槽向心倾斜等。

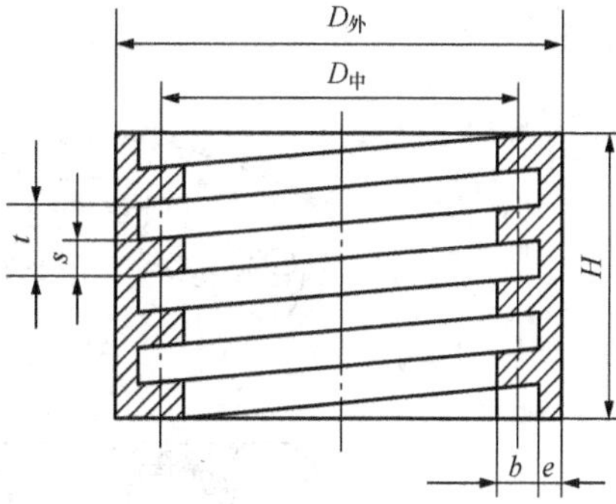

2）料斗外径 $D_{外}$ 当 t、α 已定时，料斗外径为

$$D_{外}=D_{中}+b+2e$$

式中，$D_{中}$ 为料斗中径，$D_{中}=\dfrac{t}{\pi\tan\alpha}$ （mm）；b 为料槽水平宽度，一般比工件宽度或直径大 $2\sim3$mm；e 为料斗壁厚（mm）。

图 3.50　料斗基本尺寸

对于细长工件，要考虑料槽曲率半径对工件移动的影响，因此料斗外径还应满足 $D_{外}\geqslant（8\sim12）l$，式中，l 为工件前进方向长度，一般取计算结果中的最大值。

3）料斗高度 H 在保证料斗有一定容量的前提下，尽量取小些，以减轻工件间的相互挤压，便于工件分离并滑向料槽，一般取 $H=（0.2\sim0.4）D_{外}$。

4. 定向分选装置设计

振动供料装置用于输送具有方向性的规则块类工件时，需在输送道上设置一定的定向分选排列装置，以使工件都按给定的方向排列输送。

使散乱的工件实现定向排列，常用两种方法，即消极定向法（亦称二次定向法）和积极定向法。消极定向法的特点是按选定的定向基准，采取适当的措施让符合要求的工件能在输送道上始终保持稳定的运动状态，并设法剔除所有不符合选定方向要求的工件，使之集中回流。这种方法比较简便，应用较广。按其剔除不符合选定方向要求的工件的结构形式，可分为斜面剔除法、缺口剔除法、挡板剔除法、拱桥剔除法等。如图 3.51 所示为用于振动料斗内螺旋输送道上工件的分选定向排列结构形式。

图 3.51（a）所示为挡板结构，挡板与输送槽底面之间的距离只允许一个瓶盖自由通过，重叠盖被分开，下一个由挡板下面通过，上一个被挡落到料斗内；未分开的重叠盖一起被挡落到料斗内。

图 3.51（b）所示为拱桥结构，只允许盖子口向上者通过，盖子口向下者自动落回到料斗内。图 3.51（a）、（b）两种结构常组合使用。

图 3.51（c）、（f）所示为凸块结构，只允许大头向下的"T"形工件通过，凡倒立、侧立工件均被剔除回落料斗。

图 3.51（d）、（e）所示为缺口结构，适用于小杯、小盖及小盒类工件的分选定向，直接开设在输料道上，结构简单。

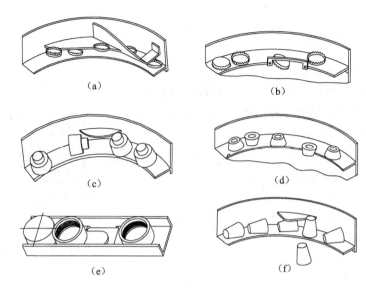

图 3.51　消极定向结构形式

其他一些常用的二次定向装置及应用可参考相关资料。

积极定向法的特点是采取强制性措施使原来不符合选定方向要求的工件全部改变为选定的基准方向。这种方法常用于直槽式振动输送装置和圆盘料斗出料口之外的输料槽中。图 3.52 所示为积极定向法使工件定向排列的三种结构形式。

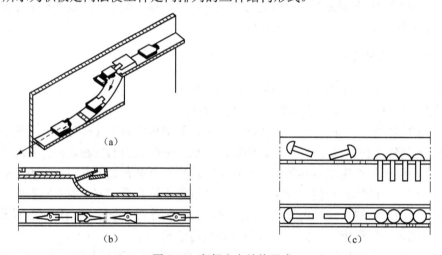

图 3.52　积极定向结构形式

3.2.5　电磁振动供料装置的安装与调试

影响振动供料装置正常工作因素较多，其中主要是该装置在设计时，如弹簧刚度、固有频率等主要参数都是采用近似的方法进行估算的。而且在制造和安装时也难免会有某些误差，因此安装后，必须经过调试方能使用。

1. 通电前对加工安装质量的检查

1）各零件的形状、尺寸、力学性能及安装精度，要满足图样要求。

2）各件连接处的螺母及螺栓必须拧紧。

3）料斗轴线与底盘面垂直。

4）各主振弹簧的配置及安装角应一致。

5）衔铁与电磁铁间气隙相等。

2. 通电后对料斗工作点进行调试的要求

采用可调变压器或改变线包抽头供电，进行工作点调整，要达到下列四点要求：

1）在通电电压达到额定值 80% 时，空载料斗便能起振。

2）按设计能力加料后，调整电压便能得到预期的上料速度，且整个圆周上工件移动速度均匀。

3）正常工作时，噪声较小。

4）隔振性能好，机座振动小。

3. 调试

1）如果上述第 2 项中 1）、2）两项不符合要求，可能是振动系统工作点不是在近低共振区，或激振器吸力太小，则应从 $\omega_0 = \sqrt{\dfrac{k}{m}}$ 出发，采取下列措施：

第 1 步，用适当改变支承弹簧片数（截面积）或倾角的方法，调整弹簧刚度 k。

第 2 步，用去除 m_1 部分质量或增加 m_2 部分配重的办法，调整折算质量 m。

第 3 步，必要时，用激振器-加速度传感器系统测定固有频率，再用上述方法，将其调谐值准确地控制在 $\lambda = \dfrac{\omega}{\omega_0} = 0.8 \sim 0.95$，使振动供料装置在近低共振区工作。

第 4 步，如经前第 1~3 步调整后，振幅太小，则应换吸力更大的电磁铁。

第 5 步，如料槽上工件移动速度不均匀，时快时慢，应调整支承弹簧的配置及振动角。

2）如振动供料装置工作时噪声过大，则可能是：

① 电磁铁的衔铁与电磁铁碰撞所致。每改一次电压后都应将吸合时的最小气隙调整至 0.1~0.3mm，保证料斗在"悬浮"下工作。

② 如果是由于线包太松产生的交流声，则应拧紧或更换旧的电磁铁。

3）如果振动供料装置机座振动较大，则应采取如下措施：

① 合理调整上、下质量的比值。

② 用细长的铝、铁管为支承杆，使振动供料装置远离机台。

③ 在机座与机台的接触面加垫阻尼值大的胶垫吸振。

3.3 定 量 装 置

物料定量是物料包装时的一个重要工序，定量精确与否将直接影响着包装质量。

根据物料的物理化学性质、自然形态、包装规格及销售、使用习惯的不同，需选用不同的定量方法。对于具有规则形体的物料，如块、棒、梗枝状物料，常采用计数法定量；对于松散的颗粒、粉末状物料及液体，粘稠物常采用容积法定量；对于易粘结的颗粒、粉末状物料及无规则形体的块状物料，常采用称重法定量。

在设计时对物料定量装置的基本要求是：有较高的定量精度和速度，机构结构要简单，并能根据定量要求进行调整或自动调节。一般来说，计数、容积定量装置的结构比称重定量装置的结构较简单，定量速度也较快，造价也较低，但定量精度较差。

3.3.1 粉粒物料的定容定量装置

定容定量法是根据一定体积内的物料，其质量在理论上必为某个定量值这一原理而进行定量的方法。其定量理论表达式为

$$m=V\rho（\text{kg}） \tag{3.7}$$

式中，m 为所定量的物料的质量（kg）；V 为所定量物料的体积，一般使其等于定量容器的体积（m³）；ρ 为所定量的物料散堆堆积密度（kg/m³）。

由上式可知，只要定量容器的体积 V 和物料的散堆堆积密度 ρ 保持恒定，则物料的定量值 m 亦为定值。定量体积 V 对于调定的定量装置而言，已为定值，但物料的散堆堆积密度 ρ 一般是随着工况条件及物料的物理化学性质而变化的。因此，定容定量法只适用于定量散堆堆积密度比较稳定的物料，如松散态粉、粒物料及液态物料的定量。

按定量物料的容腔的可调性可将定容定量装置分为固定容积定量装置和可调容积定量装置；按定量装置的结构特点，又可将定容定量装置分为量杯式、转鼓式、螺杆式及柱塞式定量装置，现分别介绍如下。

1. 转盘量杯式定量装置

如图 3.53 所示，在转盘 6 上装有四个圆筒状量杯 7，用活门 3 封底口，由护圈 8（固结有刮板 5）、有机玻璃罩 2 和转盘 6 组成一容料室，工作时，物料由料斗 1 落入容料室，转盘在转动中由刮板 5 将物料拨入量杯并刮去溢出部分，装满物料的量杯，随转盘转到卸料工位时，顶杆拨开活门底盖，粉粒料自量杯底口落入漏斗（图 3.53 中标出）、装入待装容器中，完成定量供料过程。

当需要调节定量时，可换装量杯，或者在原量杯中套量杯。如图 3.54 所示为一种可调量杯式定量装置，上量杯 2 装在上转盘 1 上，下量杯 3 装在下转盘 4 上，当需要调节定量

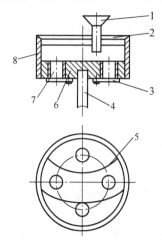

图 3.53 转盘量杯定量装置

1—料斗 2—有机玻璃罩 3—活门 4—转轴
5—刮板 6—转盘 7—量杯 8—护圈

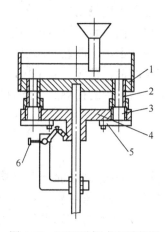

图 3.54 可调量杯式定量装置

1—上转盘 2—上量杯 3—下量杯 4—下转盘
5—活门 6—调节机构

时，通过调节机构 6 使下转盘上下移动靠近或离开上转盘，使上下量杯重叠部分变化，从而改变其定量容积。活门 5 采用张开式打开，在图中左边位置，活门闭合；在右边位置，活门张开，量杯中的料通过漏斗落入容器内。

转盘量杯式定量装置的生产能力为

$$Q = V\rho nm \quad (\text{kg/min}) \tag{3.8}$$

式中，V 为量杯体积（m³）；ρ 为物料散堆堆积密度（kg/m³）；n 为转盘转速（r/min）；m 为转盘上均布的量杯数。

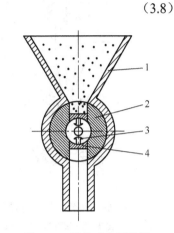

图 3.55　转鼓式定量装置
1—鼓体　2—转鼓　3—调节螺钉　4—调节片

2. 转鼓式定量装置

转鼓式定量装置由鼓体和转鼓两部分组成，如图 3.55 所示，鼓体上有装料斗和落料斗，转鼓上开有容料槽，可在鼓体中转动，当容料槽口对住装料斗时，料斗中物料填充进容料槽，鼓继续转动，鼓体内壁刮去多余物料；当转鼓转动使容料槽口对住落料斗时，物料倒落入容器，完成供料过程。通过调节螺钉 3 可改变容料槽的容积。容料槽形状有圆柱、长直槽、圆锥、锥柱、凹弧等，其中圆锥、锥柱、凹弧等敞口型便于物料的填充和倒落。

转鼓式容积定量装置的生产能力为

$$Q = V\rho nmk \quad (\text{kg/min}) \tag{3.9}$$

式中，V 为定量容腔的体积（m³）；ρ 为物料散堆堆积密度（kg/m³）；m 为转鼓上定量容腔数；n 为转鼓转速（r/min）；k 为物料充填系数，由试验确定，一般可取 $k=0.6\sim1.0$。

图 3.56 为凹弧转鼓式定量装置，物料由料斗填入凹弧容料槽，随转鼓 1 转动，物料经引导管 3 落入袋中，两条塑料（或纸）带 2 由压边器 4 粘合，由牵引、切断器 5 封袋的上下口并切断。

3. 螺杆定量装置

螺杆螺旋槽的每个螺距之间具有一定的理论体积，螺杆定量装置就是利用螺旋槽的这一特性实现定量的。只要精确控制螺杆转数，即可得准确的定量。螺杆定量装置对于粒状或小块状物料可能产生磨碎现象，故常用于粉末状物料的定量作业。

图 3.57 所示为螺杆定量装置工作原理图。物料由膛管 1 装入料斗 5，由搅拌器 6 进行搅动，再由螺杆 8 送入导管 7。电控离合器 3 控制螺杆每次定量的大小，控制闸 9 用于防止物料停送时散落。

为了保证计量精度，螺杆螺旋必须精密加工，使每一螺距内螺旋槽的理论容积都准确一致；螺杆应铅垂安装，以便于物料充满螺旋槽；螺杆外径与导管之间的间隙应选择适当；在导管内的螺旋扣数一般不少于 5 扣。

螺杆定量装置的生产能力为

$$Q = V\rho nm \quad (\text{kg/min}) \tag{3.10}$$

式中，V 为每圈螺旋槽的体积（m³）；ρ 为物料的散堆堆积密度（kg/m³）；n 为每次定量螺杆的转数；m 为每分钟定量次数。

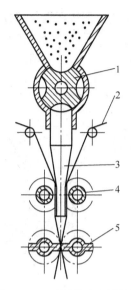

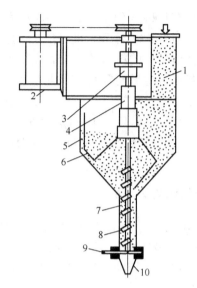

图 3.56　凹弧转鼓式定量装置

1—转鼓　2—塑料带　3—引导管
4—压边器　5—牵引、切断器

图 3.57　螺杆定量装置

1—膛管　2—电动机　3—电控离合器　4—轴　5—料斗
6—搅拌器　7—导管　8—螺杆　9—控制闸　10—漏斗

4. 柱塞式定量装置

图 3.58 所示为柱塞式定容定量装置简图。柱塞 4 在往复运动的行程中形成一定的定量容腔。由于柱塞往复运动可承受一定的推力，故这种装置不仅适用于松散粉粒物料的定量，还可用于流动性差、易结块的物品的定量。

柱塞式定容定量装置的生产能力为

$$Q = FS\rho nk \quad (\text{kg/min}) \tag{3.11}$$

式中，F 为柱塞容腔横截面积（m^2）；S 为柱塞行程（m）；ρ 为物料的散堆堆积密度（kg/m^3）；n 为每分钟定量次数；k 为物料充填系数，由试验确定，一般可取 $k=0.6\sim1.0$。

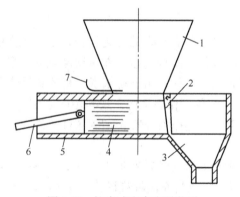

图 3.58　柱塞式定容定量装置

1—料斗　2—活门　3—漏斗　4—柱塞　5—柱塞缸　6—连杆机构　7—调节阀门

3.3.2　粉粒物料的称重定量装置

称重定量是利用秤对物料称取其质量值而实现定量的方法，其称量精度主要取决于称量装置的精度，一般可达 0.1%，因此，应用非常广泛。

称重定量法按工作原理的不同可分为三类：一类是基于杠杆力矩平衡原理的间歇称量法（亦称机械称重法）；另一类是基于瞬时物流闭环控制原理的连续称量等分截取计量法（亦称电子称重法）；再一类是一种基于计算机控制的高精度自动组合称重法。后两者定量精度高，速度快，在高速自动包装机中应用较广。

1. 间歇称重定量装置

如图 3.59 所示为间歇称重定量装置工作原理图。秤的基本组成部分为秤梁、配重主砝码与微调砝码、支承座、称量料斗等，其力学模型如图 3.60 所示。由力矩平衡原理及 $m=W/g$ 可得

$$W=(W_1L_1+W_2L_2+W_3L_3)/L_0-W_0 \text{(N)} \tag{3.12}$$

或

$$m=(m_1L_1+m_2L_2+m_3L_3)/L_0-m_0 \text{(kg)} \tag{3.13}$$

式中，L_1 为秤梁重心到支承点 O 的水平距离（m）；L_2 为主砝码到支承点 O 的水平距离（m）；L_3 为微调砝码到支承点 O 的水平距离（m）；L_0 为称量料斗重心到支承点 O 的水平距离（m）；W 为所称量物料的重量（N）；m 为所称量物料的质量（kg）；W_1 为秤梁的重量（N）；m_1 为秤梁的质量（kg）；W_2 为主砝码的重量（N）；m_2 为主砝码的质量（kg）；W_3 为微调砝码的重量（N）；m_3 为微调砝码的质量（kg）；W_0 为称量料斗的重量（N）；m_0 为称量料斗的质量（kg）。

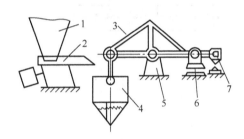
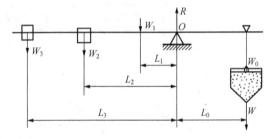

图 3.59　称重定量装置工作原理图　　　　图 3.60　杠杆秤力学模型
1—料斗　2—供料机　3—秤梁　4—称量料斗　5—支承座
6—配重砝码　7—称重检测控制装置

对于给定的杠杆秤来说，称量料斗质量 m_0、秤梁质量 m_1 及长度 L_0、L_1 都为定值，而主砝码质量 m_2、微调砝码质量 m_3 及长度 L_2、L_3 为参变量，一般称 m_2L_2 为粗调参量，m_3L_3 为细调参量。称量时，先按计量值 m 调好 m_2L_2、m_3L_3，再向称量料斗加入物料，使秤梁由向右倾斜转至水平状态。通常利用秤梁的位置变化实现称重定量的检测控制，从而达到对称量过程的自动控制目的。

间歇称重定量的杠杆秤的秤梁的平衡属于动态平衡，为了减少惯性力的影响，常要求给称量料斗加料分为粗加料、细加料两个阶段进行。这就需要具有高灵敏度的检控装置予以保证。检测控制装置有有触点电气检控及无触点电气检控之分。

如图 3.61 所示为有触点检控称重定量装置工作原理图。在粗加料阶段，秤梁向右倾斜，装置中的粗、细加料触点都处在闭合状态。当粗加料完成时，粗加料触点断开，而细加料触点仍闭合，给料机对称量料斗细加料。当加料达到定量值时，秤梁处于水平状态，细加料触点也断开，给料机停止给料；同时发出开启称量料斗活门的信号，使称量料斗打开活

门，把已称量的物料卸出。称量料斗卸完物料后，秤梁再次向右倾斜，粗细加料触点又都闭合，开始新的称量工作循环。电气触点检控装置结构简单，但存在电火花熔蚀和粉尘沾污问题，长期工作，可靠性有所降低，需定时进行检修。

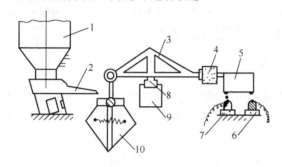

图 3.61　有触点检控的称重定量装置工作原理图

1—料斗　2—电振给料机　3—秤梁　4—配重砝码　5—检控规板
6—粗加料触点　7—细加料触点　8—刃支承　9—支承座　10—称量料斗

无触点检控装置应用差动变压器、光电元件及电子器件检测传感器，对称量系统的预定称量程序进行检控，得到相应信号，经电子放大器放大信号后，自动控制执行机构按要求程序进行称量工作，其控制原理图如图 3.62 所示。这种检控装置工作可靠，精度高，速度快，在高速包装机中应用较广。

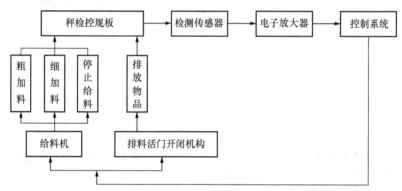

图 3.62　无触点检控称重定量工作原理方框图

如图 3.63 所示为无触点二级光控称重定量装置工作原理图。开始计量时，由于砝码 6 的重量，秤梁向右倾斜，秤尾落于限位台 10 上，挡光板 8 位移到第一级光控系统工作，电振给料机 2 快速向称量料斗 3 加料。当加料达 80%～90% 时，秤尾已升起，挡光板 8 切断第一级光控光源，第二级光电系统开始工作，发出信号，改变电振给料机振幅，以缓慢速度实施细加工。当加到定量时，秤尾挡光板 8 使第二级光控制的光源切断，发出第二次信号，使电振机停止加料，至此，一次计量完毕，并同时控制称量料斗排料。排料完毕，秤梁又恢复向右倾斜状态，开始下一次称量工作循环。

2. 连续称重定量装置

连续称重定量装置的控制系统都是由电子系统组成的，故统称为电子秤连续称重定量装置。如图 3.64 所示为几种常见的电子秤称重定量装置工作原理图，它们的工作原理基本相同。物料自料斗流过称量机秤盘，称量机对物料流量进行检测，并通过电子控制装置进

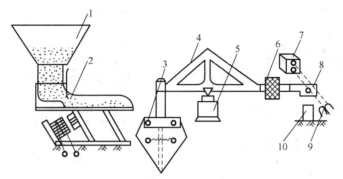

图 3.63　无触点二级光控称重定量装置工作原理图
1—贮料料斗　2—电振给料机　3—称量料斗　4—秤梁　5—支座
6—砝码　7—光控系统　8—挡光板　9—光源　10—限位台

行瞬时调节控制，从而维持物料流量为给定定量值，并利用等分截取装置，获得所需的每份物料的定量值。

流过称量机秤盘上的物料流量 Q_m 可表示为

$$Q_m = A v \rho \quad (kg/s) \tag{3.14}$$

式中，A 为物料流过秤盘上时的物流横截面积（m^2）；v 为物料流过秤盘上时的物流流速（m/s）；ρ 为物料的散堆密度（kg/m^3）。

由上式可知，调节物流横截面积 A 或调节物流流速 v 均可实现对物料流 Q_m 量的调节与控制。采用调节物流横截面积 A 的称量装置常称为调重式称量装置，采用调节物料流速 v 的称量装置常称为调速式称量装置。

图 3.64（a）为调速式皮带输送电子秤连续称量装置；图 3.64（b）为调重式皮带输送电子秤连续称量装置；图 3.64（c）为调节给料螺旋转速的调重式皮带输送电子秤连续称量装置；图 3.64（d）为调速式螺旋输送电子秤连续称量装置；图 3.64（e）为调节给料螺旋转速的调重式螺旋输送电子秤连续称量装置；图 3.64（f）为挡板式电子秤，利用给料物流的冲力进行检测，根据检测结果调节给料螺旋的转速。

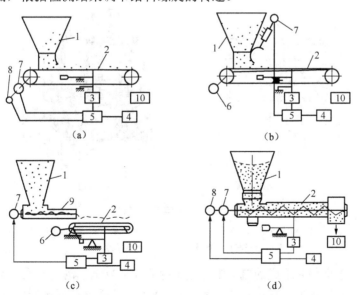

图 3.64　电子秤连续称重定量装置工作原理图

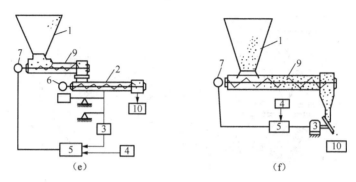

图 3.64　电子秤连续称重定量装置工作原理图（续）

1—供料料斗　2—称量机　3—检测装置　4—计量值给定装置　5—电子调节器
6—同步电机　7—调节电机　8—测速电机　9—给料螺杆　10—等分截取装置

3. 自动组合电子称量装置

由若干单台电子秤按一定结构和控制要求组合而成的自动称量装置称为自动组合电子称量装置，亦称自动组合电子秤。和单台电子秤相比，可大幅度提高称量率，特别适合于粗粒和块状物料的高精度计量。

图 3.65 为自动组合电子秤，图 3.65（a）为结构简图，图 3.65（b）为实物图。组合电子秤的称量单元（称斗）呈水平辐射状等距布置，一般可配备多达 9～24 个，称量单元越多，称量速度越快，精度越高，但机构相应也越复杂。物料从中央料斗 1 再进入分料斗 2 和各秤斗 3，每一秤斗都配有重量传感器，可分别同时精确检测出各斗中物料重量。然后根据排列组合原理，将各称重单元的检测重量，由秤内计算机 6 作自动优选组合，从至少 511（若 9 个称量单元，就有 $2^9-1=511$ 种组合）种组合中挑选出等于或略大于标重的最佳秤斗组合，作为一次包装物料重量，驱动相应称量闸门动作，完成一次称量。这种组合秤误差一般不超过 $\pm 1\%$，每分钟称重 60～120 次。

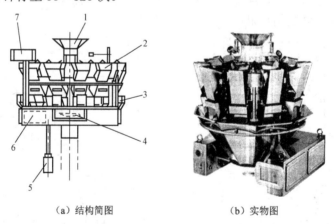

（a）结构简图　　　　　　（b）实物图

图 3.65　自动组合电子秤

1—中央料斗　2—分料斗　3—秤斗　4—显示板　5—控制机构
6—秤内计算机　7—重量选择输入屏

表 3.1 为由 9 个秤斗组成的自动组合电子秤的计量方法示例。若重量选择输入屏标定计量值为 100g，通过秤内计算机可作多种（511 种）秤斗组合计算选择，结果判定第 58 号组合方式为最佳（即由第 1、3、9 号秤斗的物料组合而成）。

表 3.1　自动组合电子秤的计量方法示例

称重组合序号	秤斗组合标号	计量总值/g	计算机判定
1	1	28	否
54	1，3，5	92	否
55	1，3，6	107	否
56	1，3，7	101	否
57	1，3，8	96	否
58	1，3，9	100	最佳（标定量）
59	1，4，5	97	否
60	1，4，6	112	否
511	1，2，3，4，5，6，7，8，9	298	否

4. 称重定量的精度

称重定量精度 δ 定义为称重定量误差值与给定的定量值的比率，即 $\delta=$ |实际称量值−给定值| /给定值×100％。

（1）间歇称量影响称重定量精度的因素

1）给料系统的影响。一般间歇称重计量过程可分为三个阶段：粗给料、细给料与停止给料后的排料。给料装置要能很好地适应各给料阶段的给料要求变化，就要求给料机具有良好的可调性和灵敏度。由于检测传感器受反应灵敏的限制，以及信号的馈送及执行装置动作造成的时间滞后，都会引起计量偏差，因此，实际生产中，常进行反复测试、调试，尽量减小动作时间滞后的影响，以保证计量误差在允许范围以内。

2）落差的影响。给料装置的出料口与称量漏斗之间总有一定高度差。假定给料系统确能准时停止给料，但给料出口至称量漏斗内物料表面之间仍存在一段连续物流，它必定要落入称量料斗，从而也引起计量误差。因此，要减小物流落差的影响，设计时应尽可能地减小给料装置出口至称量料斗之间的距离，并减小细给料时的物流量。

3）物料性能的影响。被称物料的物理性能，如流动性、散堆密度的稳定性、吸潮结块性等，在称量过程中都影响定量精度。如流动性差的物料，物料因粘附在称量漏斗斗壁上会引起计量偏小的误差；散堆密度不稳定的物料会通过落差而影响计量精度；物料易结块时，结块物料在坠落时产生冲击力较大，导致称量动作失常，引起误检测，造成计量误差。

（2）连续称量中影响称量精度的因素

1）机械系统的影响。首先是秤支承的影响。支承除满足感应灵敏度、具有良好的持久精度外，在称量检测过程中，各支承还不应有任何位移产生。载物输送装置用于物料的均匀输送与称量检测，应提供正确的物流流率调节依据，因此，必须保证称量的物流受到完全称量且不受干扰。输送带的张力过大，称量秤盘与托板间配置不当都会引起称量检测不完全或受干扰。输送带跑偏与打滑，将会造成严重的计量不准。等分截取装置中，各等分斗格的位置、形状、几何尺寸是否一致，运转速度是否恒定都直接影响每等分计量值是否符合要求。

2）电子系统的影响。电子系统必须具有高的灵敏度和工作可靠性。而其灵敏度和可靠性与电子元件的工作特性、供电电压的稳定性及电子线路的正确设计有关。供电电压的变动对电子器件的工作状态影响较大，对于要求计量精度高的电子秤称量装置，需配置高稳定性的供电电源。

3）物料性能的影响。物料在载物输送带上流动时或多或少有粘附现象，引起计量不准确；物料散堆密度突变，如有大结块，会引起检测系统误动作，造成较大的计量误差。对于有大结块的松散粉粒物料，须先进行必要的粉碎处理。

3.3.3 定形物料的计数定量装置

计数定量可分为单个物料（如香皂、糖果、面包等）的定量和集中物料（如火柴、卷烟、药片等）的定量。

单件物料的计数常采用冲头式计数装置；集中物料的计数常采用模孔计数装置、容腔计数装置、推板定长计数装置等。

现分别介绍常用的一些计数装置。

1. 冲头式计数装置

如图 3.66 所示为冲头式块状物料的单个计数给料装置的定量给料原理及程序图。图 3.66 中（a）为物料 2 由输送机沿承物台推进，并由下冲头 3 所承接的工序图；图 3.66（b）为上冲头 1 先下行，并与下冲头 3 一起夹持物料向下运动的工况图；图 3.66（c）为当上冲头 1 下行至挡住后续物料后停止向下运动，而下冲头 3 继续承托物料下行到与工作台面等高后也停止时的工况图；图 3.66（d）为水平冲头 4 将物料向左推送到后续工位时的工况图；图 3.66（e）为水平冲头 4 复位后，下冲头 3 向上行进去承接后一物料，与此同时，上冲头向上行进，以便其所挡的物料运动到下冲头 3 工作面上时的工况图。至此，一个计数工作循环结束，下一个计数循环开始。

冲头计数装置中冲头多为往复间歇运动，需要的驱动机构复杂，设计、制造难度较大，计数能力低。因此，应尽量避免选用这类装置。

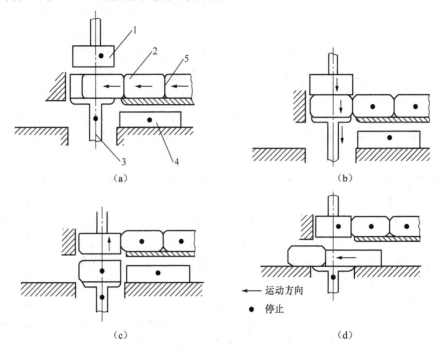

图 3.66　冲头式计数给料装置工艺原理图

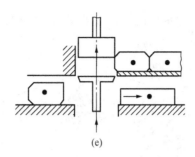

(e)

图 3.66 冲头式计数给料装置工艺原理图（续）

1—上冲头 2—物料 3—下冲头 4—水平冲头 5—承物台

2. 模孔计数装置

模孔式计数装置按结构形式分为盘式与转鼓式等。模孔计数法适用于长径比小的颗粒物料的集中自动包装定量。

如图 3.67 所示为转盘式模孔计数装置工作原理图。计数模板 3 上开设有若干组孔眼，孔径比物料颗粒直径大 0.5～1.0mm。计数模板 3 厚度比物料厚度略大一点，确保每个孔只容纳一个物料。计数模板 3 下端装有带卸料槽的承托盘 4，承托盘 4 固定不转，托住填充在计数模板 3 模孔中的物料，计数模板 3 上方装有扇形透明盖板 2，它将未落入模孔的多余物料刮除掉。在计数模板 3 转动过程中，某孔组转到卸料槽处，该孔组中的物料靠自重而落入卸料漏斗 6 进而装入待装容器；卸完料的孔组转到散堆物料处，依靠转动计数模板的连续转动，便实现了物料的连续自动计数、卸料作业。

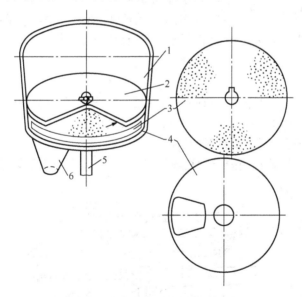

图 3.67 转盘式模孔计数装置工作原理图

1—料斗 2—盖板 3—计数模板 4—承托盘 5—轴 6—卸料漏斗

如图 3.68 所示为转鼓式模孔计数装置工作原理图。其工作原理与转盘式模孔计数装置基本相同。转鼓外圆柱面上按要求等间距地开设出若干组计数盲孔。转鼓转动时，料斗中的物料依靠搓动与自重而落入盲孔，待转至出料口时自动落下，完成一次定量计数。随着转鼓的连续转动，便可实现连续的自动计数作业。

由上述可知，模孔计数法定量准确，计数效率高，结构也较简单，故应用较广泛。

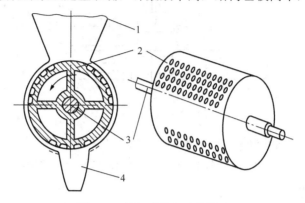

图 3.68　转鼓式模孔计数装置

1—料斗　2—计数转鼓　3—转轴　4—卸料漏斗

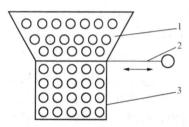

图 3.69　容腔计数充填装置

1—料斗　2—闸门　3—计量箱（容腔）

3. 容腔计数装置

根据一定数量的成件物料在容器中所占容积基本为定值的特点，利用容腔的大小实现物料的定量计数。图 3.69 所示为容腔计数充填装置的工作原理图。物料自料斗 1 下落到计量箱（容腔）3 内，形成有规则的排列。计量箱充满时，即达到预定的计量数，这时料斗与计量箱之间的闸门 2 关闭，然后计量箱底门（图中未画）打开，物品就充填到包装盒，完成一次充填包装。之后，计量箱底门关闭，进料闸门打开，物料再次从料斗落入到计量箱，进行再次计数充填包装。

4. 推板定长计数装置

规则块体物品的尺寸是基本一致的，当这些物料按一定的顺序排列时，则在其排列方向上的长度就由单个物料的长度尺寸与物料的件数之积所决定。用一定长度的推板推送这些规则排列物料，即可实现计数给料的目的。

图 3.70 所示为香烟条装箱的计数充填装置。以 10 条为一组的烟条 1 成五路进入计量

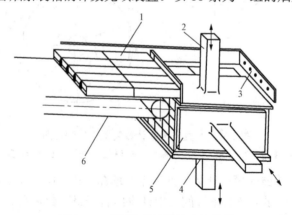

图 3.70　香烟条装箱计数充填装置

1—烟条　2—上压板　3—触点开关　4—下托板　5—水平推板　6—输送装置

工位。计量室的一端装有五个触点开关 3，当条烟触到开关时，即可发出信号，表明计量室内已满 10 条，接着启动上压板 2 和下托板 4 使其下移一条烟的厚度距离，之后，上压板退回原位，供随后的条烟进入计量室。如此重复五次后，再由底部的触点开关发出信号，指令水平推板 5 向前推移，直至 50 条烟为一组进入侧向开口的纸箱内。

3.3.4　液体物料的定量装置

液体物料有纯液体、液汁或乳浊液等。与松散态的粉粒物料相比较，液体物料具有流动性好、密度比较稳定等特性，所以液体物料通常采用容积法定量。根据控制容积的方式，容积定量法分为定量杯定量、容器自身定量和定量泵定量等。

1. 定量杯定量装置

定量杯定量法是先将液体注入定量杯中进行容积定量，然后再将它灌入容器中。这种方法定量比较准确。

如图 3.71 所示为移动式定量杯定量装置工作原理图。在未使瓶上升时，定量杯 1 的上缘由于在弹簧 7 作用下处于贮液箱 14 的液面之下而充满液料；随后，瓶子上升将灌装头 8 和与其固连的进液管 6、定量杯 1 一起向上抬，使定量杯上缘超出液面；此时，进液管 6 内的隔板 11 及两边上、下孔 12、10 恰好位于阀体 3 的中间槽 13 之间而连通。于是定量杯 1 中液料自调节管 2 流下进入瓶中。瓶中空气由灌装头 8 上的透气孔 9 逸出。当定量杯 1 中液料的液面降至调节管 2 的上沿面时，便完成一次定量灌装。改变调节管 2 在定量杯 1 中的相对高度即可调节每次灌装定量值。

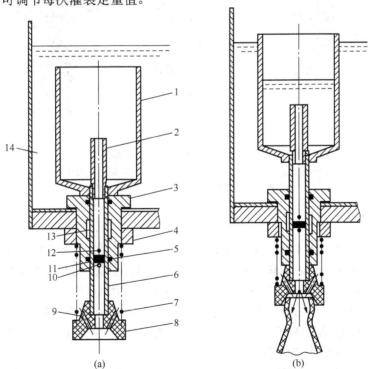

(a)　　　　　　　　　　(b)

图 3.71　移动式定量杯定量装置工作原理图

1—定量杯　2—调节管　3—阀体　4—紧固螺母　5—密封圈　6—进液管　7—弹簧　8—灌装头
9—透气孔　10—下孔　11—隔板　12—上孔　13—中间槽　14—贮液箱

2. 容器自身定量装置

容器自身定量法是通过灌装时直接对待装容器中液面高度的控制而实现定量方法的。因常用的待装容器多为瓶子，故又称此法为以瓶定量法。此种定量方法简便，但定量精度受瓶子几何尺寸精度的影响较大。

如图 3.72 所示为容器自身定量装置工作原理图。灌装前，如图 3.72（a）所示，灌装头 7 与滑套 6 下端口呈密闭状态，滑套 6 内腔液料被封死。当有瓶将滑套 6 抬起时，灌装头 7 与滑套 6 下端口之间形成液流口，液料灌注入瓶，待装瓶子内空气经排气管 1 排至贮液箱 9 上面的空气中，如图 3.72（b）所示工作状态。当液面高度到达排气管 1 的管口 A-A 截面［如图 3.72（c）所示工作状态］时，瓶内空气因无处排泄而被继续流入的液料所压缩。当瓶内液面以上的空气受到的压力与排气管 1 下端管口内截面上液料的静压力达到平衡时，瓶内液面不再升高，液料沿排气管 1 一直上升至与贮液箱 9 内液面等高为止，已装液料的瓶子下降后，在压缩弹簧 4 作用下，灌装头 7 与滑套 6 重新封闭。当已装液料瓶子瓶口与橡皮垫 5 脱离接触后排气管内的液料随即流入瓶内，使瓶内液面升到定量高度值位置，即完成一次定量灌装作业。欲改变定量值，可借调节螺母 8 使排气管 1 插入待装瓶内的相对高度位置改变而实现。

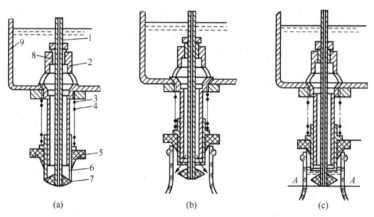

图 3.72　容器自身定量装置工作原理图

1—排气管　2—支架　3—压缩螺母　4—压缩弹簧　5—橡皮垫
6—滑套　7—灌装头　8—调节螺母　9—贮液箱

3. 定量泵定量装置

如图 3.73 所示为定量泵定量装置工作原理图。工作过程为吸料定量和压料灌装。吸料定量过程中，活塞 9 下行，活塞缸体 10 内形成一定的真空度，此时，弧形槽 6 把贮料箱 1 和活塞缸体 10 接通，贮料箱 1 中物料在大气压及自重作用下被吸压入活塞缸体 10 中。压料灌装过程中，待装容器随升降机构上升，紧顶灌装头 8，且使下料孔 7 与活塞缸体 10 接通，活塞缸体 10 内腔与贮料箱 1 断开，此时，活塞上行，便把物料沿下料孔 7 压入待装容器。调节活塞行程即可调节定量值。

定量泵定量法适用于粘度大、流动性差的液体及粘稠体；也可用于粘度小、流动性好，但待装容器口颈的通流面积很小的液体物料，如针剂注射液等。

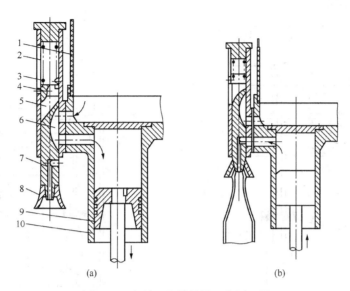

图 3.73　定量泵定量装置工作原理图

1—贮料箱　2—阀座　3—弹簧　4—导向螺钉　5—滑阀　6—弧形槽
7—下料孔　8—灌装头　9—活塞　10—活塞缸体

4. 等压、真空灌装装置

对于一些物化性质特殊的液体料，不适宜采用上述的常压灌装法。例如，对于含有气体的汽水、啤酒、香槟酒等，为减少二氧化碳的损失和防止灌装时产生过量气泡而影响定量，可采用使瓶内与贮液罐中保持相等压力的等压（正压或负压）灌装法；对于含维生素较高的蔬菜汁、果子汁等，为减少瓶中的含氧量（防氧化），可采用负压（真空）灌装法；对于有毒易挥发类液体（如农药），为防止泄露污染环境，也应采用真空灌装法。等压、真空灌装法主要是在常压灌装机构的基础上增加加压或减压装置。

如图 3.74 所示，贮液罐 1 液面以上空腔加有一定压力，当瓶口贴紧拢瓶罩后，先打开充气阀，通过插在灌装阀中的气管 4 使贮液罐与瓶内压力相等，然后打开灌装阀进行灌装，而瓶内气体又被挤排入贮液罐中，当瓶内液面上升遮住气管口时，灌装基本结束。泄压口 5 用于瓶子在脱离拢瓶罩前，排除瓶子上部被压缩的气体，以防脱离后瓶中液体喷出。等压灌装法为料后加压灌装，缺点是瓶中气体被压回到贮液罐中而造成液料的氧化和污染，不卫生。

如图 3.75 为一种真空灌装装置，真空泵 3 通过真空管 6 在贮液罐 2 上部建立真空区，当瓶口贴紧拢瓶罩后，通过气管 5 使瓶内亦保持一定真空度，然后打开灌装阀 4 进行灌装，瓶内液面上升遮住气管口时，灌装基本结束。真空灌装法为料前减压灌装，当瓶中气体及杂物被抽进贮液罐中会造成液体料的污染，但含氧量大大降低，液体料保质期长。另外，若瓶子有破损，则不能灌装（漏气），这可防止产生灌装废品。

如图 3.76 为真空室和贮液罐分开的双室灌装机构，当瓶口贴紧拢瓶罩后，真空室 3 通过气管 2 使瓶内成真空。当打开灌装阀后，贮液罐 7 中的液体料通过吸管 6 被吸进瓶中完成灌装。由于瓶中气体及杂物不接触贮液罐中的液体料，所以基本无污染，灌装的卫生性好。

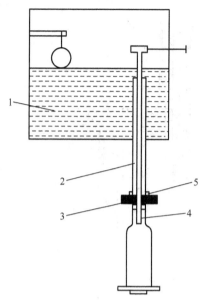

图 3.74　等压灌装装置

1—贮液罐　2—阀体　3—拢瓶罩　4—气管　5—泄压口

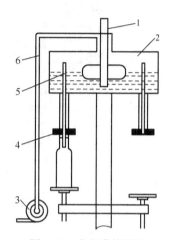

图 3.75　真空灌装装置

1—进液管　2—贮液罐　3—真空泵　4—灌装阀
5—气管　6—真空管

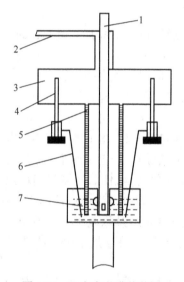

图 3.76　双室真空灌装装置

1—进液管　2—气管　3—真空室　4—气管　5—回液室　6—吸管　7—贮液罐

有些灌装机构先对瓶抽真空（排掉瓶内空气），再给瓶中通入有益气体（如二氧化碳），以实现等压灌装，可以防止液体料被污染及氧化变质。

等压灌装法的料后加压的压力和真空灌装法的料前减压真空度一般都比较低，目的并非为了加快液体流速以改变其流动性。

3.4　传 送 装 置

传送装置的作用是将工件本身或工件的载送器按生产工艺的要求从一个工位传送到另一个工位，或在传送过程中对工件进行工艺操作。

传送装置可分为连续传送和间歇传送两大类。根据运动的方式，可分为直线-连续、回转-连续、直线-间歇、回转-间歇等方式。根据驱动方式，又可分为机械驱动、液压驱动、气压驱动和电磁驱动等。

3.4.1　连续传送装置

连续传送装置是按一定的传送路线连续地传送工件的装置。它在工业生产中得到了广泛的应用。例如，在糖果包装机中，把糖块从料斗连续不断地传送到包装工位；在玻璃行业中，成形后的玻璃制品由传送带送往退火窑；在啤酒灌装车间，在清洗、灌装、压盖、贴标与装箱工位之间配以相应的传送装置，就形成一条连续的生产线。所以它是组织机械化生产、流水作业线及自动生产线的基础。

连续传送装置可分为直线-连续和回转-连续两种型式。

1. 直线-连续传送装置

直线-连续传送装置是采用传动带或螺杆等传送件将工件沿直线方向连续传送。优点是生产率高，传送距离长，设备简单，工作可靠和操作简便。常见的形式有带式传送装置、链式传送装置、螺杆式传送装置。

直线-连续传送装置的生产率为

$$Q = 3600\,v/a\ (件/h) \tag{3.15}$$

式中，v 为传送装置的工作速度（m/s）；a 为每两件物料之间的距离（m）。

（1）带式传送装置

如图 3.77 所示为用于玻璃瓶退火的传送装置，它由下列主要零部件组成：驱动辊 1、传送带 2、转向辊 3、张紧辊 4 和承托辊 5。传送带 1 绕在各辊上，由驱动辊驱动，成形的玻璃瓶从传送带的右端进入传送带，缓慢地经过退火窑炉腔，在传送带的左端即可获得已退火的玻璃成品。

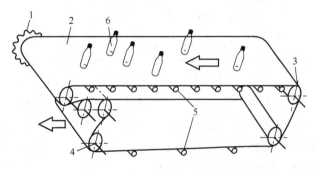

图 3.77　带式传送装置

1—驱动辊　2—传送带　3—转向辊　4—张紧辊　5—承托辊　6—玻璃制品

在带式传送装置中，传送带既是牵引构件，又是承载构件，常用的传送带有橡胶帆布带、编织带、塑料带、尼龙绳、钢带和钢丝网带等。驱动辊由驱动装置驱动，驱动传送带的能力与传送带在驱动辊上的包角大小、传送带与驱动辊之间的摩擦因数有关。转向辊用于增大传动包角。承托辊用于承托物品的重量，防止传送带下垂。张紧辊用于调节传送带的张紧力，以保持传送带的驱动能力，常用的张紧装置有重锤式和螺旋式两种。

（2）链式传送装置

链式传送装置中的牵引链条一般采用标准套筒滚子链、特制长链片的套筒滚子链和平板链等。

图 3.78 为牙膏装盒机上传送牙膏的链式传送装置简图。牙膏支承在托板 1 上由传送链 4 带动做直线匀速传送，托板在导板上滑动。在传送过程中把牙膏装入牙膏盒内。托板 1 固定在底板 2 上，底板 2 固定在传送链特制的外链片 3 上。传送链由安装在工作分支前端的链轮驱动（图中未画出）。在工作分支上的底板 2 支承在导轨上，而导轨则固定在机架上，也可在底板下安装滚轮，这样可使传送链不因坯件的重量而下垂。

（3）螺杆式传送装置

螺杆传送装置是一种无挠性牵引件的传送装置。当螺杆旋转时，借助于螺旋面将工件连续地向前传送。

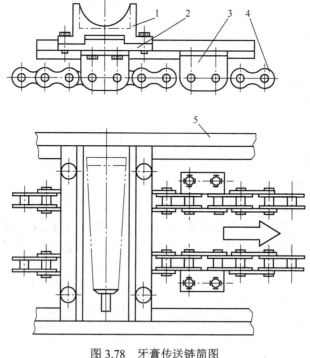

图 3.78　牙膏传送链简图

1—托板　2—底板　3—特制外链片　4—传送链　5—导板

如图 3.79 所示为食品行业所用的瓶、罐单螺杆传送装置工作原理图。它由螺杆 2 及侧面导板 3 组成，此螺杆的螺距沿长度方向逐渐变大。螺杆由传动系统驱动做等速转动，由传送带送来的瓶或罐导入螺旋槽中，在螺旋的推动下前进，同时被螺旋槽分隔开，到达出口端即传送给星形拨轮 4 与导板 5 组成的传送装置。

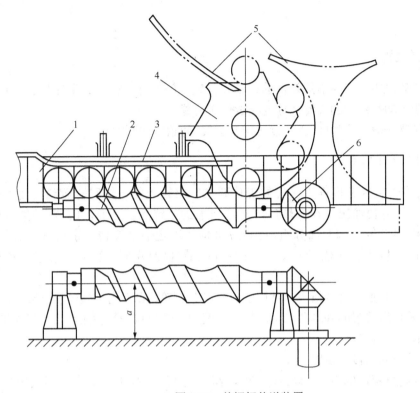

图 3.79 单螺杆传送装置

1—传送带 2—螺杆钉 3—侧面导板 4—星形拨轮 5—导板 6—齿轮

2. 回转-连续传送装置

回转-连续传送装置通常用于多工位连续回转的自动工作机上，在工件连续回转的过程中对其进行工艺操作。回转-连续传送装置是由电动机、减速器和回转工作台等组成，使工作台获得匀速的回转运动。图 3.80 为液体装料机的传送示意图。空瓶罐由链式传送装置 1 从左端送入，由爪式拨轮 2 分隔整理排列，沿定位板进入装料机 3 进行装料，装完料的瓶罐再由拨轮送入压盖机 4 中进行压盖，最后由拨轮送到链式传送装置的右端，向右输出，完成整个系统的瓶用传送工作。设计时，爪式拨轮 2 的工作圆周的节距与工作机的工作圆周的节距须相等。

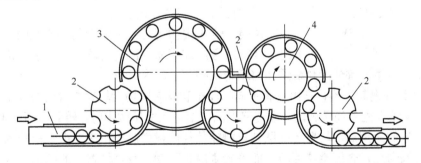

图 3.80 液体装料机传送示意图

1—链式传送装置 2—爪式拨轮 3—装料机 4—压盖机

由于整个传送是连续进行，故其传动装置较为简单，只需由电动机经过一定减速而传至各执行机构。

3.4.2　间歇传送装置

在多工位自动机中，工件需周期性的运动和停歇，停歇时完成对工件的工艺操作。这种能使工件定期运动和停歇的装置，称为间歇传送装置。

间歇传送装置一般可分为回转-间歇传送和直线-间歇传送两大类。

1. 回转-间歇传送装置

回转-间歇传送装置是根据工作机的工作要求，将输入的连续回转运动转变为间断回转的输出运动，并使输出轴在回转后停止在要求的位置上。因而，回转-间歇传送装置应由转位机构和定位机构两部分组成。转位机构实现定期地旋转一定角度的转位（分度）动作。定位机构保证转位（分度）后的精确位置以及克服工作时可能产生的位置偏离。

回转-间歇传送装置的种类很多，常用的有棘轮、槽轮、凸轮等回转-间歇传送装置。

对回转-间歇传送装置的基本要求是：转位时间短，转位过程平稳无冲击，定位准确、持久，结构简单，制造容易。

（1）棘轮回转-间歇传送装置

这类装置是利用棘轮机构来实现回转-间歇运动。如图 3.81 所示，棘轮机构由棘轮、棘爪与机架等组成。主动杆 1 空套在与棘轮 3 固连的从动轴上。驱动棘爪 4 与主动杆 1 用转动副相联。当主动杆逆时针方向转动时，驱动棘爪插入棘轮的齿槽使棘轮跟着转过一个角度。这时止回棘爪 5 在棘轮的齿背上滑过。当主动杆顺时针方向转动时，止回棘爪阻止棘轮发生顺时针方向转动，同时主动棘爪在棘轮的齿背上滑过，所以，此时棘轮静止不动。如此，当主动杆作连续的往复摆动时，棘轮便做单向的步进转位运动。

一般说来，凡是能使带棘爪的摆杆实现往复摆动的机构，都可以作为棘轮回转-间歇传送装置。如曲柄摇杆机构、凸轮机构、气液装置或电磁装置等驱动的棘轮机构。

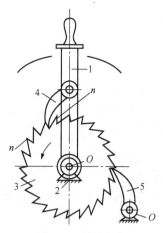

图 3.81　棘轮机构

1—主动杆　2—机架　3—棘轮
4—驱动棘爪　5—止回棘爪

（2）槽轮回转-间歇传送装置

在各类回转-间歇传送装置中，应用最普遍的是槽轮转位机构。其特点是：效率高、结构简单、尺寸小、传动平稳。它的类型很多，主要有外槽轮机构和内槽轮机构。

图 3.82 为外槽轮机构，它由具有径向槽轮 1 和具有圆销的转臂 2 等组成。主动件做等速转动，而从动件则做间歇转动。当转臂上的圆销进入槽轮槽中时，转臂即驱动槽轮回转；当各转过一定的角度后，转臂上的圆销自槽轮的径向槽中脱离出来，由于槽轮的内锁止弧被转臂的外圆卡住，转臂继续回转，而槽轮则静止不动。直至转臂上的圆销再进入槽轮的另一径向槽时，又重复上述的运动循环。

（3）凸轮回转-间歇传送装置

前述的棘轮机构、槽轮机构虽然在各种自动机械中广泛用作分度转位传送机构，但由

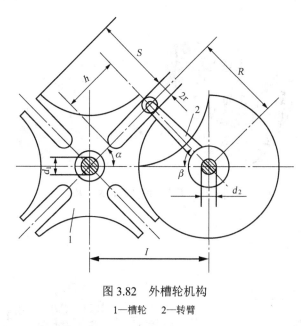

图 3.82　外槽轮机构

1—槽轮　2—转臂

于其运动和动力特性完全受制于机构本身的结构形式，它们的运转速度不宜太高，否则，机构转位运动时的动载荷很大，产生强烈的冲击和振动，难于保证机器工作的准确度和可靠性。

随着多工位自动机的高速化发展，要求有能在高速条件下平稳工作的转位机构与之相适应。具有强制驱动方式的凸轮转位机构能较好地适应这种需要。

在回转-间歇传送装置中，采用凸轮转位机构，依靠凸轮轮廓曲线强制驱动从动件转位。它的运动规律完全取决于凸轮轮廓的形状，而凸轮轮廓曲线可以在设计时加以选择，以使其转位部件得到较理想的运动和动力特性，以适应高速转位需要。

下面介绍几种用于分度转位的凸轮机构。

1）平行分度凸轮转位机构。如图 3.83 所示为平行分度凸轮转位机构（亦称平板凸轮分度器），是利用一组平面共轭凸轮作为主动件进行连续匀速转动的输入，由各层滚子组成的从动盘作为间歇转动的输出的一种转位机构。工作时，平面共轭凸轮的轮廓面与从动盘上各层滚子依次啮合，来实现从动盘的输出轴的分度运动与定位，从而将连续的回转运动转变为间歇运动输出。它的特点是输入轴与输出轴平行，运动性能好，高速下运转振动噪声较小，凸轮为平面凸轮，加工方便，易推广应用，传动平稳，输出精度易控制，广泛应用于两轴平行的各种自动机的间歇转位分度。

2）圆柱分度凸轮转让机构。如图 3.84 所示为圆柱分度凸轮转位机构，图 3.84（a）为原理图，图 3.84（b）为实物图，由圆柱分度凸轮和滚子转盘轮组成。圆柱分度凸轮的轮廓由螺旋曲线段和垂直轴线的直线段组成；滚子转盘轮端面用销轴安装着若干滚子，滚子按要求均布配置在同一圆周上。圆柱分度凸轮轮廓与滚子转盘轮上两滚子保持接触，凸轮轮廓与滚子间保持着相当于蜗杆与蜗轮之间的啮合传动关系。凸轮做等速连续转动时，滚子转盘轮得到单向周期间歇转位运动。

3）圆弧面分度凸轮转位机构。图 3.85 所示为圆弧面分度凸轮转位机构，图 3.85（a）为原理图，图 3.85（b）为实物图。其主动件是绕制在圆弧形柱面上的凸轮轮廓棱线的圆弧面凸轮，从动件是一个滚子转盘轮。圆弧面分度凸轮转位机构的传动原理和结构类型类似

图 3.83　平行分度凸轮转位机构

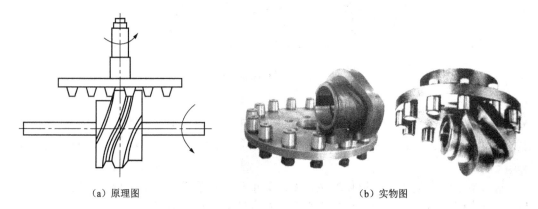

（a）原理图　　　　　　　　　　　　　（b）实物图

图 3.84　圆柱分度凸轮转位机构

于蜗轮蜗杆传动。凸轮连续等速旋转，滚子转盘轮单向周期间歇转位运动。

　　与圆柱分度凸轮相比，凸轮的轮廓带有斜度，而圆柱凸轮为直面。由于此种结构使得轴承装配时很容易实现预紧，以消除径向游隙，滚子与凸轮轮廓磨损也可以不断地补偿，大大提高了传动精度。

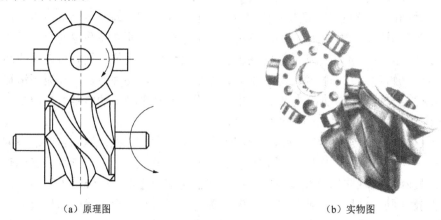

（a）原理图　　　　　　　　　　　　　（b）实物图

图 3.85　圆弧面分度凸轮转位机构

　　4）凸轮分度转位机构应用实例。图 3.86（a）所示凸轮分度转位机构（凸轮分度器）在自动包装生产线上的应用。电动机 7 经过同步皮带 6 驱动传动齿轮箱 5，齿轮箱减速后将运动传递给凸轮分度器 4，在分度器输出轴上有一转盘 2，当工件从左方输送线上输送到转盘上的定位槽中后，转盘在凸轮分度器 4 的驱动下旋转 90°后做一停留，工件靠其他辅助设备（推板等）推送到后方输送线上已经运动到位的包装箱 3 内。最后半成品包装经过辅助设备，转移到第三条输送线上完成其他包装程序。图 3.86（b）为圆弧（蜗形）面分度凸轮分度器示意图，分度数 $n=6$，该分度器箱体的 6 个面都可以作为安装面。

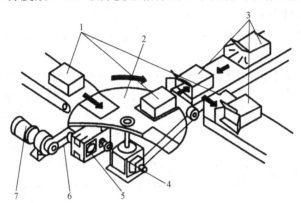

（a）凸轮分度转位机构（凸轮分度器）在自动包装生产线上的应用

1—工件　2—转盘　3—包装箱　4—凸轮分度器　5—传动齿轮箱　6—同步皮带　7—电动机

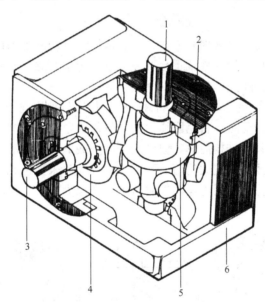

（b）圆弧（蜗形）面分度凸轮分度器示意图

图 3.86　凸轮分度转位机构应用实例图

1—输出轴　2—滚子　3—输入轴　4—蜗形分度凸轮　5—从动盘　6—箱体

（4）定位机构

由于回转多工位自动机的加工操作过程一般都是在工件传送以后静止时间内进行的，这就要求工作台完成转位后停留在预定的位置，并且，即使在外力作用下也能保持该预定的位置。确定并保持工作台预定位置的机构称为定位机构。

对定位机构的要求是：定位精度高，定位元件磨损小，寿命长，定位动作快，结构简单。

回转-间歇传送装置所采用的定位原理与结构有以下几种类型。

1）利用转位元件的轮廓表面定位。利用转位元件的轮廓表面定位的原理如前所述。图 3.82 是外槽轮机构，利用主动件与从动件之间的锁止弧定位。图 3.84 圆柱分度凸轮转位机构，与图 3.85 圆弧面分度凸轮转位机构，二者均是利用凸轮轮廓的直线段进行定位的。

这种定位方法结构简单，动作快，但定位精度不高，定位表面磨损大，一般用于定位精度要求不高的转位机构中。

2）利用插销定位。当转位完毕后，由专门的插销使工作台定位。一般分为弹性定位和刚性定位。

如图 3.87 所示的刚性定位采用一个插销，利用弹簧力或别的外力作用强制插入定位，

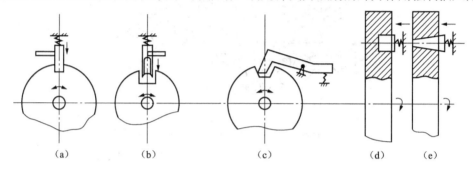

图 3.87　刚性定位机构

当需要解除定位时，必须靠其他外力如凸轮、液压、气动或电磁铁等驱动退出。对于这种结构，当定位件定位后，运动件就不会发生位移，定位可靠，并能承受冲击和振动，但随着工作时间增加，磨损加大，定位精度降低。

图 3.88 所示为弹性定位，定位机构靠弹簧力把定位件压向运动件的定位孔（槽）中进行定位，且运动件再运动时，将克服弹力把定位件从定位孔（槽）中挤出，能实现自动变位和定位。这种定位装置结构简单。但当受到冲击或振动时运动件有可能产生位移，而当运动件质量较大或摩擦力矩较大的情况下，如果运动件未到位或转位过头，就难以使定位正确。因此，弹性定位仅适用于运动件质量小，摩擦力矩小，无冲击和振动以及定位槽度要求不太高的场合。

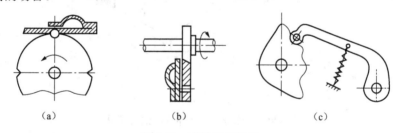

图 3.88　弹性定位机构

3）复式定位机构。前面所述的刚性定位、弹性定位机构只有一个定位元件。复式定位机构如图 3.89 所示，它有两个插销，其中一个是定位元件，另一个是引导定位元件。当转位机构停歇时，即图中转台停歇，定位销 A 在凸轮作用下。强制插入转位台右端定位槽，定位销与定位槽的斜面产生一个与转位台转动方向相反的附加力矩阻止转位台继续旋转，直至完全停止。同时，定位销 B 在弹簧力作用下插入左边定位槽，以阻止转台由于 A 销的插入而有可能产生的反向旋转。转位时，A 用靠凸轮控制退出，B 销靠斜面挤出。B 销的主

定位面不受磨损，寿命较长。

2. 直线-间歇传送装置

直线-间歇传送装置的作用是将工件或其载送器间歇地沿直线方向从一个工位移向另一个工位。它广泛应用于传送物料或应用于工业列式工作机和自动装配机上。其形式一般有下列几种。

（1）由回转-间歇传送装置演化而成的直线-间歇传送装置

如图 3.90 所示为由槽轮机构驱动的直线—间歇传送装置。由槽轮机构通过齿轮、链轮、链条使工件作间歇直线移动，当槽轮机构确定后，工件每次传送的距离 L 为

$$L = (1/Z) \cdot (Z_1/Z_2) \cdot \pi D \ (m) \tag{3.16}$$

式中，Z 为槽轮的槽数；Z_1 为与槽轮相连的齿轮齿数；Z_2 为与链轮相连的齿轮齿数；D 为链轮的计算直径（m）。

（2）步进式传送装置

图 3.91 所示为棘轮机构实现的工件步进式传送装置。曲柄摇杆机构作为驱动动力，曲柄 1 是主动件，在电动机驱动下连续转动时，曲柄 1 带动摇杆 2 作周期性的摆动。链轮 7 在摇杆 2、链条 3 的作用下作周期性的左右转动，拉伸弹簧 9 为摇杆 2 提供回转的动力，链轮 7 与皮带轮 6 的传动轴之间是活动配合，链轮在传动轴上可以自由转动。链轮上安装有棘爪。棘轮 8、皮带轮 6 与传动轴之间都通过键固定连接在一起，即棘轮 8、皮带轮 6 与传动轴是同步转动的，棘轮转动一定的角度，则皮带轮也同步地转动相同的角度，从而带动输送皮带上的工件步进向前输送。

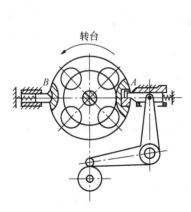

图 3.89 复式定位机构

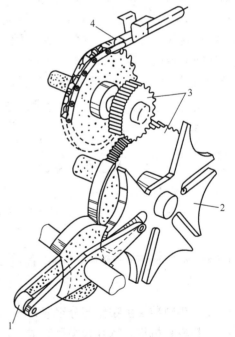

图 3.90 直线-间歇传送装置
1—滚子 2—槽轮 3—齿轮 4—链条

图 3.92 所示为摆动推杆实现的步进传送装置。当推料气缸 6 带动摆动推杆 2 前进一个

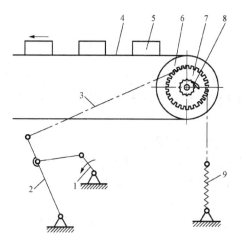

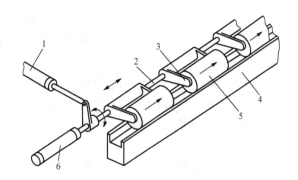

图 3.91　棘轮机构实现的步进式传送装置

1—曲柄　2—摇杆　3—链条　4—输送皮带　5—工件
6—皮带轮　7—链轮　8—棘轮　9—拉伸弹簧

图 3.92　摆动推杆步进送料装置

1—摆动驱动气缸　2—摆动推杆　3—摆动爪
4—导轨　5—工件　6—推料气缸

步距时，转位至图示状态后的摆动爪 3 带动工件 5 也向前移动一个步距。工件在推料气缸 6 的推动下被移送到位后，摆动驱动气缸 1 缩回，摆动爪 3 逆时针方向旋转到送料状态，然后推料气缸 6 再缩回，带动摆动推杆 2 后退，准备下一次推料动作。如此循环，每次都将若干个工件移送相同的步距。

（3）动梁式传送装置

动梁式传送装置是利用动梁使工件一步步向前传送，这种装置一般适用于轴状工件。图 3.93 为动梁式传送装置示意图。工件搁在两块固定的定位板上，如图 3.93（a）所示，使其保持一定的间隔距离。另有两块动梁板，由偏心轮驱动，偏心轮旋转一周就带动动梁抬起工件向前传送一步，如图 3.93（b）、（c）所示。

在动梁式传送装置中，动梁作平动。这种装置结构简单，传送可靠，故应用较广。

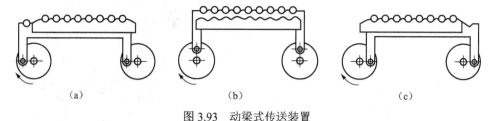

图 3.93　动梁式传送装置

思考练习题

1. 卷料供料装置由哪些部分组成？各起什么作用？
2. 卷料校直机构有哪几种类型？试述它们的特点、应用场合及工作原理。
3. 卷料送料机构有哪几种类型？试述它们的特点及工作原理。
4. 分别论述摩擦滚轮式、推板式、真空吸料式及胶粘取料式板片料供料装置的工作原理。
5. 料仓式供料装置与料斗式供料装置有何区别？

6. 试述料仓式半自动供料装置的组成及工作原理。

7. 料仓有哪些类型？各有何特点？

8. 送料器有哪些类型？试述它们的特点及工作原理？

9. 试述隔料器的作用及类型。

10. 试述直线往复式料斗、摆动式料斗和回转式料斗的工作原理及工件定向原理。

11. 试述电磁振动供料装置的分类、组成及工作原理，并分析物品在振动槽体中的受力及运动情况。物品在振动槽体中做向上斜抛运动的条件是什么？振动供料装置的主要技术参数有哪些？如何选用这些参数？

12. 物品的定向分选装置一般利用什么原理进行工作？有哪些定向方法？各种定向方法的工艺范围如何？

13. 怎样调整振动料斗内工件前进速度的均匀稳定？怎样消除工作中的严重噪声？怎样调整电磁振动供料装置的固有频率，使其在近低共振区工作？

14. 常用的物品计量方法有哪些？试述各种计量方法的计量原理、工艺范围及计量精度的影响因素。

15. 粒粒物料定容定量装置有哪些结构形式？各有何特点？试分别叙述其计量工作原理。

16. 常用的计数装置有哪些？试分别叙述其工作原理。

17. 称重计量装置分为哪两大类？常见的间歇称重计量装置的结构形式有哪些？连续称重计量的电子秤由哪些基本部分组成？试分别叙述调重式、调速式电子秤的工作 原理。

18. 常用哪些措施提高称重计量的精度？

19. 按控制液体物料计量容积方式的不同可将液体容积计量装置分为哪些形式？试分别叙述其计量原理。

20. 常用的直线-连续传送装置有哪几种？它们的特点及工作过程是怎样的？

21. 回转-间歇传送装置由哪几部分组成？

22. 常用的回转-间歇传送装置有哪几种？各用于何种场合？

23. 凸轮机构用于转位时，最主要的优点有哪些？

24. 常用的凸轮转位机构有哪几种形式？试分别叙述其工作原理。

25. 试比较三种凸轮转位机构的特点。

26. 定位机构有哪几种？其性能如何？

27. 常用的直线-间歇传送装置有哪几种？它们的工作过程是怎样的？

28. 设有盒盖的形状及尺寸如图 3.94 所示，要求能从料斗中口朝上的一个一个送出来。试根据教材中的图例设计几个方案。

29. 某扇形转鼓定量装置有四个扇形腔，腔的扇形半径 $R_1 = R_2 = 80\text{mm}$，扇形所对中心角 60°，物料堆积密度 1.2g/cm³。若要求一个腔能送料 200g，问转鼓轴向长应为多少厘米？又若转鼓转速为 3r/min，问每小时本装置能包装多少千克物料？

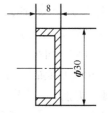

图 3.94　一盒盖的形状及尺寸

工业机械手及机器人

工业机械手及机器人的使用是现代企业生产自动化进程的重要组成部分，能对自动机和生产线装备自动化程度进一步提升和完善，能实现生产动作的稳定性、准确性、快速性和连续性，对产品的可靠性和竞争性有重大意义。本章将对工业机械手和机器人的分类、结构组成和应用等做简要介绍。

4.1 工业机械手

4.1.1 概述

自从 20 世纪 50 年代末美国联合控制公司研制出世界上第一台机械手之后，机械手在机械化和自动化生产过程中逐步发展起来，并成为现代生产和生活中一种高效的、不可缺少的新型装置。近年来，随着电子技术，特别是电子计算机的广泛应用，机器人的研制和生产已成为高技术领域内迅速发展起来的一门新兴技术，它更加促进了机械手的发展，使得机械手能更好地实现与机械化和自动化的有机结合。

工业机械手是可模仿人手的部分动作，按给定程序、轨迹和要求实现自动抓取、搬运工件或操作工具的自动机械装置。在工业生产中应用的机械手被称为工业机械手。生产中应用机械手可以保证产品质量、提高生产的自动化水平和劳动生产率；可以减轻劳动强度，实现安全生产，尤其是在高温、高压、低温、低压、潮湿、粉尘、易爆、有毒气体和放射性等恶劣环境中，代替人进行正常的工作，意义更为重大，因此得到了越来越广泛的应用。现在不少企业把简单重复操作的工作试图让机械手或者机器人来取代，这为机械手和机器人的发展又创造了一个广泛市场：

目前，机械手在以下一些部门得到了越来越广泛的应用：

1）机床加工工件的装卸，特别是在自动化机床、组合机床、加工中心等设备上使用较为普遍。视频 4.1 为搬运抓放零件的工业机械手工作情况。视频 4.2 为自动车床工件上下料机械手工作站，一个机械手为自动车床安放工件，另一个机械手将加工好的工件从自动车床取走。

2）在装配作业中应用广泛，在半导体电子行业中，它可以用来装配和插装芯片；在机械行业中它可以用来组装零部件，如链条装配、轴承装配等。视频 4.3 为产品输送过程中的抓放搬运机械手工作站方案。

3）可在劳动条件差或动作重复、单调、易于疲劳的工作环境工作，以代替人的劳动。视频 4.4 为分类抓放装盒机械手工作站方案。视频 4.5 为视觉抓放机械手工作站方案。视频 4.6

为抓瓶装箱机械手工作站方案。

视频 4.1 视频 4.2 视频 4.3 视频 4.4 视频 4.5 视频 4.6

4）可在危险场合下工作，如化工品的装卸、危险品及放射性等有害物的搬运。

5）宇宙及海洋的开发。

6）军事工程及生物医学方面的研究和试验。

在许多自动机和生产线上使用的供送料机械手是一种专用的工业机械手，其执行程序一般是固化好的，或只能进行简单编程，所以机械手的动作是固定的，一种机械手只能供送一种或有限的几种物品，程序控制系统相对比较简单。

4.1.2 工业机械手的组成和分类

1. 工业机械手的组成

如图 4.1 所示，工业机械手主要由执行机构、驱动部件、控制系统和辅助装置等四部分组成。

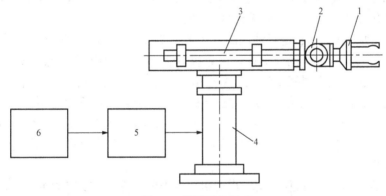

图 4.1 机械手的组成

1—手爪 2—手腕 3—手臂 4—立柱 5—驱动部件 6—控制系统

（1）执行机构

执行机构包括手爪 1、手腕 2、手臂 3、立柱 4 等几部分。手爪是抓放机构，直接抓放（夹紧或放松）工件（或工具）的机构，与人的手指相仿，能完成人手的类似动作。手腕是连接手爪和手臂的部件，起支持手爪和扩大手臂动作范围的作用，它可以实现上下、左右和回转运动。简单的机械手也可以不设置手腕。手臂是支承手腕、手爪的部件，其动作和手腕类似，只是动作范围更大，可以前后伸缩，上下升降和左右摆动。立柱是支承手臂的部件构，它可以是固定的，也可以是运动的，立柱的运动是靠滚轮和导轨等组成的行走机构实现的。

（2）驱动部件

驱动部件 5 是驱动手臂、手腕、手爪等元件的动力装置，通常有气缸驱动、液压缸驱动、电力驱动（变频电动机、步进电动机、伺服电动机、直线电动机）等三种形式。目前，在自动化装备行业中，最著名的气动元件供应商有 FESTO（德国）、SMC（日本）、KOGANEI（日本）等，设计时直接选用上述公司的标注气动元件即可。

（3）控制系统

控制系统 6 的主要作用是控制机械手按一定的程序、方向、位置、速度进行动作。简单机械手一般不设置专用的控制系统，只采用行程开关、继电器、控制阀及电路就可实现对驱动装置的控制，使执行机构按要求进行动作。动作复杂的机械手需要采用可编程序控制器或微型计算机进行控制。

（4）辅助装置

辅助装置是机械手各部件的连接和配套装置，如油箱、气箱、管道、仪表基座等。

2. 工业机械手的分类

（1）按使用范围分

1）专用机械手。它具有工作对象专一、动作程序固定、结构简单、维修方便等特点，多用于自动生产线上，在轻工、电子行业得到广泛应用。

2）通用机械手。它具有活动范围大、动作程序可根据需要随时改变，能适应多种场合的特点，在工业机器人和柔性自动生产线中得到广泛应用。

（2）按驱动方式分

1）机械驱动机械手。它是由机械传动机构（凸轮、连杆、齿轮、齿条等）驱动执行机构运动的机械手。它的主要特点是运动准确可靠、动作频率高，但结构尺寸较大，动作程序不可变，一般用作自动机的上料或卸料装置。

2）液压驱动机械手。它是以油液的压力来驱动执行机构运动的机械手。抓重能力强，结构小巧轻便，传动平稳，动作灵便，可无级调速，进行连续轨迹控制。但因油的泄漏对工作性能影响较大，故它对密封装置要求严格，且不宜在高温或低温下工作。

3）气动驱动机械手。它是利用压缩空气的压力来驱动执行机构运动的机械手。其主要特点是介质来源方便，气动动作迅速，结构简单，成本低，能在高温、高速和粉尘大的环境中工作，但由于空气具有可压缩的特性，工作速度的稳定性较差，且因气源压力低，只适宜轻载下工作。

4）电力驱动机械手。它是由变频电动机、步进电动机、伺服电动机、直线电动机等动力直接驱动执行机构运动的机械手。因不需中间转换机构，故结构简单，其中直线电动机机械手的运动速度快，行程长，使用和维护方便。目前，机械设计正朝"机电一体化"方向发展，采用电力直接驱动机械手将日益增多。

（3）按控制方式分

1）操纵机械手。机械手的多种可由人直接进行操作，多用于原子能工业、海洋开发、医学研究方面。

2）工业机械手。多用于固定控制方式及可编程控制方式进行控制，执行机构的动作可简单，也可以很复杂。

3）智能机械手。采用电子计算机进行控制，以实现多程序连续控制，多用于机器人上。

4.1.3　工业机械手运动的自由度形式

机械手的用途是代替人手操作的装置，因此它是在研究人手结构和动作的基础上发展起来的装置。根据 A.Morecki 的研究，人的上肢由手指、手掌、手腕、手臂组成，其中共有 17 个关节，19 个可动杆件（骨头），具有 27 个自由度，组成了人手的 7 个基本动作，即手臂上下动作（靠摆动实现），手臂左右回转，手臂伸缩动作，手腕上下摆动，手腕左右摆动，手腕回转，手掌、手指动作合成的握紧和张开动作。

　　人手的自由度集中在手掌部分，有 22 个自由度。若机械手也模仿人手来设计就十分复杂。因此，在研发机械手时，主要考虑手臂和立柱的主运动的自由度，其次是考虑手腕和手爪的辅助运动的自由度。因为手臂和立柱的主运动能改变被抓工件的空间位置，手腕的辅助运动只能改变被抓工件的方位（即姿态），而手爪的抓放不能改变工件的位置和方位。因此，把手臂和立柱的主运动的自由度称为位置自由度，把手腕的辅助运动的自由度称为姿势自由度，而手爪的动作就不计自由度。

　　表 4.1 为机械手运动的自由度的几种形式。

表 4.1　机械手运动的自由度的几种形式

运动形式		特　点	简　图
手腕运动		简单的机械手在手臂上只做绕 x 轴的回转运动；复杂的机械手手腕上可做绕 x 轴的回转运动，绕 y 轴的俯仰运动，绕 z 轴的左右摆运动，具有三个自由度	
手臂运动	直角坐标式	机械手的手臂可以沿直角坐标 x、y、z 三个方向移动，不能做回转运动。其结构简单，动作直观，末端定位精度高，使用维修和调整方便。但是由于所占空间位置较大，一般多用于平行搬运工件的动作，或用于特定的场合，如悬挂使用等	
	圆柱坐标式	机械手的手臂有一绕 z 轴回转运动 C 和两个在正交方向上（x 轴和 z 轴）的直线伸缩运动。这是目前使用较多的运动形式，其结构简单，动作直观，活动范围较大，而占用的空间较小，它适用于液压和气压驱动机构。缺点是受 z 轴位置的限制，不易抓取位置较低的工件	
	球极坐标式	机械手的手臂有一个绕基座轴的回转运动 C 和一个绕轴 O 的摆动动作 B，还可以在 x 轴向做伸缩运动。这种运动形式的结构复杂，但占用的空间较小，动作范围大，能抓取地面上的工件。目前，在许多工业机器人上得到了应用	
	多关节式	这种形式最接近人的手臂构造，它主要由多个回转的关节所组成。一般采用电动机进行驱动，可完成多种复杂的操作运动。它有三个回转动作，即一个绕基座轴的回转运动 C，两个绕轴 O_1 和 O_2 的摆动动作 B_1 和 B_2。这种结构多用于机器人	

　　由表 4.1 可见，机械手的自由度主要由手臂、立柱、手腕表现出来。而手爪重在其结构要满足抓放工件的需要。以下将重点对机械手中的手臂、手腕、手爪的结构进行介绍。

4.1.4 手爪的类型及结构

1. 手爪的分类

手爪分类如表 4.2 所示，常用的有机械手爪式、吸盘手爪式和托持手爪式三种手爪。机械手指式手爪按手指数又分为两指式和多指式，前者适合简单规则工件抓放，后者适合复杂工件抓放。从手指夹持工件的部位又分为外抓式和内抓式。吸盘式手爪又分为真空负压吸盘和电磁吸盘，前者适合表面光滑的工件抓放，后者适合磁性材料工件的抓放。托持式手爪是满足特殊形状或有特殊要求的工件的取放而产生的手爪。

表 4.2　手爪的类型

类　别		简　图		应　用
手指式	两指式	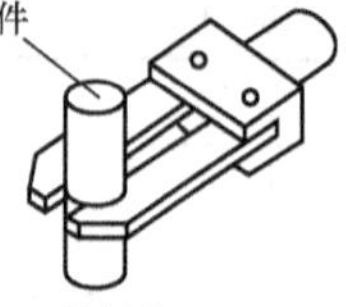 工件 外抓式	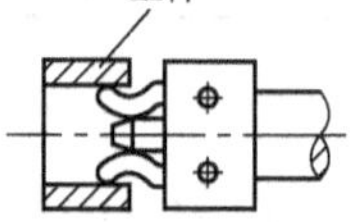 工件 内抓式	适用于各种机械加工的零件及组件的搬运。大型的机械手可以抓取铝锭及400kg重的机械零部件
	多指式	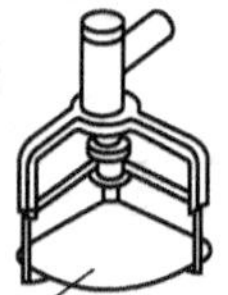 工件 外抓式	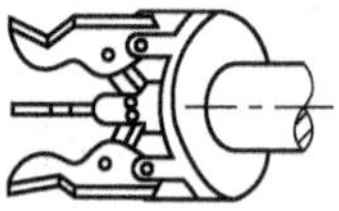 内抓式	盘类、环类零件及杂件的抓取及其搬运
吸盘式	空气负压吸盘	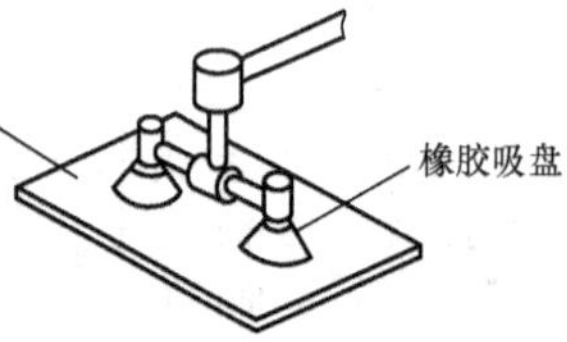 工件 橡胶吸盘		表面光滑的板材或具有曲线形状的壳体零件，如玻璃、电视机显像管等
	电磁吸盘	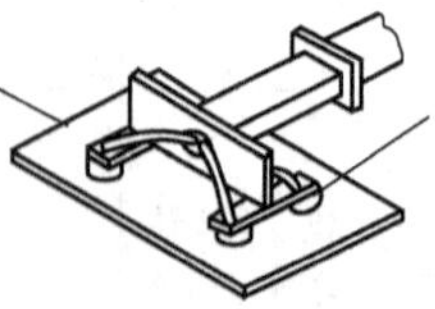 工件 电磁吸盘		铁磁材料的板材或盘形零件
托持式		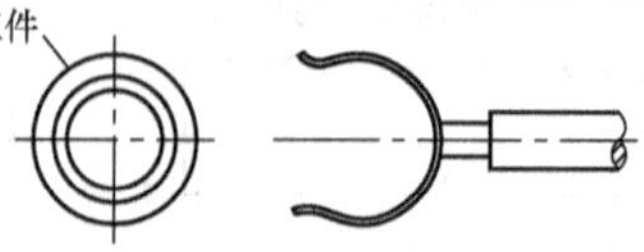 工件		特殊形状或有特殊要求的零件

2. 机械式手爪的结构

常用的机械式手爪的结构形式主要有连杆杠杆驱动型手爪、凸轮驱动型手爪、滑槽杠杆驱动型手爪、弹簧杠杆驱动型手爪、齿轮—齿条驱动型手爪等几种。

（1）连杆杠杆驱动型手爪

图 4.2 所示为连杆杠杆驱动型手爪结构示意图，连杆 3 的两端分别用圆柱销与手爪 4

和推杆 1 相连，形成各回转支点。当推杆 1 上下运动（通常与气缸相连）时，带动连杆 3 运动使手爪 4 实现对工件 5 的夹紧及松开动作。当连杆 3 处于水平位置时，手爪 4 的闭合处于最小的极限夹紧距离，在此状态下使用，会出现夹紧不可靠或松开工件的现象，因此，使用中应注意工件尺寸与连杆 3 的位置。该机械手手爪的驱动力 P 与夹紧力 F 之间有如下关系：

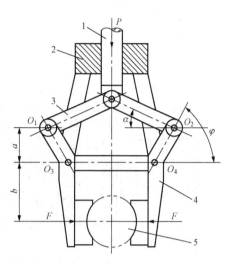

$$P = \frac{2b\sin\varphi\sin\alpha}{a\sin(\alpha+\varphi)}F$$

图 4.3 所示为连杆杠杆驱动型双手爪结构示意图，气体进入缸体 8 右部，活塞杆 7 向左移动并带动连接块 1 和连杆 2 使手爪 6 摆动而夹紧工件 3 和 5，当工件移送到位，进气停止，弹簧推动活塞使活塞杆 7 向右，从而使手爪张开而释放工件。

图 4.2　连杆杠杆驱动型手爪

1—推杆　2—手腕　3—连杆　4—手爪　5—工件

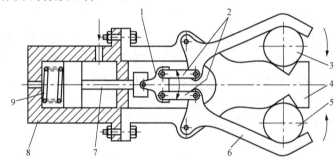

图 4.3　连杆杠杆驱动型双手爪

1—连接块　2—连杆　3、5—工件　4—挡块　6—手爪　7—活塞杆　8—缸体　9—弹簧

图 4.4 所示为平行连杆杠杆驱动型手爪结构示意图，安装在推杆 2 和手爪 4 之间的两对平行等长连杆 3，可以保证两手爪的工件夹持面在开闭过程中始终保持平行。工作时，气缸带动推杆 2 向左移动，手爪 4 夹紧工件，气缸带动推杆 2 向右移动，手爪 4 松开工件。

（2）凸轮驱动型手爪

图 4.5 为直动凸轮驱动型手爪结构示意图，当凸轮 1 向下运动时，推动手爪 4 上端，使手爪 4 绕回转支点 O_1、O_2 转动而夹紧工件 5；当凸轮 1 向上运动时，弹簧 3 的拉力使手爪 4 松开工件 5。弹簧拉力不应太小，否则松不开工件。这种装置动作灵敏，但夹紧力不大，只适用于小型工件的抓取。还要注意各接触面及支点的润滑，否则将会影响抓取工件时的灵敏度。该机械手手爪的驱动力 P 与夹紧力 F 之间有如下关系：

$$P = \frac{2b}{a}F\tan\alpha$$

图 4.6 为转动凸轮驱动型手爪结构示意图，滑块 1 和手爪 4 及滚子 2 相连接，手爪 4 的动作是依靠凸轮 3 的转动和弹簧 6 的抗力来实现的。弹簧 6 用于夹紧工件 5，而工件的松开则是由凸轮 3 转动，推动滑块 1 移动来达到。这种机械手动作灵敏，但由于由弹簧决定夹紧力的大小，因而夹紧力不大，只适用于轻型工件的抓取。

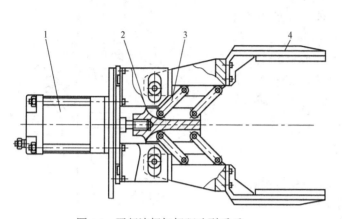

图 4.4 平行连杆杠杆驱动型手爪

1—气缸 2—推杆 3—平行连杆 4—手爪

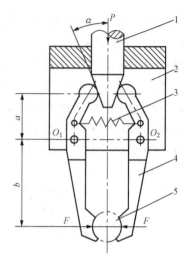

图 4.5 直动凸轮驱动型手爪

1—凸轮 2—手腕 3—弹簧
4—手爪 5—工件

（3）滑槽杠杆驱动型手爪

图 4.7 为滑槽杠杆驱动型手爪结构示意图，将拉杆 1 向上提拉时，圆柱销 2 可以在手爪 3 的滑槽中移动，带动手爪 3 绕 O_1、O_2 两个回转支点转动，以夹紧工件 4。当拉杆 1 向下运动时，工件被松开。这种装置由于具有结构简单、动作灵活、手指张开角度大等特点，在工业机械手中应用较为广泛。使用中应注意滑槽及回转支点的润滑，还要注意加工滑槽及圆柱销的表面粗糙度，滑槽的凸凹不平将会带来抓取工件的不可靠。该机械手手爪的驱动力 P 与夹紧力 F 之间有如下关系：

$$P = \frac{2b}{a}(\text{con}\alpha)^2 F$$

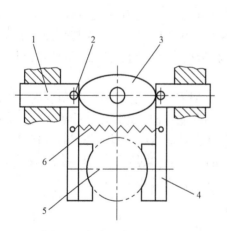

图 4.6 转动凸轮驱动型手爪

1—滑块 2—滚子 3—凸轮 4—手爪 5—工件 6—弹簧

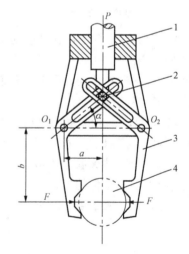

图 4.7 滑槽杠杆驱动型手爪

1—拉杆 2—圆柱销 3—手爪 4—工件

（4）弹簧杠杆驱动型手爪

图 4.8 为弹簧杠杆驱动型手爪结构示意图，当机械手整体向下运动时，手爪 6 接触到

工件 7 时，依靠手爪 6 上开口处的斜面和机械手向下运动的力作用，将手爪 6 撑开，使工件 7 进入手指之间，在弹簧力作用下将工件 7 夹紧。当工件被送到需要的位置时，手爪 6 不会自动松开工件 7，必须先由其他装置先夹紧工件 7，然后机械手向上运动，才会使手爪 6 克服弹簧力撑开手爪 6 而松开工件。为了使手爪 6 容易撑开，应通过调整挡块 5 的尺寸选择开口距离。手爪的夹紧力是由弹簧力的大小决定的，因此这种机械手手爪只适用于抓取小型零件，该机械手不需要专门的驱动力。

（5）齿轮—齿条驱动型手爪

图 4.9 为扇形齿轮—齿条驱动型手爪结构示意图，当滑柱齿条 1 上下移动时，齿条带动扇形齿轮 3 来回摆动，固装在扇形齿轮 3 上的手爪 5 随之张开、合拢，完成对工件 6 的夹紧及松开动作。在两手爪间设有弹簧 4，其作用

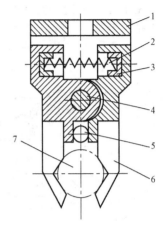

图 4.8　弹簧杠杆驱动型手爪
1—手腕　2—弹簧　3—垫圈　4—回转轴
5—挡块　6—手爪　7—工件

主要是为了齿轮和齿条运动时更加平稳，且在手指的张、合时也不易发生抖动。这种机械手手爪结构简单、调整方便、手爪活动范围更大，应用较为广泛。该机械手手爪的驱动力 P 与夹紧力 F 之间有如下关系：

$$P = \frac{2b}{R}F$$

图 4.10 为转动齿轮—齿条驱动型手爪结构示意图，两个手爪 1 上均具有齿条，在中间齿轮 3 转动时，带动两个手爪 1 做平行移动，以完成对工件 4 的夹紧及松开动作。这种机构结构简单，手爪活动范围更大，应用也较为广泛。该机械手手爪的驱动力 P 与夹紧力 F 之间有如下关系：

$$P = 2F$$

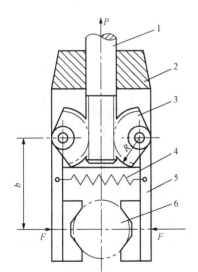

图 4.9　扇形齿轮-齿条驱动型手爪
1—滑柱齿条　2—手腕　3—扇形齿轮　4—弹簧
5—手爪　6—工件

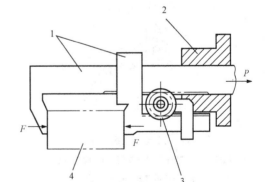

图 4.10　转动齿轮—齿条驱动型手爪
1—手爪（齿条）　2—手腕　3—齿轮　4—工件

图 4.11 为齿轮—齿条驱动型手爪结构示意图，齿轮 2 与活塞杆端部的齿条啮合，另一个齿轮与手爪 1 固联。工作时，活塞 3 推动齿条左移动，齿轮 2 顺时针转动使另一齿轮逆时针转动，从而带动手爪 1 摆动而夹紧工件，反之则松开工件。

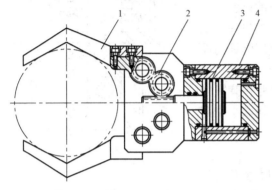

图 4.11 齿轮—齿条驱动型手爪

1—手爪 2—齿轮 3—活塞 4—缸体

3. 吸盘手爪式的结构

吸盘手爪分为真空负压吸盘和电磁吸盘两种。

（1）真空负压吸盘手爪

图 4.12 为挤气式吸盘手爪结构示意图，主要由橡皮吸盘 4 及锥形阀 2 构成。工作时手爪整体向下移动，当橡胶吸盘移至工件并与其接触后，吸盘受挤压变形，使吸盘内的空气经锥形阀 2 从排气孔 a 排出而形成负压，把工件吸住。当手爪吸住工件整体向上移动到放料位置时，推杆 1 被设置的行程挡块（图中未画）挡住而向下运动，顶开锥形阀 2，吸盘上的吸气孔 b 与大气相通，负压消失，工件靠自重松开吸盘落下。这种吸盘手爪的吸力大小与吸盘的尺寸及形成的负压有关，吸盘的直径越大，则负压作用面积也大，吸附力就大，常用于具有较平整和光滑表面工件的抓取。

图 4.13 为负压式吸盘手爪结构示意图，负压式吸盘手爪是利用橡胶吸盘中形成的真空，而把工件吸住的一种抓取方式。形成真空的方法采用气流负压喷嘴式，这也是大多采用的方法。当压缩空气通入喷嘴体 1 的进气口 a 时，由于通道截面的收缩变化，使与橡胶吸盘 2 相连的小孔口部形成很高的气流速度，将橡胶吸盘 2 中的空气带出，使橡胶吸盘 2 的腔内形成负压把工件 3 吸住。关闭压缩空气，负压消失，工件即可松开落下。

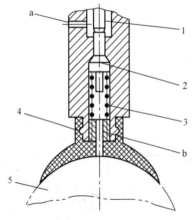

图 4.12 挤气式吸盘手爪

1—推杆 2—锥形阀 3—弹簧 4—橡胶吸盘
5—工件 a—排气孔 b—吸气孔

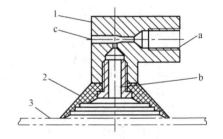

图 4.13 负压式吸盘手爪

1—喷嘴体 2—橡胶吸盘 3—工件 a—进气口
b—吸气孔 c—排气孔

（2）电磁吸盘手爪

图 4.14 为电磁吸盘手爪结构示意图，电磁吸盘和气吸盘工作原理相似，都是通过吸力把工件吸住，所不同的是电磁吸盘是通过电磁铁的磁场吸力把工件吸住。当线圈 3 通电时，产

生电磁场，其磁力线只有通过铁心 2 和工件 4 才能形成闭合回路，因而工件 4 在磁力线拉力作用下而被吸附在电磁吸盘上。当线圈 3 断电时，磁力线随即消失，工件 4 因失去磁力线的作用而被松开，这种手爪只实用于抓取磁性材料工件，不实用于有色金属及非磁性材料工件。

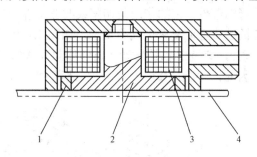

图 4.14　电磁吸盘手爪

1—隔磁环　2—铁心　3—线圈　4—工件

4. 摆动气缸手爪式的结构

图 4.15 为半导体托盘激光打标机上的托盘夹紧推送装置，一对手爪（夹头 2）分别固装在与安装板 1 固联的两个回转气缸 3 上，当需要去夹紧推送时，回转气缸 3 摆动使手爪 2 摆到水平位置，托盘夹紧推送装置整体被与齿型带夹装板 5 相连的齿型带带动，运行到托盘正下方后，回转气缸 3 摆动使手爪 2 摆到垂直位置而夹紧托盘。当推送完成需要松开托盘时，两个回转气缸 3 同时摆成水平位置。

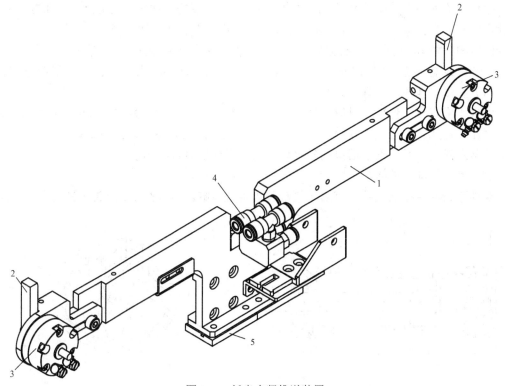

图 4.15　托盘夹紧推送装置

1—安装板　2—手爪（夹头）　3—回转气缸　4—气管分配头接头　5—齿型带夹装板

4.1.5 工业机械手的手腕与手臂

1. 手腕的运动

手腕是连接手部和手臂的部件，它的作用是调整或改变工件的方位（即姿态），因而它具有独立的自由度，以使机械手适应复杂的动作要求。如图 4.16 所示的手腕部分，其运动有绕 X 轴的转动（回转运动），有绕 Y 轴的转动（俯仰移动），绕 Z 轴的转动（左右摆动），沿 Y 轴方向的横向移动。因此，手腕最多具有 4 个独立运动即 4 个自由度。

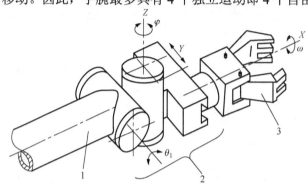

图 4.16　手腕运动示意图

1—手臂　2—手腕　3—手指

2. 手臂的典型结构

手臂是机械手中最重要的部件，它的作用是将被抓取的工件传送到给定位置和方位上，因此，机械手的手臂一般有 3 个自由度，即手臂伸缩、左右回转和升降（或俯仰）运动。手臂的回转和升降运动是通过立柱来实现的。手臂伸缩和升降常用直线气（油）缸、直线运动机构或者直线电动机来实现；左右回转运动常用摆动气（油）缸或者齿轮齿条机构来实现。

（1）直线（伸缩、升降）式结构

实现手臂直线（伸缩、升降）往复运动式结构以气（油）缸为主，其驱动源可以是液压或气压。图 4.17 所示为单活塞油缸，当压力油进入油缸右腔时，推动活塞向左移动；当压力油从左腔进入时，推动活塞向右移动，从而实现往复直线运动。

（2）回转摆动式结构

实现手臂回转摆动式结构有回转气缸和齿条直线缸。图 4.18 为回转液压缸式手臂结构，

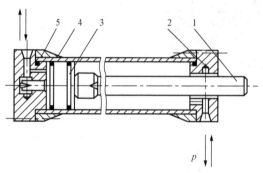

图 4.17　往复直线缸

1—活塞杆　2—端盖　3—活塞　4—缸体　5—缓冲部分

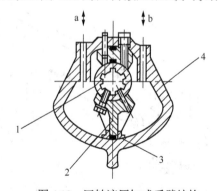

图 4.18　回转液压缸式手臂结构

1—缸轴　2—动片　3—L 形密封件　4—缸壳

当压力油从 a、b 进油口往复进出时，在压力作用下，动片带动缸轴摆动。手臂与缸轴连接在一起，动片和缸壳内腔的密封由 L 形密封件完成，用螺钉将 L 形密封件固定在动片上，这样在压力油作用下，密封件会紧贴在缸壳内腔壁上，起到良好的密封作用。图 4.19 为齿条直线缸式手臂结构，在液压缸腔内的压力作用下，齿条作往复运动，带动齿轮作回转摆动，与该齿轮相连的手臂就可做回转摆动。回转摆动角度的大小可以通过调整螺钉进行调整。

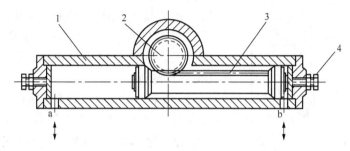

图 4.19　齿条直线缸式手臂结构

1—液压缸　2—齿轮　3—齿条　4—调整螺钉

4.1.6　工业机械手举例

1. 吸盘式供料机械手

如图 4.20 所示，机械手臂 5 转至料槽 3 上部，立柱 4 通过凸轮机构 2 驱动而下降，使手爪 7 抓住（通过抽气）料槽中的一个工件；立柱升起，立柱及手臂 5 通过摆杆 1 作用而转至转盘 8 上部，对正工位后下降，将工件放在转盘相应工位上，然后转盘转位。机械手立柱的升降、手臂摆动以及抽气系统必须由机械手控制系统控制，按照规定程序动作进行工作。挡销 6 限制手臂的活动范围，以保证手爪能对正工件。

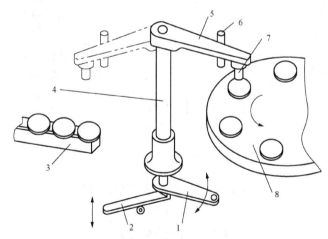

图 4.20　吸盘式供料机械手

1—摆杆　2—凸轮机构　3—料槽　4—立柱　5—手臂　6—挡销　7—手爪　8—转盘

2. 手臂俯仰式机械手

图 4.21 为手臂俯仰式机械手结构示意图，图中的升降油缸 3 控制手臂的升降程度，直

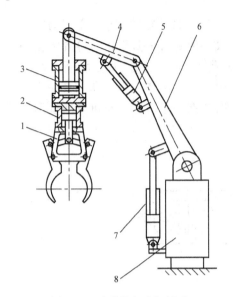

图 4.21 手臂俯仰式机械手

1—手部 2—夹紧油缸 3—升降油缸 4—小臂

5、7—直线油缸 6—大臂 8—立柱

线油缸 5 和 7 控制手臂的俯仰程度。

3. 手臂伸缩—回转式机械手

图 4.22（a）所示为一种手臂伸缩—回转的机械手实例，上方的回转气缸与下方的直线气缸直接串联在一起，可以使气动抓手夹住工件后，由直线气缸提升上来，再由回转气缸绕竖直轴回转 180°，然后由直线气缸带动向下运动释放工件。这种机械手可在输送带上实现工件的180° 回转换向。

但回转气缸的价格远高于普通的直线气缸，在上述需要使所夹持的工件回转一定角度后再释放的场合，为了降低设备成本，还常采用图 4.22（b）所示的设计方案，即采用标准直线气缸并结合连杆机构来实现。图中下方的水平放置直线缸实现手臂回转摆动，竖直放置和释放水平放置的两个气缸分别使机械手实现升降和伸缩。

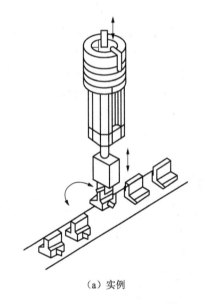

（a）实例

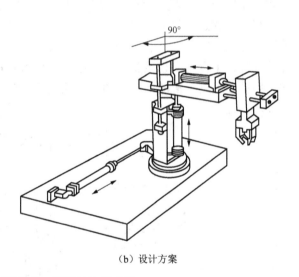

（b）设计方案

图 4.22 手臂伸缩—回转结构示意图

4.2 工业机器人

4.2.1 概述

"机器人"一词最早出现在 20 世纪 30 年代国外一部名为《罗萨姆的万能机器人》的科幻文学作品中，叙述了一个叫罗萨姆的公司把机器人作为人类生产的工业品推向市场，让它充当劳动力代替人类劳动的故事。但真正意义上的机器人出现在 20 世纪 60 年代初，由美国人英格伯格和德沃尔制造出了世界上第一台工业机器人。这台机器人外形像一个坦克的炮塔，基座上有一个可转动的大机械臂，大臂上又伸出一个可以伸缩和转动的小机械臂，能进行一些简单的操作，代替人做一些诸如抓放零件的工作。之后经过 50 多年的发展，现在全世界已装备了近 200 万台工业机器人，种类达数十种，它们在许多领域为人类的生产和生活服务，不仅可提高产品的质量与产量，而且对保障人身安全，改善劳动环境，减轻劳动强度，提高劳动生产率，节约原材料消耗以及降低生产成本有着十分重要的意义。和计算机、网络技术一样，工业机器人的广泛应用正在改变着人类的生产和生活方式。

工业机器人是面向工业领域的多关节机械手或多自由度的机器装置，它能自动执行工作节拍，靠自身动力和控制能力来实现各种操作功能的一种机器。它可以接受人类指挥，也可以按照预先编排的程序运行，现代的工业机器人还可以根据人工智能技术制定的原则纲领行动。

也可以说，工业机器人是集机械、电子、控制、计算机、传感器、人工智能等多学科先进技术于一体的现代工业重要的自动化装备。自从世界上第一台工业机器人诞生以来，机器人技术及其产品发展很快，已成为柔性制造系统（FMS）、自动化工厂（FA）、计算机集成制造系统（CIMS）的自动化工具。

随着电子技术，特别是电子计算机的广泛应用，机器人的研制和生产已成为高技术领域内迅速发展起来的一门新兴技术和产业。在发达国家中，工业机器人自动化生产线成套设备已成为自动化装备的主流及未来的发展方向。国外汽车行业、电子电器行业、工程机械等行业已经大量使用工业机器人自动化生产线，以保证产品质量，提高生产效率，同时避免了大量的工伤事故。全球诸多国家近半个世纪的工业机器人的使用实践表明，工业机器人的普及是实现自动化生产，提高社会生产效率，推动企业和社会生产力发展的有效手段。

我国工业机器人研究开发起步较晚，但发展较快，现已初具规模。当前我国已生产出部分机器人关键元器件，开发出弧焊、点焊、码垛、装配、搬运、注塑、冲压、喷漆等工业机器人。一批国产工业机器人已服务于国内诸多企业的生产线上，一批机器人技术的研究人才也涌现出来。一些相关科研机构和企业已掌握了工业机器人的优化设计制造技术；工业机器人控制、驱动系统的硬件设计技术；机器人软件的设计和编程技术；运动学和轨迹规划技术；弧焊、点焊及大型机器人自动生产线与周边配套设备的开发和制备技术等，某些关键技术已达到或接近世界水平。

4.2.2　工业机器人的组成和分类

1. 工业机器人的组成

工业机器人由主体、驱动系统和控制系统三个基本部分组成。主体即基座和执行机构，包括臂部、腕部和手部，有的机器人还有行走机构。大多数工业机器人有 3～6 个运动自由度，其中腕部通常有 1～3 个运动自由度；驱动系统包括动力装置和传动机构，用以使执行机构产生相应的动作；控制系统是按照输入的程序对驱动系统和执行机构发出指令信号，并进行控制。

工业机器人按臂部的运动形式分为四种：直角坐标型的臂部可沿三个直角坐标移动；圆柱坐标型的臂部可作升降、回转和伸缩动作；球坐标型的臂部能回转、俯仰和伸缩；关节型的臂部有多个转动关节。

2. 工业机器人的分类

如表 4.3 所示，国际上通常将机器人分为工业机器人和服务机器人两大类。工业机器人是集机械、电子、控制、计算机、传感器、人工智能等多学科先进技术于一体的现代制造业重要的自动化装备。服务机器人是机器人家族中的一个年轻成员，可以分为专业领域服务机器人和个人/家庭服务机器人，服务机器人的应用范围很广，主要从事维护保养、修理、运输、清洗、保安、救援、监护等工作。

视频 4.7 为焊接机器人的工作情况；视频 4.8 为搬运机器人的搬运工作示范情况；视频 4.9 为汽车装配线上机器人的装配工作情况；视频 4.10 为液压机器人模拟滚压工作的情况。

视频 4.7　　　　　视频 4.8　　　　　视频 4.9　　　　　视频 4.10

表 4.3　机器人分类

机器人	工业机器人	焊接机器人	点焊机器人
			弧焊机器人
		搬运机器人	移动小车（AGV）
			码垛机器人
			分拣机器人
			冲压、锻造机器人
		装配机器人	包装机器人
			拆卸机器人
		处理机器人	切割机器人
			研磨、抛光机器人
		喷涂机器人	
	服务机器人	个人/家用机器人	家庭作业机器人
			娱乐休闲机器人
			残障辅助机器人
			住宅安全和监视机器人
		专业服务机器人	场地机器人
			专业清洁机器人
			医用机器人
			物流用途机器人
			检查和维护保养机器人
			建筑机器人
			水下机器人
			国防、营救和安全应用机器人

我国机器人专家将机器人分为工业机器人和特种机器人两大类。所谓工业机器人就是面向工业领域的多关节机械手或多自由度机器人。而特种机器人则是除工业机器人之外的、用于非制造业并服务于人类的各种先进机器人，包括服务机器人、水下机器人、娱乐机器人、军用机器人、农业机器人、机器人化机器等。

4.2.3 工业机器人举例

1. 精密插入装配机器人

如图 4.23 所示，该装配作业的任务是由一台直角坐标机器人 1 和圆柱坐标机器人 4，将基座零件、轴套和小轴装配在一起。基座零件 7 先由基座供料机构 6 传送并定位，然后圆柱坐标机器人 4 的手爪从轴套供料机构 5 中取出一个轴套并装入基座孔中，再由直角坐标机器人 1 从小轴供料机构 3 中取出一个小轴并装入轴套中。直角坐标机器人 1 的手爪具有视觉和触觉功能，视觉传感器为一台电视摄像机，而其手腕 2 的触觉用 4 个应变片传感器制成力反馈手爪，用弹簧片制成柔性手腕，手爪抓取小轴后，逐渐接触到轴套，施以微小的作用力，使两个零件进行装配，在装配作业中，沿 x、y、z 方向的力传感器输出的力变化信号，就成为装配过程的控制信号，插入装配完成后，由行程开关发出结束信号。该机器人不仅可以用于轴套类零件的装配，而且也可用于自动生产线上电子元器件、集成电路板上芯片、家用电器零部件以及汽车发动机的在线组装。

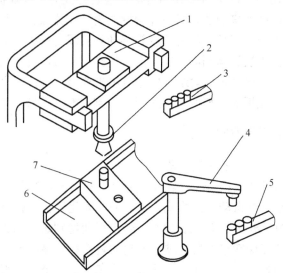

图 4.23 精密插入装配机器人

1—直角坐标机器人 2—手腕 3—小轴供料机构 4—圆柱坐标机器人
5—轴套供料机构 6—基座供料机构 7—基座零件

视频 4.11 为某产品研磨装配加工时的工业机器人工作情况。

视频 4.11

2. 堆垛搬运机器人

如图 4.24 所示，该系统由机器人 3、板式输送机 1、滚轴输送机 4 等组成。货物由输送机 4 连续、依次并以一定间隔输送到机器人工作位置，然后由机器人 3 的手爪抓取一定的货物，并按照一定的模式堆列在板式输送机的货板 2 上完成装货操作；板式输送机再将已装货的货板向卸载输送机传送，等待二次包装或直接入库。控制系统 5 主要由计算机、操作工作台等组成，计算机内已存储有货物在货板上的各种堆列模式，可供调用，控制机器人、各个输送机协同工作，完成货物的自动堆垛搬动，并且还可以采用示教输入的方式，存储机器人的动作指令，完成给定的示教模式下的货物自动堆列与搬运操作。

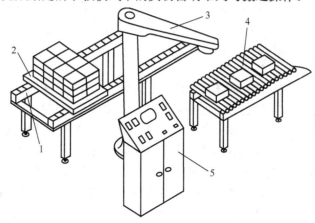

图 4.24　堆垛搬运机器人

1—板式输送机　2—货板　3—机器人　4—滚轴输送机　5—控制系统

视频 4.12

视频 4.12 为啤酒饮料等液体灌装行业的码箱垛机（机器人）工作情况。将输送线送来的装有成品啤酒瓶的周转箱排成第一层（每层 12 箱），码垛机器人的搬运机械手将该层箱移动到箱垛托板上，之后依次排列第二层，再将第二层搬运到第一层上面，这样依次堆放 5 层（共 60 箱）为一个箱垛，该箱垛由箱垛输送装置输送出机外后，再由码垛机器人的托板抓放机械手从托板库中抓取一个托板，放到码箱垛位置，等待第二个箱垛码放。

4.2.4　工业机器人在轻工行业的应用

和汽车等制造业广泛使用的焊接机器人、喷涂机器人及处理机器人不同，轻工行业使用较多的机器人是搬运机器人和装配机器人中部分机器人或者机器人工作站。如前面所述，工业机器人实际上也是一种自动化机器或者是一种自动化设备，因此，下面在介绍某工业机器人时，也常常称为某机器人（或者某机）。轻工行业特别是啤酒饮料等液体食品生产行业，在生产过程始端的卸垛卸箱和生产过程终端的装箱和码垛，过去都是由人工搬运完成的，工作效率低、劳动强度大，生产力水平低。现在大多数企业使用了工业机器人自动化生产线成套设备，在其始端和终端配置了卸垛卸箱和装箱码垛等工业机器人自动化设备，大大提高了生产力水平。

（1）用于包装自动生产线始端的卸垛机（机器人）和卸箱机（机器人）

1）液体灌装生产线始端的卸瓶垛机（机器人），如视频 4.13 所示。该机器人将自动输送到位的瓶垛，首先由垫层抓放装置将上面一个垫层吸住移到垫层库存放，接着由瓶层移动装置夹住一层瓶子输送到分流平台装置上，分流平台装置再将这一层瓶分流到下一道工位去洗瓶。如此一层一层地进行下去，最终可将瓶垛上的瓶子全部卸下。

2）液体灌装生产线始端的卸箱垛机（机器人），如视频 4.14 所示。该机器人将自动输送到位的箱垛，一层一层地将箱层卸到分流平台装置上，同时分流平台装置将这一层箱（周转箱）分流到下一道工位去卸箱。如此一层一层地进行下去，最终可将箱垛上的箱子全部卸下。当一个箱垛卸完后，该机器人会把箱垛托板堆放在托板库进行存放。

3）液体灌装生产线上的卸箱机（机器人），如视频 4.15 所示。该机器人能将卸箱垛后送来的周转箱中的空瓶一一抓放到输瓶台上，再由输瓶台将空瓶逐一送往下一道工序去洗瓶。

视频 4.13　　　　　视频 4.14　　　　　视频 4.15

（2）用于包装自动生产线终端的码垛机（机器人）和装箱机（机器人）

1）码垛机（机器人），如视频 4.16 所示为水生产线终端的五加仑桶装水码垛机器人，该机器人能将灌装好的成品五加仑桶装水按码垛要求，自动取放托板、抓取桶装水一层一层堆放，每层之间自动放一块垫层。码垛完成后由人工用叉车运出，也可设计成由输送带直接送往仓库储存。如视频 4.17 所示为啤酒生产线终端的周转箱码箱垛机（机器人），它将由输送系统送来的装好成品啤酒的周转箱，先按要求排列成一层，再由推送装置将该层箱移动到箱垛的托板上，之后托板下降一层高度，当第二层箱送来时就堆放在第一层箱子上面，如此不断进行，直到堆满一垛后，移送装置将箱垛移出机外，与此同时，托板供送装置向码垛位置供送一块托板，以便再次码箱垛。

2）装箱机器人，如视频 4.18 所示为啤酒灌装生产线终端的全自动纸箱成型包装机（机器人）。纸质箱批由气动吸盘装置从箱批库中吸出，间隔有序地由输送带从输瓶带下方向前上方输送，同时成品啤酒瓶由上方的输送带向前输送并被分隔装置按装箱瓶数要求自动间隔有序分隔，当被分隔后的一组瓶子（瓶组）与下方的箱批相遇时，该瓶组正好被一个箱批的箱底托住，在再箱批继续向前时，被设置在前进方向周边的折边装置折叠成箱，将一组组瓶组包装成箱。如视频 4.19 所示为将成品瓶装酒直接抓放装入已成型的纸箱中的装箱机（机器人）的工作情况。

视频 4.16　　　视频 4.17　　　视频 4.18　　　视频 4.19

（3）用于容器成型和热收缩薄膜包装的机器人系统

机器人自动吹瓶工作站是一种集成化的系统，它包括工业机器人、控制器、编程器、机器人手爪、自动传送装置等，形成一个完整的集成化吹瓶生产线。

视频 4.20 所示自动吹瓶机系统（机器人系统）是由瓶坯供送系统、瓶坯加热系统、吹瓶系统和出瓶输送系统等组成的自动化系统。瓶坯由输送和整理装置有序输送到回转加热系统的入口，再由回转加热系统的夹持器夹住瓶坯螺纹部，随夹持器上的链传动做长圆型轨迹运动，在运动过程中

视频 4.20

瓶坯身部接受不同温度加热，当达到吹瓶温度时，瓶坯从回转加热系统的出口被送入回转吹瓶机的吹瓶模具中，加热后的瓶坯随吹瓶机转动过程中，经过拉伸、吹制和降温，最后从回转吹瓶机的出口，由取瓶转盘将吹制的成品 ETP 瓶取出，并进一步通过输送系统送到成品库。

视频 4.21 所示为热收缩薄膜包装机（机器人）的工作过程，成品瓶在输送过程中被分隔装置分隔成一组（一箱或者一捆的瓶数）一组的，每一组瓶在继续输送过程中被热收缩薄膜裹包装置供送的热收缩薄膜套住，之后在输送通过热风装置时，热收缩薄膜因受热收缩而紧紧包住瓶组，完成包装。

视频 4.21

4.2.5　工业机器人的发展前景

我国工业机器人起步于 20 世纪 70 年代初，当时世界上工业机器人应用掀起一个高潮，尤其在日本发展更为迅猛，它补充了日益短缺的劳动力。在这种背景下，我国于 1972 年开始研制自己的工业机器人。进入 80 年代后，在高技术浪潮的冲击下，随着改革开放的不断深入，我国机器人技术的开发与研究得到了政府的重视与支持。"七五"期间，国家投入资金，对工业机器人及其零部件进行攻关，完成了示教再现式工业机器人成套技术的开发，研制出了喷涂、点焊、弧焊和搬运机器人。还借助国家高技术研究发展计划（863 计划）的实施，以智能机器人为主题，跟踪世界机器人技术的前沿，取得了一大批科研成果，成功地研制出了一批特种机器人。从 90 年代初期起，我国的国民经济进入实现两个根本转变时期，掀起了新一轮的经济体制改革和技术进步热潮，我国的工业机器人又在实践中迈进一大步，先后研制出了点焊、弧焊、装配、喷漆、切割、搬运、包装码垛等各种用途的工业机器人，并实施了一批机器人应用工程，形成了一批机器人产业化基地，为我国机器人产业的腾飞奠定了一定基础。

近些年来，在中国廉价劳动力优势逐渐消失的背景下，推动"机器换人"的机器人发展势头已是大势所趋。各个地方都行动了起来，一个个机器人企业、机器人产业园如雨后春笋般发展，各行各业都在不断研制、引进和应用机器人。

科技改变世界，机器人成为改变世界的关键钥匙。机器人市场发展提速首先在工业领域凸显出来。据统计，2015 年国产机器人产值规模达到 16.4 亿元，产值增速达 55%。2015 年我国工业机器人销量为 7.5 万台，占全球销量比重超过 1/4，同比增长 23.7%。根据《中国制造 2025》的规划，2020 年、2025 年和 2030 年工业机器人销量的目标，分别是 15 万台、26 万台和 40 万台。预计未来十年，中国机器人市场将达 6000 亿元人民币。但我国在工业机器人技术上并非强国。目前该领域以欧日主导，他们仍占据中国机器人产业 70%以上的市场份额。

在发达国家中，工业机器人自动化生产线成套设备已成为自动化装备的主流及未来的发展方向。国外汽车行业、电子电器行业、工程机械等行业已经大量使用工业机器人自动化生产线，以保证产品质量，提高生产效率，同时避免了大量的工伤事故。全球诸多国家近半个世纪的工业机器人的使用实践表明，工业机器人的普及是实现自动化生产，提高社会生产效率，推动企业和社会生产力发展的有效手段。我们仍需在引进、消化和应用中不断创新，快速发展具有我国特色的机器人产业。

思考练习题

1. 试述工业机械手的组成及分类。
2. 工业机械手的手爪有哪几种类型？分析其结构并说明工作原理。
3. 真空吸盘手型爪有哪几种形式？试分别叙述其工作原理。
4. 如何选用机械手的手腕？
5. 试分析机械手手臂的典型结构。
6. 试述工业机器人的组成及分类。
7. 试述你见过的机械手或者机器人的应用情况。
8. 你对我国工业机器人的应用状况和前景有何认识？

第 5 章

自动机的检测与控制装置

第 3 章所述自动机常用装置的运动及其运动过程中的各种参数均须利用检测与控制装置进行检测与控制。故本章重点介绍各种检测和控制装置。

5.1 概 述

自动机是以自动供料、自动加工、自动输送等环节相连接来进行连续作业的机器。组成自动机的各个环节都必须按规定的顺序动作且相互配合形成统一和协调的生产系统。为此必须有一个准确可靠的控制系统。控制系统的完善程度往往是自动机自动化水平的重要标志。

实现自动机的自动检测与控制，对保证和提高产品质量，提高劳动生产率，降低成本，减少工人劳动强度均有重要意义。

自动机的检测与控制所涉及的知识面很广，本章主要阐述与自动机的检测装置有关的控制元件及一些简单控制系统的工作原理，阐述自动机控制方面的基础知识。

在机电一体化技术飞速发展的今天，学习一些控制技术方面的知识是非常必要的，因为从事机械的设计、制造、使用、维护及改造工作，将会经常遇到大量控制技术问题。

5.1.1 控制技术的种类及特点

生产机械的机械化和自动化，从前主要是依靠凸轮、靠模和自动停车装置等来实现。随着科学技术的发展，许多新的控制技术，已被广泛应用于实现生产过程的自动控制中。目前常用的控制技术可归纳为以下四大类。

1. 机械控制

机械控制主要是由分配轴、凸轮、从动杆及一些调整环节所构成。分配轴上的凸轮根据各执行机构的运动要求，设计成相应的轮廓形状，并按工作循环图的规定，在分配轴上严格保持相互间的相位角，从而使生产机械上的各执行机构，能严格按照预定的程序和时间进行协调的运动。当加工对象变更时，则应按照新的工作循环图调整凸轮间的相位位置，有时还需要更换上为新的加工对象而预制的新凸轮。因此机械结构比较复杂，调整较费事，但比较可靠和易行，应用较成熟。它主要适应大批大量生产中的专用自动机和半自动机上。

2. 流体控制

流体控制是利用流体的各种控制元件及装置，组成控制回路，进行自动控制。流体控制分为液压控制和气动控制两种。

（1）液压控制

液压传动与控制是以液压油作为工作介质，进行能量传递和控制的一种形式。液压装置工作平稳，重量轻，惯性小，反应快，易于实现快速启动、制动和频繁的换向，能在大范围内实现无级调速，它还能在运行的过程中进行调速。液压系统易于实现自动化，液体压力、流量或流动方向易于调节和控制。当将液压和电气、电子控制或气动控制结合起来时，整个传动装置能实现很复杂的顺序动作，也能方便地实现过程控制。

液压系统的缺点是，在工作过程中有较多的能量损失（摩擦损失、泄漏损失等）；对油温的变化比较敏感，工作的稳定性容易受到温度的影响，因此它不宜在很高或很低的温度条件下工作；油液具有易燃性，有引起爆炸的危险；油液中有空气会引起工作机构的不均匀跳动；就处理小功率信号的数学运算、误差检测、放大、测试与补偿等功能而言，液压装置不如电子装置那样灵活、线性、准确和方便，因而在控制系统的小功率部分，一般不宜采用，主要应用于线路和系统的动力部分。

（2）气动控制

气动控制技术是利用压缩空气作为传递动力或信号的工作介质，配合气动控制系统的主要气动元件，与机械、液压、电气（包含可编程序控制器和微机）等部分或全部综合构成的控制回路，使气动元件按生产工艺要求的工作状况，自动按设定的顺序或条件动作的一种自动化技术。与液压控制比较，动作迅速，反应快，使用的元件和工作介质成本低，便于现有设备的自动化改装，能在恶劣的条件下正常工作。气动控制的缺点是运动的平稳性较差，有噪声，控制元件体积较大。

在气动控制系统中，作为完成一定逻辑功能的气动逻辑元件，由于其结构简单，成本低廉，耗气量小，抗污染能力强，对气流的净化要求低，所以在气动控制中也有非常广泛的应用。

3. 电气控制（继电器控制）

电气控制是利用继电器或接触器机械触点的串联或并联及延时继电器的滞后动作等组合形成控制逻辑，用导线将电动机、低压电器（如继电器、开关、接触器、电磁阀、行程开关等）和保护电器（如熔断丝、热继电器、断路器等）连接而成的控制回路。当工作机各执行机构工作时，利用行程、压力或时间的变化，通过电器元件触头接通或断开电动机、电磁铁或电磁阀的电路，以改变各执行机构的运动状态。

电气控制是采用硬件接线实现的，只能完成既定的逻辑控制，如果要改变控制逻辑，必须重新接线，工作量大；而且依靠触点的机械动作实现控制，工作频率低（毫秒级）机械触点有抖动现象，造成工作不可靠。但构造简单，造价低，使用方便。

4. 电子控制（计算机控制）

目前以计算机控制技术为核心的数字控制新技术日益广泛地应用于各类机器设备的自动控制中。计算机的微型化、高速、大内存、高性能，促进了工业自动化，促进了制造工业向机电一体化变革，机电一体化技术已从早期的机械电子转变为机械微电子化和机械计算机化。在控制过程中，工业计算机收集和分析处理信息，发出各种指令去指挥和控制系统运行，还提供多种人机接口，以便观测结果，监测运行状态和实现人对系统的控制和调整。工业计算机的功能，大致可以归纳为以下5个方面：

1）对生产过程的直接控制。其中包括顺序控制，数字程序控制，直接数字控制。

2）对生产过程的监督和控制。如根据生产过程状态、原料和环境因素，按照预定的生产过程数学模型，计算出最优参数作为给定值，以指导生产的进行，也可直接将给定值送给模拟调节器，自动进行整定、调整，传送至下一级计算机进行直接数字控制。

3）在生产过程中，对各物理参数进行周期性或随机性的自动测量，并显示、打印记录结果供操作人员观测；对间接测量的参数和指标进行计算、存储、分析判断和处理，并将信息反馈到控制中心，制定新的对策。

4）对车间或全厂自动生产线的生产过程进行调度和管理。

5）直接渗透到自动机械产品中形成带有智能性的机电一体化新产品，如机器人、自动包装机械，智能仪器等。

机电一体化系统的微型化、多功能化、柔性化、智能化、安全可靠、低价、易于操作的特性，都是采用微型计算机技术的结果。微型计算机技术是现代自动机械中最活跃、影响最大的关键技术。

上述各类控制技术的性能见表5.1。

表5.1　各种控制方式的比较

项　目	机械控制	电气控制	电子控制	液压控制	气动式
输出力	中等	中等	很小	很大（10^5N以上）	大（3×10^4N以下）
动作速度	低	很高	很高	稍高（约1m/s）	高（约17mm/s）
信号响应	中等	很快	很快	慢	快
位置控制	很好	很好	很好	好	好
遥控	不好	很好	很好	很好	好
安装的限制	很大	小	小	小	小
速度控制	不好	很好	很好	很好	好
无级变速	不好	好	很好	很好	好
元件结构	普通	稍复杂	复杂	稍复杂	简单
动力源中断时	无法动作	可延时动作	可延时动作	有蓄能器时可动作	可动作
管线	（无）	比较简单	复杂	复杂	稍复杂
保养需求	高	中等	中等	中等	低
保养技术	简单	需要	特别需要	简单	简单
危险性	几乎没有	注意漏电	几乎没有	注意引火性	几乎没有
体积	大	中等	小	小	小
环境温度	普通	高时要注意	高时要注意	普通	—

续表

项　目	机械控制	电气控制	电子控制	液压控制	气动式
环境湿度	普通	高时要注意	高时要注意	普通 （70℃以下）	普通 （100℃以下）
腐蚀性	普通	大时要注意	大时要注意	普通	注意凝结冰
振动	普通	大时要注意	大时要注意	不必担心	注意氧化
结构	普通	稍复杂	复杂	稍复杂	不必担心 简单

5.1.2　控制系统的构成

控制系统的构成示意图5.1表示。

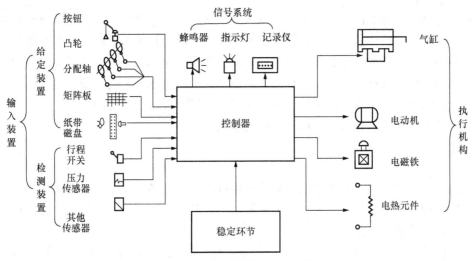

图 5.1　控制系统的构成示意图

1. 给定装置

给定装置（亦称发令器）是人对机器下命令的装置，在自动设备中多以手动发讯和程序寄存器按预订顺序发讯两种方式出现。

根据对被控对象的控制方法不同，给定装置可分为稳定给定装置、程序给定装置、跟踪给定装置三种。

稳定给定装置给出一种不随时间等参数变化的给定值。最常见的稳定给定装置如电位器、按钮等。

程序给定装置给出随时间变化的给定值。最典型的程序给定装置就是凸轮分配轴，凸轮分配轴作为程序给定装置使用时，按给定程序向各凸轮从动件输入指令。在通用程序控制系统中，可采用二极管插销矩阵板作为可改程序的程序给定装置。用工业计算机控制自动设备或自动线时，控制程序及其修改，则由键盘、纸带、磁带、磁盘等作为程序给定装置。

跟踪给定装置是利用与随时间的实际变化过程有关的被控对象的输出信息返回来对被控对象进行有选择的控制，所以，它的输入量（即给定值）不仅是时间的函数，还随输出量而变化。

2. 检测装置

检测装置是检测现场工作情况的装置，它如同人的视觉、听觉、触觉等器官，把现场工作情况以信息形式传给控制器（或称处理装置）。检测装置主要起以下监督作用：

1）被加工的物品或工件的参数，如外形尺寸与公差、质量缺陷、强度与硬度、缺料与计数、容积与重量等。

2）工作机构参数，如位移行程、速度、加速度、工作时间和作用力大小等。

3）运行综合条件，如强度、压力、流量、料位、色度、相对密度和成分等。

以上这些参数，在控制系统中称为"被控参数"。这些参数的检测工序，在自动加工工序中一般要占 30%～40%，因此，检测自动化在研制自动机与自动设备的工作中，具有非常重要的意义。

实现上述各种参数的检测，有许多种方法，按提供能量的形式不同，可分为机械式、光学式、化学式、流体式、电气式或它们的组合形式等。其中尤以电气式用得最为广泛。

检测装置中最主要的部分是传感器，它的作用是将被测对象的尺寸等参数变化转换成其他物理量，例如转换成电气或其他形式的信号，然后将此信号送至放大装置进行放大或经其他方法处理后，供各自动机的控制系统对工作过程进行自动控制。

给定装置与检测装置合在一起，统称为输入装置。

3. 控制器

使被控参数按某一规律变化的装置称为控制器。因此控制器是对给定指令和检测信号进行逻辑处理的装置，相当于人的大脑，并能给出处理结果的执行情况。控制器也称调节器、数据处理装置或运算装置等。

不同的控制器可以组成不同的控制系统：有用气动控制器作为控制器组成的气动控制系统；有用电动控制器作为控制器组成的电子控制系统；用可编程序控制器等工业计算机作为控制器组成的控制系统是当今自动机与自动设备最理想的控制系统；由凸轮分配轴构成的机械控制系统中，凸轮分配轴就是机械式控制器，由它控制的系统称为机械控制系统。

4. 执行机构

执行机构是根据执行指令的大小、方向、速度等要求，忠实地执行动作的机构，它好比人的手脚，在大脑中枢指令下完成各种动作。

按运动形式分，执行机构有直线式和回转式两种；按能源分，有电气式（直流、交流、脉冲）、液压式、气动式。对执行机构的要求，除能控制其输出力、速度、方向和位置外，还要求它工作时反应灵敏、动作可靠、性能稳定、结构简单、价格低廉。

此外，控制系统还包括信息放大器、稳定环节、信号系统等辅助装置。在实际的控制系统中，常常很难把它们严格分开，一个装置可能兼有几种环节的功能。

5.1.3 控制系统的分类

控制系统按其控制依据（或称控制原则）分为时间控制、行程控制和时间、行程混合控制三种类型。

1. 时间控制

时间控制系统具有中央控制器（即发令器、分配器）。指令集中从这里发出，故又称为集中式控制。这种控制系统的特点，是指令的程序和特征是预先规定好的，由中央控制器每隔一定的时间发出指令，使控制的各执行元件严格地按照此时间动作，不因被控制对象实际执行指令的情况而改变，因而工作不安全，即当某工作部件不按预定的规律动作时，其他工作部件仍按预定时间运动，故有可能发生碰撞或干涉等事故。但发令器集中在一起，调整较方便。图 5.2 所示为分配轴式中央控制器。

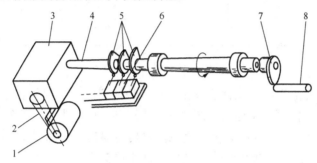

图 5.2　分配轴式中央控制器

1—电机　2—传动带　3—变速箱　4—分配轴　5、7—凸轮　6—微动开关　8—拨位销

如图 5.3 所示为码盘式中央控制器。控制电机 6 带动码盘 1 匀速转动，码盘上的长槽转到信号喷嘴 3 和与其相应的接收喷嘴 2 处时，发出气信号。码盘小孔转到光源 5 和光电元件 4 之间时，发出光电信号。码盘上各槽的工作角 β 和相互夹角 ψ，由工作循环图确定。

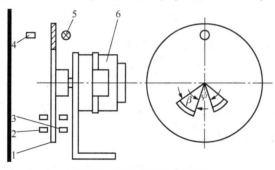

图 5.3　码盘式中央控制器

1—码盘　2—接收喷嘴　3—信号喷嘴　4—光电元件　5—光源　6—控制电机

在电子、气动逻辑控制中，控制对象的各执行元件严格按照一定的时间间隔进行动作的控制系统，称为时间程序控制系统，简称时序控制系统。这种系统主要由信号分配回路、时序信号发生器和执行元件三部分组成，方框图如图 5.4 所示。时序信号发生器发出的时间信号，通过信号分配回路，按一定时间间隔分配给相应的执行机构，使其动作。

2. 行程控制

图 5.5 是按行程控制的电气原理图。

按下动按钮 K_1 后，部件 I 开始运动。当部件 I 运动到规定位置时，其上的挡块压下行

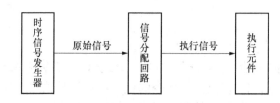

图 5.4　时序控制系统方框图

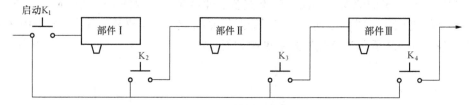

图 5.5　行程控制的电气原理图

程开关 K_2，部件Ⅱ开始运动，部件Ⅰ停止运动或快速退回。当部件Ⅱ运动到规定位置时，压下行程开关 K_3，部件Ⅲ开始运动，部件Ⅱ停止运动。如此类推，使各个部件获得顺序动作。因此，在每两个工作部件间必须有相应的机构传递指令。如果工作循环较为复杂，用机械传动机构作为部件之间命令的传递，构造常比较复杂，甚至不可能。所以，在行程控制系统中很少采用机械控制系统。用得最多，也最方便的是电气的、电子的、气动的、液压的以及以上几种混合的控制系统。其控制原理可用如图 5.6 所示的方框图表示。

图 5.6　行程程序控制原理方框图

执行机构的每一步动作完成后，由行程发信器发出一个信号：这个信号输入给逻辑线路，并由它作出判断，发出执行信号，整个系统就如此循环下去。

行程控制系统本身具有自锁作用，当某一部件发生故障时，工作循环就停止，故工作安全可靠。但发令器过于分散而使得调整费事，因此它常用来控制较简单的工作循环。

3. 时间、行程混合控制

时间、行程混合控制，是指在一个工作程序中，部分节拍的执行元件是根据时序动作的，而另一部分是依据前一节拍动作的终端行程信号动作的。因此，从一个节拍到另一个节拍的控制方式可能有变化，所以对时序信号发生器是否要复位及如何复位，必须具体分析。也就是说，要特别注意反馈信号回路的连接问题。节拍之间控制方式的转换可能存在行程-行程、行程-时间、时间-时间及时间-行程 4 种情况。其中行程-行程转换与时序信号发生器无关，所以相应的信号分配回路输出的执行信号也用不到反馈；而行程-时间转换与时序信号发生器无关，所以相应的信号分配回路输出的执行信号也用不到反馈；而行程-时间转换必须在该行程的执行信号输出的同时，引出反馈信号，以启动时序信号发生器；对时间-时间的转换，必须将相应执行信号通过反馈信号，形成回路，使时序信号发生器先复位，后启动；对时间-行程的转换，则要求在行程动作信号输出的同时，将时序信号发生器关闭（复位）。

根据上述特点，这种回路可以按图5.7所示的方式组成。

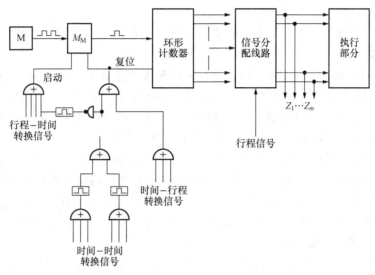

图 5.7 时间–行程混合控制框图

5.2 可编程序控制器

如前所述，控制器是自动控制系统中的核心部件，是对给定指令和检测信号进行逻辑处理的装置，它相当于人的大脑。在当今，应用日益广泛的是由可编程序控制器组成的计算机控制系统。下面专门对可编程序控制器加以介绍。

5.2.1 可编程序控制器的定义

在工业生产领域，尤其是过程工业中，除了以模拟量为被控量的控制外，还存在着大量以开关量（数字量）为主的逻辑顺序控制。这就要求控制系统按照逻辑条件和一定的顺序、时序产生控制动作，并且能够对来自现场的大量的开关量、脉冲、计时、计数等数字信号进行监视和处理。鉴于传统的继电器控制系统的缺点，美国数字设备公司（DEC）于1969年研制出了第一台可编程控制器，型号为PDP-14，它仅具有逻辑运算、定时、计数等功能，用开关量控制，实际只能进行逻辑运算，所以称为可编程序逻辑控制器，简称 PLC（Programmable Logic Controller）。进入20世纪80年代后，采用了16位和少数32位微处理器构成 PLC，使可编程逻辑控制器在概念、设计、性能上都有了新的突破。采用微处理器之后，这种控制器的功能不再局限于当初的逻辑运算，增加了数值运算、模拟量处理、通信等功能，成为真正意义上的可编程序控制器（Programmable Controller，PC）。但为了与个人计算机相区别，常将可编程序控制器仍简称为 PLC。它的开创性意义在于引入了程序控制功能，为计算机技术在工业控制领域的应用开辟了新的空间。

国际电工委员会（IEC）于1987年颁布的可编程序控制器的定义为：可编程序控制器是专为在工业环境下应用而设计的一种数字运算操作的电子装置，是带有存储器、可以编制程序的控制器。它能够存储和执行命令，进行逻辑运算、顺序控制、定时、计数和算术运算等操作，并通过数字式和模拟式的输入、输出，控制各种类型的机械或生产过程。可编程序控制器及其有关的外围设备，都应按易于工业控制系统形成一个整体、易于扩展其功能的原则设计。

可编程序控制器的产生是基于工业控制的需要，是面向工业控制领域的专用设备，它具有以下几个特点：

1）可靠性高，抗干扰能力强。PLC 采用程序来实现逻辑顺序和时序，大大减少了机械触点和连线的数量，增强了可靠性。PLC 在硬件和软件等方面采取了一系列抗干扰措施。例如，对主要器件和部件用导磁良好的材料进行屏蔽、对供电系统和输入电路采用多种形式的滤波、I/O 回路与微处理器电路之间用光电耦合器隔离等。

2）通用性强，方便灵活。当生产工艺和流程进行局部的调整和改动时，通常只需要对 PLC 的程序进行改动，或者配合以外围电路的局部调整即可实现对控制系统的改造。

3）编程简单，便于掌握。梯形图语言是 PLC 的最重要也是最普及的一种编程语言，其电路符号和表达方式与继电器电路原理图相似，电气技术人员和技术工人可以很快掌握梯形图语言，并用来编制用户程序。

4）安装简单、调试维护方便。PLC 的故障率很低，具有完善的故障诊断和显示功能，可以根据装置上的发光二极管和软件提供的故障信息，方便地查明故障源。

5）体积小，能耗低。由于 PLC 是靠软件来实现逻辑控制，控制系统所消耗的电量大大降低。

6）功能强，性能价格比高。模块化的设计，使其功能易于扩展。同时，PLC 具有的联网通信功能有利于实现分散控制、远程控制、集中管理等功能，具有良好的成本优势。

目前 PLC 已被广泛应用于各种生产机械和生产过程的自动控制中，成为一种最重要、最普及、应用场合最多的工业控制装置，被公认为现代工业自动化的三大支柱（PLC、机器人、CAD/CAM）之一。

PLC 分为小型、中型和大型。我国使用较多的小型 PLC 产品包括：日本欧姆龙公司的 CPM 系列、日本三菱公司的 FX_{2N} 系列、德国西门子公司的 S7-200 系列，下面针对西门子公司的 S7-200 系列 PLC 进行介绍。

5.2.2 可编程序控制器的硬件

1. PLC 系统基本结构

PLC 系统基本结构由 CPU 模块、I/O 模块、编程计算机与编程软件及电源等部分组成，如图 5.8 所示。

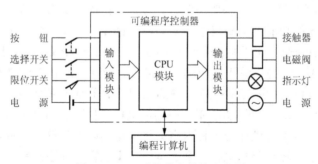

图 5.8 PLC 系统基本结构示意图

（1）CPU 模块

CPU 模块主要由 CPU 芯片和存储器组成。

CUP 相当于 PLC 的大脑，它不断地采集输入信号，执行用户程序，刷新系统的输出。存储器用来储存程序和数据。

（2）I/O 模块

I/O 模块是输入（Input）模块和输出（Output）模块的简称。

输入模块用来采集输入信号，输出模块用来控制外部的负载和执行器。

I/O 模块还有电平转换与隔离的作用。

（3）编程计算机与编程软件

STEP 7-Micro/WIN 用来生成和编辑用户程序，监控用户程序的运行。

（4）电源

PLC 使用 AC 220V 电源或 DC 24V 电源。S7-200 PLC 可以为输入电路和外部的电子传感器提供 DC 24V 电源。

2. PLC 的扫描工作方式

PLC 通电后，首先对硬件和软件作一些初始化操作。为了使 PLC 的输出及时地响应各种输入信号，初始化后反复不停地分阶段处理各种不同的任务，这种周而复始的循环工作方式称为扫描工作方式。每次循环的时间称为扫描周期。

以下为 PLC 一个扫描周期内的工作过程：

在输入操作时，首先启动输入单元，把现场信号转换成数字信号后全部读入，然后进行数字滤波处理，最后把有效值放入输入信号状态暂存区；在输出操作时，首先把输出信号状态暂存区中的信号全部送给输出单元，然后进行传送正确性检查，最后启动输出单元把数字信号转换成现场信号输出给执行机构。在每个扫描周期内只进行一次输入和输出的操作。所以在用户程序执行的这一周期内，其处理的输入信号不再随现场信号的变化而变化；与此同时，虽然输出信号状态暂存区中信号随程序执行的结果不同而不断变化，但是实际的输出信号是不变的，在输出过程中，只有最后一次操作结果对输出信号起作用。

3. 输入输出电路

（1）数字量输入电路

图 5.9 中的 1M 是同一组输入点各内部输入电路的公共点。输入电流为数毫安。外接触点接通时，发光二极管亮，光敏三极管饱和导通；反之发光二极管熄灭，光敏三极管截止，信号经内部电路传送给 CPU 模块。

（2）数字量输出电路

S7-200 的数字量输出电路有继电器输出和场效应晶体管输出两种形式。

继电器输出电路可以驱动直流负载和交流负载，承受瞬时过电压和过电流的能力较强，但动作速度慢，动作次数有限制。

场效应晶体管输出电路只能驱动直流负载。反应速度快、寿命长，过载能力稍差。

图 5.10 为继电器输出电路图。

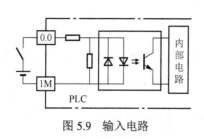

图 5.9　输入电路

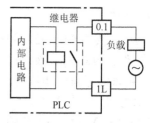

图 5.10　继电器输出电路

5.2.3　可编程序控制器的程序设计

1. PLC 的编程语言

国际电工协会在关于 PLC 的标准中，规定了符合 IEC 61131-3 标准的 5 种编程语言。

1）梯形图（LAD）。梯形图程序被划分为若干个网络，一个网络只能有一块独立电路。触点接通时有"能流"（Power Flow）流过线圈。"能流"只能从左向右流动。梯形图中输入信号（触点）与输出信号（线圈）之间的逻辑关系一目了然，易于理解。设计复杂的数字量控制程序时建议使用梯形图语言，如图 5.11 所示。

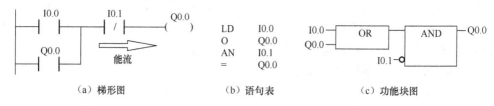

（a）梯形图　　　　　　　（b）语句表　　　　　　　（c）功能块图

图 5.11　PLC 编程语言

2）功能块图（FBD）。类似于数字逻辑电路的编程语言，国内很少使用。

3）指令表，西门子叫语句表（STL)。语句表程序由指令组成，适合程序设计经验丰富的程序员使用。

4）顺序功能图（SFC）。用于编制复杂的顺控程序。

5）结构文本（ST）。为 IEC 61131-3 标准创建的一种专用的高级编程语言。

2. S7-200 的程序结构

1）主程序 OB1：每次扫描都要执行主程序。每个项目都必须有且只能有一个主程序。主程序可以调用子程序。

2）子程序：同一个子程序可以被多次调用，使用子程序可简化程序代码，减少扫描时间。

3）中断程序：在中断事件发生时由 PLC 的操作系统调用中断程序。

3. 程序示例：小车自动往返的控制程序

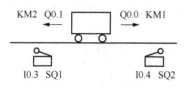

图 5.12　工作示意图

工作要求：按下起动按钮 SB2 或 SB3，小车在左、右限位开关之间不停地循环往返。图 5.12 为工作示意图，图 5.13 为 PLC 外部接线图，图 5.14 位电机主电路，图 5.15 为梯形图程序。

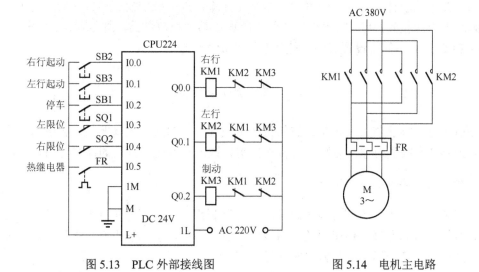

图 5.13　PLC 外部接线图　　　　　　图 5.14　电机主电路

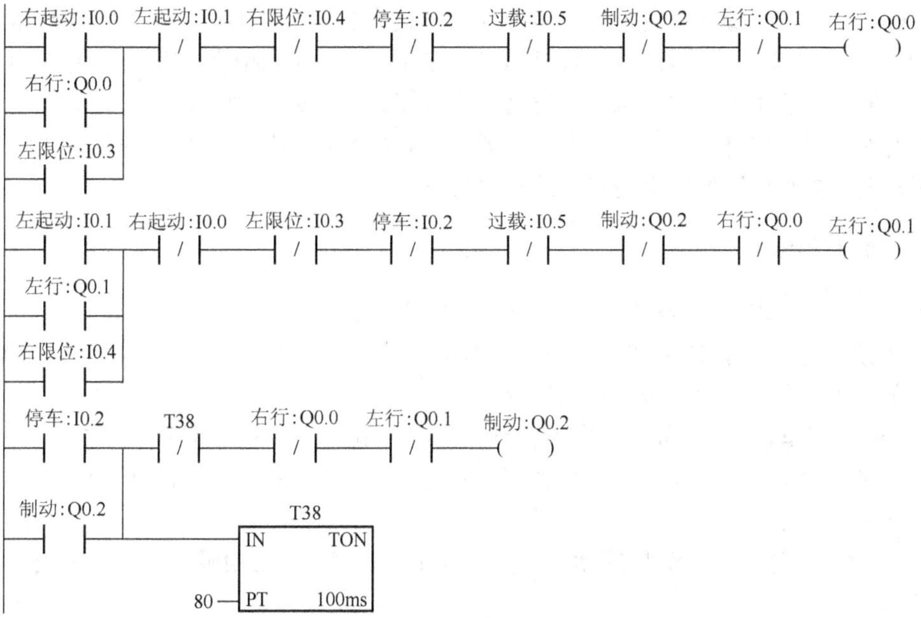

图 5.15　PLC 梯形图程序

用分开的两个起保停电路来分别控制小车的右行和左行。

按下停止按钮，电动机断电，制动电磁铁的线圈通电，电磁抱闸装置动作，使电动机迅速停机，到达定时器 T38 设定的制动时间后，T38 的常闭触点断开，切断制动电磁铁的电源。

在梯形图中，将 Q0.0～Q0.2 的线圈分别与三者中另外两个输出点的常闭触点串联，可以保证 Q0.0～Q0.2 三者中同时只能有一个为 ON，这种安全措施称为软件互锁。

通过"按钮联锁"，不按停车按钮就可以改变电机的旋转方向。

限位开关的常闭触点使小车在极限位置停止运行，限位开关的常开触点使小车反向起动。

梯形图中的软件互锁和按钮联锁电路并不保险，电动机切换旋转方向的过程中，可能出现瞬时的电源相间短路。接触器的主触点因电弧熔焊而被粘结，也会造成三相电源短路。为此在 PLC 的输出回路设置类似于软件互锁的硬件连锁。

5.3 检 测 装 置

如前所述，检测装置是控制系统的重要组成部分，它起着人体听觉、视觉、触觉的作用，它把感知到被测对象的各种信息传给控制装置，从而达到预期的控制目的。

5.3.1 传感器的定义

检测装置中最重要的部分是传感器，各种控制程序都离不开传感器，因此应当熟知各种传感器的结构和原理。传感器的应用很广，品种极多，所以它也有很多种叫法，如变换器、一次仪表、换能器、受感器、敏感元件等。

对于传感器的定义，人们有过多种表述。苏联 K.迈申教授认为传感器是把一种形式的量变换成另一种形式等效量的装置。美国《科学技术名词术语词语词典》把传感器解释为"把输入信号变成不同形式输出信号的装置"。日本大森丰明却认为它既可代替人的五官，又能检查出五官所不能感知的信号，它远远超过了人的感知能力。他们对传感器的定义虽有很大出入，但其本意是一致的，即传感器是一种能将被测量（各种物理量、化学量和生物量等）变换成可以测量的有用信号的一种装置。

5.3.2 传感器的分类

按被检测的物理量来分类，传感器可分为如下几类：

1）压力传感器：把压力和压差值变为电量，用于压力的测量。常用差动变压器原理，电阻应变片或半导体压敏效应等机理实现。

2）温度传感器：用于各种温度的测量。常用热电偶、热电阻等元件制成。

3）位移传感器：把线位移和角位移变成对应的电量，常用的有差动变压器式、电容式、莫尔条纹式等。

4）流量传感器：用于测量流体（气体和液体）的流量，常用膜片式、叶轮式和半导体电磁式等。

5）湿度传感器：用于湿度的测量，常用的有电容介质式、毛发式、红外线吸收式和陶瓷表面吸收式等。

6）其他还有速度和加速度传感器、化学量（密度、pH、浓度等）传感器等。

5.3.3 几种常用的传感器

1. 电阻应变式检测传感器

由物理学知，导体受力产生变形时，其电阻值也发生相应变化。在弹性范围内，导体的应力与其电阻值变化率呈线性关系。利用导体的这种特性可测力、位移、压力、扭矩等物理量。利用导体的电阻应变特性进行检测的元件称为电阻应变元件。

如图 5.16 所示为电阻应变传感器工作原理。用 4 片电阻应变片连接成桥式电路，贴在所测量的弹性物件表面上。电阻应变片 R_1 和 R_4 顺着弹性构件主轴（秤盘主支承）线粘贴，感受弹性。支承中主应变，作为检测电桥的检测桥臂；R_2、R_3 横着弹性构件主轴线方向粘贴，应变很小，可作为温度补偿桥臂。设加于检测电桥的电源电压为 u_0，当秤盘处于平衡位置时，弹性元件不受力，无变形产生，此时按四臂交流电桥平衡条件选定应变片电阻值为 $R_1×R_4=R_2×R_3$，检测电桥的输出电压为 $u_0=0$。当秤盘上的物流质量量值变化时，电阻应变片 R_1、R_4 受力也发生变化，其电阻增（减）量分别为 ΔR_1、ΔR_4，而 R_2、R_3 受力极小，其增（减）量可略去不计。此时电桥输出电压 u_0 为

$$u_0=\frac{1}{4}kU(\varepsilon_1+\varepsilon_4)(\text{V}) \tag{5.1}$$

式中，k 为电阻应变片的灵敏度系数（产品上已标出）；U 为加于电桥的电源电压（V）；ε_1、ε_4 为电阻应变片 R_1、R_4 的应变值。

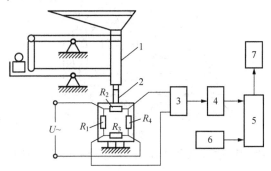

图 5.16　电阻应变传感器工作原理

1—秤体部件　2—弹性构件　3—信号放大器　4—信号调制器
5—信号调节器　6—定量给定值装置　7—控制系统

由虎克定律知，弹性体在弹性范围内的应变为

$$\varepsilon_X=\frac{\Delta l}{l}=\frac{w}{EA} \tag{5.2}$$

式中，Δl 为弹性体变形量；l 为弹性体原长；w 为作用于秤盘上的物流重量值与给定值之间的差值所产生的作用力（N）；E 为弹性构件的弹性模量（Pa）；A 为弹性构件的横截面面积（m^2）。

若选用电阻应变片的灵敏度系数 k 相同，且电阻值凡 $R_1=R_2=R_3=R_4$ 时，由式（5.2）知，应变片 R_1、R_4 的应变 $\varepsilon_1=\varepsilon_4$，则根据式（5.1）得电桥输出电压为

$$U_0=\frac{1}{2}kU\varepsilon_1\quad(\text{V}) \tag{5.3}$$

式中符号意义同前。

检测电桥输出电压仅为微伏或毫伏级，经电压信号放大、调制后送到电子调节器中与标准称量给定值信号电压进行比较运算，并发出相应控制信号，控制物料供给装置调节给料物流量，从而维持物流量保持为给定值。

图 5.17 为应变式测力传感器在民用电子秤中的几种应用形式，图 5.17（a）的称体为环式，图 5.17（b）和（c）为一端固定、一端自由的悬臂梁，这些秤体都属弹性体敏感元件。应变片贴在秤体上的相应部位，称量时重力将使秤体变形，其上的应变片也相应变形，其变形信息经检测电桥输出和相关转换处理，最终以数字显示出来称重的大小。

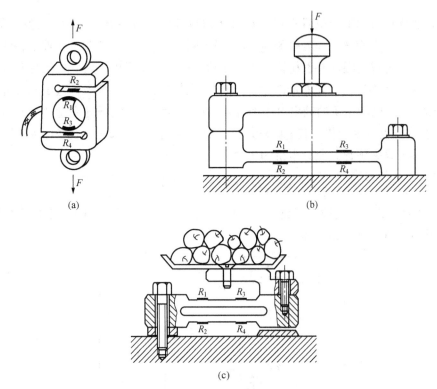

图 5.17 应变式测力传感器在民用电子秤中的几种应用形式

2. 差动变压器式传感器

差动变压器式传感器的工作原理如图 5.18（a）所示。在磁性材料制成的线圈骨架 5 上装有一个初级线圈 3 和两个完全相同的次级线圈 2 与 4。磁心 1 可在线圈中移动，它的一端与被测物体相连并与被测物体一起运动。当初级线圈中通以高频交流电时，在次级线圈 2、4 中分别产生感应电动势 u_1 和 u_2，由于两个次级线圈反相串联 [图 5.18（b）]，在两个次级线圈的输出端 c、d 之间的输出压 u_0，由两个次级线圈感应电动势之差来决定，即

$$u_0 = u_1 - u_2 \tag{5.4}$$

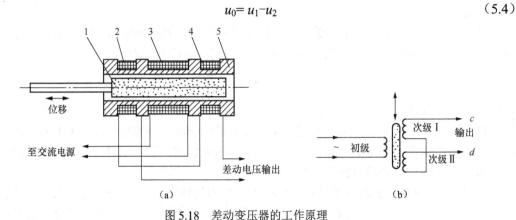

图 5.18 差动变压器的工作原理

1—磁心 2、4—次级线圈 3—初级线圈 5—线圈骨架

当磁心处于两个次级线圈的对称位置时，输出电压 $u_0=u_1-u_2=0$，当磁心移向次级线圈 2 时 $u_1>u_2$，反之则 $u_2>u_1$。图 5.19 所为输出电压与磁心位移的关系图。由图中可知，磁心位移越大，则输出电压也越大。由此可知，差动变压器式传感器可以将位移或力等机械量转变成电量，对被控制对象进行检测。

图 5.20 为由差动变压器式传感器组成的滚柱直径分选装置，被测滚柱 4 由振动料斗送来并按顺序进入落料管 5，电感测微器 6 的钨钢测杆 7 在电磁铁的控制

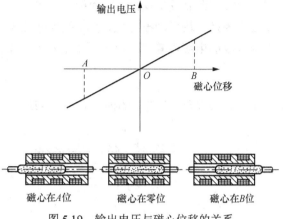

图 5.19 输出电压与磁心位移的关系

下，先是提升到一定的高度，气缸推杆 3 将滚柱推入钨钢测杆 7 正下方且由电磁限位挡板 8 挡住限位，之后，电磁铁释放使钨钢测杆 7 向下接触到滚柱，滚柱的直径就决定了与钨钢测杆 7 相连的衔铁的位移量。电感传感器的输出信号经相敏检波后送到计算机，计算出直径的偏差值。

完成测量后，测杆上升，电磁限位挡板 8 在电磁铁的控制下移开，测量好的滚柱在推杆 3 的再次推动下离开测量区域。这时相应的电磁翻板 9（本装置设置有 7 个电磁翻板）打开，滚柱落入与其直径偏差相对应的料斗 10（本装置设置有 7 个料斗）中。同时，推杆 3 和电磁限位挡板 8 复位。从图 4.13 中的虚线可以看到，批量生产的滚柱直径偏差概率符合随即误差的正态分布。若在轴向再增加一只电感传感器，还可以在测量直径的同时将滚柱的长度一并测出。

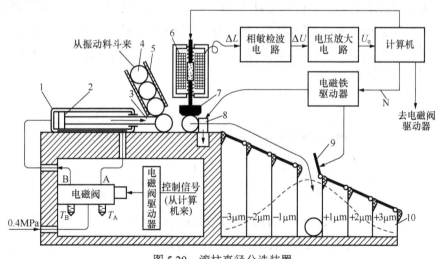

图 5.20 滚柱直径分选装置

1—气缸　2—活塞　3—推杆　4—被测滚柱　5—落料管　6—电感测微器
7—钨钢测杆　8—电磁限位挡板　9—电磁翻板　10—料斗

3. 电容传感器

图 5.21 为电容传感器的原理图。它由两块平行板构成，图 5.21（a）为双极型，一对

平行板的间距 d 发生变化，则两板构成的电容也发生变化；图 5.21（b）为差动型，是由两个固定板及一块可动板组成，如果可动板上移，则可动板与上板构成的电容将增加，而与下板构成的电容将减少。用平行板电容来测量位移的原理如下：两平行板间的电容量为

$$c = \frac{\varepsilon \cdot s}{d} \tag{5.5}$$

式中，s 为两板极间遮盖的面积；d 为活动板与固定板间的距离；ε 为板极间介质的介电常数。

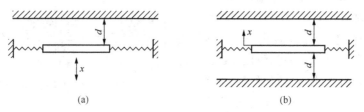

图 5.21　板间距可调电容传感器

如果差动式电容传感器的可动片向上移动了距离 x 后，则板间距分别为 $d-x$ 及 $d+x$。相应的电容分别为

$$c_1 = \frac{\varepsilon \cdot s}{d - x} \qquad c_2 = \frac{\varepsilon \cdot s}{d + x} \tag{5.6}$$

图 5.22 为电容传感器在测厚仪上的应用示例，电容测厚仪可以用来测量金属带材在扎制过程中的厚度。在被测金属带材 1 的上下两侧各放置一块面积相等、与带材距离相等的固定电容极板 2，极板 2 与金属带材 1 之间就形成了两个电容器 C_1 和 C_2。把两块极板用导线连接起来，就相当于 C_1 和 C_2 并联，总电容 $C_x = C_1 + C_2$。当带材厚度发生变化时，会引起上极板与带材的极距 d_1 和下极板与带材的极距 d_2 变化，使得电容的变化，从而导致总电容 C_x 的改变，用交流电桥将电容的变化检测出来，经过放大，即可由显示器表显示仪表出带材厚度的变化。使用上、下两个极板是为了克服带材在传输过程中的上下波动带来的误差。例如，当带材向下波动时，C_1 增大，C_2 减小，C_x 基本不变。

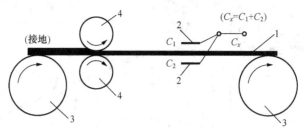

图 5.22　电容传感器在测厚仪上的应用示例

1—金属带材　2—电容极板　3—导向轮　4—轧辊

4. 温度传感器

工程上常用的温度传感器有热电偶传感器和热电阻传感器两种。

（1）热电偶传感器

把两种不同导电性能的导体材料或半导体材料连接成如图 5.23（a）所示的闭合回路，并将两节点置于温度各为 t（又称工作端、测量端或热端）和 t_0（又称参考端、自由端或冷

端）的热环境中，则两节点间将产生热电势，这种现象称为热电效应。能产生热电势的元件称为热电偶。

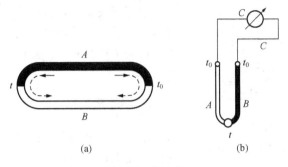

图 5.23 热电偶

热电势的大小与材料和温度有关。若材料已定，则回路中的热电势与节点温度 t 端及 t_0 端有关。若节点温度 t_0 为已知，则回路中的热电势的大小仅随节点温度 t 的变化而变化。如图 5.23（b）所示，将热电偶闭合回路中的热电势测量出来，已知冷端 t_0 的标准热电势，再通过公式计算出热端 t 的标准热电势，最后查分度表就可以得到热端的温度 t 了，利用这种原理制成的传感器叫热电偶传感器。

测量时可接入第三种材料的导线而不影响测量值。

常用的热电偶材料及其性能见表 5.2。

表 5.2 常用热电偶材料及其性能

热 电 偶	最高工作温度/℃	最高工作温度时的热电势/mV
铜–铜镍合金	350	17.1
铁–铂	600	37.4
镍铬合金–镍	1000	36.7
铬铜合金–铝铜合金	1000	41.31
铂铑–铂	1300	13.15

（2）热电阻传感器

由于热电偶需冷端温度补偿，在低温段测量精度较低，在中、低温区，一般使用热电阻传感器来进行测量，它是利用热电阻的电阻值随温度变化而变化的特性来进行温度测量的。

对于线性变化的热电阻来说，其电阻值与温度关系如下式

$$R_t = R_0[1 + \alpha(t - t_0)] \tag{5.7}$$

式中，R_t 为 t℃时的电阻；R_0 为 0℃时的电阻；α 为温度系数。

已知 R_0 和 α，检测某个热电阻 t℃时的电阻，通过查分度表或计算可以得到温度值，利用这种原理制成的传感器就叫热电阻传感器。

工业上比较常用的热电阻为铂电阻和铜电阻。

金属铂容易提纯，在氧化性介质中具有很高的物理化学稳定性，有良好的复制性，但价格较贵。如常见的铂电阻 Pt100，它的 $R_0 = 100 \, \Omega$。

金属铜易加工提纯，价格便宜；它的电阻温度系数很大，且电阻与温度呈线性关系；在测温范围 $-50 \sim +150$℃内，具有很好的稳定性。工业上常用的铜电阻有两种，一种是 $R_0 = 50 \, \Omega$，对应的分度号为 Cu50；另一种是 $R_0 = 100 \, \Omega$，对应的分度号为 Cu100。

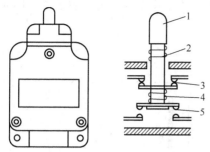

图5.24   行程结构示意图

1—顶杆   2、4—弹簧   3—动断触头   5—动合触头

5. 行程开关

行程开关是一种按工作机械的行程触动触头的通断，从而发出操作命令的位置开关，主要用于机床、自动生产线和其他生产机械的限位及流程控制（图5.24）。

6. 接近开关

接近开关是利用位移传感器对接近物体的敏感特性来控制开关通断的装置。当有物体移向接近开关，并接近到一定距离时，位移传感器感知到物体，从而控制开关通断，开关一般为晶体管开关。它分为电感式、电容式和光电式。

（1）电感式接近开关

电感式接近开关由LC高频振荡器和放大处理电路组成。图5.25是原理示意图。当金属物体靠近接近开关时，探头产生电磁振荡，金属物体内部会产生涡流。金属物体产生的涡流反作用于接近开关，使接近开关振荡能力衰减，内部电路的参数发生变化，开关状态发生变化，从而识别出金属物体。电感式接近开关也常称为涡流式接近开关。

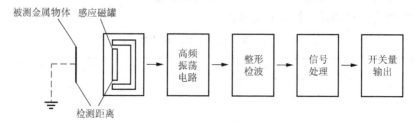

图 5.25   电感式接近开关原理示意图

电感式接近开关反应灵敏，应用广泛。如颗粒糖果包装机块糖停机控制系统就是利用接近开关来检测缺糖状态的。

图 5.26 为应用电感式接近开关作为重量-位移传感器的两次加料间歇秤的原理图。粗、

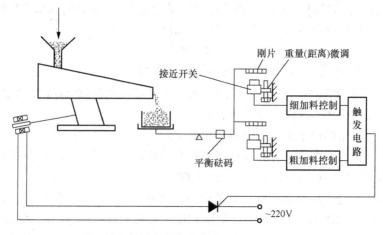

图 5.26   接近开关作为传感器的间歇称量秤

细加料的微调可由改变接近开关端面与钢片间的距离来实现。

（2）电容式接近开关

图 5.27 是原理示意图。电容式接近开关的测量头通常是构成电容器的一个极板，而另一个极板是物体的本身，当物体移向接近开关时，物体和接近开关的介电常数发生变化，使得和测量头相连的电路状态也随之发生变化，由此便可控制接近开关的接通和关断。电容传感器能检测金属物体，也能检测非金属物体，对金属物体可以获得最大的动作距离，对非金属物体动作距离决定于材料的介电常数，材料的介电常数越大，可检测的动作距离越大。

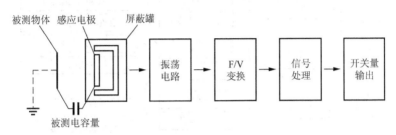

图 5.27　电容式接近开关原理示意图

（3）光电式接近开关

电容式接近开关是利用被检测物对光束的遮挡或反射，加上内部选通电路，来检测物体有无的。物体不限于金属，所有能反射光线的物体均可被检测。光电开关将输入电流通过发射器转换为光信号射出，接收器再根据接收到的光线强弱或有无对目标物体进行探测。多数光电开关选用的是波长接近可见光的红外线光波型。它分为漫反射式、镜反射式和对射式三种。

漫反射式光电开关是集发射器和接收器于一体的传感器。

镜反射式光电开关也集发射器和接收器于一体，发射器发出的光线经过反射镜反射回接收器。

对射式光电开关的发射器和接收器在结构上相互分离，沿光轴相对放置，发射器发出的光线直接进入接收器。

用容积法计量包装的成品，除重量要求有一定的误差范围，一般还对充填高度有规定的要求，以保证商品的外在美观，对于不合充填高度的成品将不允许出厂。图 5.28 所示为借助对射式接近开关充填高度的原理，当充填高度 h 的偏差太大时，光电接头没有电信号，即由执行机构（如电磁铁、电磁阀等）将该包装物品推出另行处理。

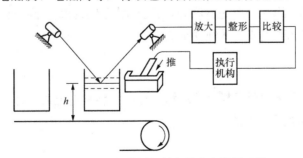

图 5.28　用光电检测控制充填高度的原理图

5.4 执 行 机 构

执行机构是检测与控制系统中的重要机构，它能根据控制信号的内容，产生预定的输出力、运动方向和停止位置等。在执行机构中，直接受信号控制并执行信号指令的元件是执行元件，它是执行机构中的关键部件。根据使用能量的不同，常见执行元件的种类如图 5.29 所示。

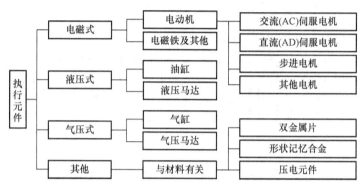

图 5.29　执行元件的种类

电磁式是将电能变成电磁力，用电磁力驱动执行机构运动的。液压式是先将电能变换成液压能，并用电磁阀改变压力油的流向驱动液压执行机构，从而使它运动的。气压式与液压式原理相同，但介质是气体。其他类执行元件与使用材料有关，如双金属片，形状记忆合金或压电元件等。

执行元件要做到动作灵敏、反应迅速、稳定可靠、易于控制，就要求它惯性小，动力大，体积小，重量轻；易安装，好维修；能用计算机控制。

下面仅介绍自动机中常见的几种电磁式执行元件。

5.4.1　电磁铁

电磁铁是在直线式执行机构中最简单和价廉的一种，但动作速度无法控制，冲击较大，行程较小，输出力有限，所以多用于作用力不大，行程较短，要求两个位置的场合。事实上，所有的电控阀都装有电磁铁作为一次执行元件。

电磁铁有交流和直流两种。交流牵引电磁铁因是交流供电，为了减少磁滞及涡流损耗，铁心均用硅钢片叠成。线圈一般是并联的。直流螺管式电磁铁，因是直流供电，无磁滞与涡流损耗，铁心可用低碳钢或工业纯铁制成。

5.4.2　电磁离合器

电磁离合器常用来将电信号转换成机械动作，如将轴连上或断开。根据两轴的耦合方式，介绍两种常用的电磁离合器。

1. 盘式电磁离合器

盘式电磁离合器的结构原理如图 5.30 所示。7 为输入轴，其上装有可轴向滑动的右盘 6，在吸引线圈 4 中无电流通过时，右盘借助弹簧 8 的弹力作用而与左盘 5 脱开。装有吸引线圈 4 的左盘固定在输出轴 1 上，并有 2、3 两滑环将线圈与控制电路（图中未画）相连接。吸引线圈未通电时，输入轴旋转而输出轴不转。吸引线圈通电时，电磁力将右盘吸向左盘，依靠两盘间的摩擦力，带动输出轴旋转。如将输出轴固定，则可用此离合器对输入轴起制动作用。

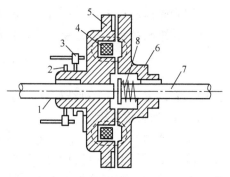

图 5.30　盘式电磁离合器的结构原理

1—输出轴　2、3—滑环　4—线圈　5—左盘　6—右盘　7—输入轴　8—弹簧

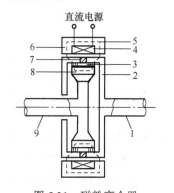

图 5.31　磁粉离合器

1—输入轴　2—定转子　3—磁粉　4—线圈　5—磁路　6—定子　7—滑环　8—输出转子　9—输出轴

2. 磁粉离合器

如图 5.31 所示力磁粉离合器工作原理图。输入轴 1 与定转子 2 相连，输出轴 9 与转子 8 相连，两转子之间封装着磁粉 3。定子 6 中装有线圈 4。线圈未通电时，由于输入轴转动的离心力作用，使磁粉紧压在定转子 2 的内壁上，而与输出转子 8 之间存在间隙，输出轴 9 不转动。当定子线圈通电时，定子与转子之间形成磁路。如图 5.31 中虚线 5 所示。磁通通过磁粉时，每粒磁粉处于磁化状态，磁粉之间互相吸引和挤压，因此带动输出轴 9 转动。

磁粉离合器传递扭矩的大小可通过调节定子电流来调节。它可用于通、断、张力、位置、速度及制动的控制。

5.4.3　伺服电机

在自动称量和商标光电定位等装置中常要采用能根据控制信号改变转速的伺服电机。它与普通的交直流电机的差别在于，能用简单的方法获得与输入信号相对应的转速变化，反应灵敏，适用于频繁启动、变速、反转、停止等场合。因此，伺服电机在结构和性能上都有许多特点：空载时单相供电能自制动，机械特性的非线性度较小（为 10%～15%），转矩保持恒定的条件下转速与控制信号成正比，控制信号恒定的条件下转矩与速度成反比，控制相单位输入功率的启动转矩大，电机时间常数小，启动电压低，耐过载、冲击与振动，以及环境适应能力强等。

按所用电源种类分，有直流与交流伺服电机两大类。

1. 直流伺服电机

直流伺服电机有两个绕组：电枢绕组及励磁绕组。按励磁方式可分为他励式、并励式及串励式。如图 5.32 所示为他励式伺服电机接线图。

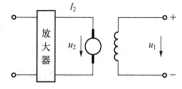

图 5.32　他励式伺服电机接线图

它的励磁绕组和电枢绕组分别由两个独立的电源供电，通常采用电枢绕组作为控制绕

组，即励磁电压 u_1 一定，它所产生的磁通 Φ 也是定值，而将控制电压 u_2 加在电枢绕组上。转速、转矩与控制电压三者之间的关系为

$$n = \frac{u_2}{K_E \Phi} - \frac{R_a}{K_E K_M \Phi^2} M \tag{5.8}$$

式中，K_E，K_M 为与电机结构有关的常数；Φ 为励磁磁通；u_2 为控制电压；R_a 为电枢绕组电阻；M 为负载扭矩。

由上式可知，K_E、K_M、R_a 为常量，当 u_2 不变时，Φ 也不变，此时在 M 不变的情况下，改变 u_2 即可改变电机转速 n。当控制电压 $u_2 = 0$ 时，电机马上停转；当 u_2 改变方向时，电机马上反转。利用这种电枢电压控制方法，可得到启动转矩大、阻尼效果好、响应快及线性度好的结果。一般调速范围可达 1：50。

值得一提的是，在直流伺服电机中，有一种宽调速直流电机（俗称大惯量电机），是在 20 世纪 70 年代发展起来的新型驱动元件，它在数字控制伺服系统中广泛应用。它的速比范围可达 1：10000。

2. 交流伺服电机

交流伺服电机就是两相异步电动机，如图 5.33（a）所示为具有杯形转子 5 的交流伺服电机结构图，其外定子 4 上装有两个绕组，一个为励磁绕组 1，一个为控制绕组 2。装设内定子 3 是为了减小磁路的磁阻。

图 5.33（b）为该交流伺服电机的接线图。u_c 和 u_f 同频率，但相位相差 90°，因此在旋转磁场的作用下，转子就旋转起来。当 u_f 一定而控制电压 u_c 变化时，转子的转速就相应变化。控制电压大，电机转得快；控制电压小，电机转得慢。当控制电压反相时，旋转磁场和转子也都反转。因此控制了控制电压的大小和方向就控制了电机的转速大小和方向。当控制电压 $u_c = 0$ 时，电机立即停转。

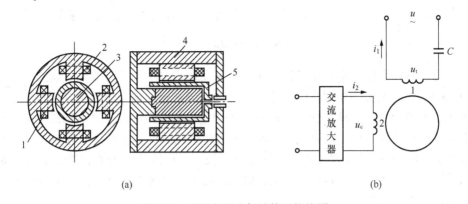

(a)   (b)

图 5.33 交流伺服电机结构及接线图

1—励磁绕组 2—控制绕组 3—内定子 4—外定子 5—转子

交流伺服电机和直流伺服电机相比，有其独特的优点。直流伺服电机具有电刷和整流子，尺寸较大且须经常维修，受使用环境影响；而交流伺服电机则采用了全封闭无刷构造，结构紧凑、外形小、重量轻（只有同类直流伺服电机的 75%～90%），环境适应能力强，不需经常检查与维修。

5.4.4　步进电机

伺服电机虽然比一般电机能接近完全忠实地执行命令，但它在转速低于 15～30r/min 时的运行就很不稳定，停位精度也不高。步进电机则可以将输入的数字信号，精确地转化为与之成比例的位移，获得准确的速度和位移量，而且调速范围广，能稳定地在 1～2r/min 下运行，无过冲和振荡现象，是一种最理想的伺服机构。

步进电机是一种将电脉冲信号转换为线位移或角位移的执行元件。一般电机是连续转动的，而步进电机则是每当电机绕组接收到一个电脉冲时，转子就转过一个相应的角度（称为步距角）。低频运行时，明显可见电机转轴是一步一步地转动的，因此称为步进电机。

步进电机按励磁方式分反应式（亦称可变磁阻式）、永磁式和感应子式，其中反应式应用较多。

如图 5.34 所示为四相反应式步进电机工作原理图。定子上有 8 个均匀分布的磁极，磁极上有绕组，8 个磁极分成 4 对（称为四相），每个极上有 5 个小齿。转子上无绕组，但有 50 个均匀分布小齿。定子与转子小齿齿距角相等，但与每对定子小齿位置相差 1/4 齿角。当 A 相通电（B、C、D 相不通电）时，产生 A-A′轴线方向的磁通，并通过转子形成闭合回路，这时 A、A′就成为磁铁的 N、S 极，在磁场作用下，A、A′极的小齿与转子的小齿对齐，而 B、B′极上的小齿则与转子小齿差 1/4 齿距角。C、C′极则相差 1/2 齿距角，D、D′极相差 3/4 齿距角。当切断 A 相而只给 B 相通电时，转子就会逆时针转过 1/4 齿距角，使转于小齿与 B、B′极小齿对齐。若电机 4 对定子按 A—B—C—D—A 顺序依次通断电，转子就会逆时针一步一步旋转。步距角为 $\theta = \dfrac{360°}{50 \times 4} = 1.8°$（相当于 1/4 齿距角）。若按 A—D—C—B—A…顺序通断电，则转子就会顺时针一步一步旋转。

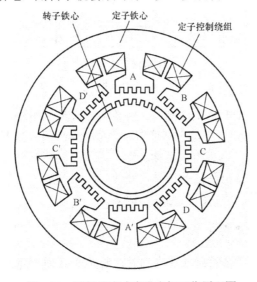

图 5.34　四相反应式步进电机工作原理图

从一相通电换接到另一相通电称为一拍，上述换接四次完成一个通电循环称为四相单四拍运行方式。

改变通电方式，还可获得其他运行方式。如按 AB—B—C—D—AB…两极两极同时顺序依次通断电，称为四相双四拍运行方式，其步距角仍为 1.8°。如按 A—AB—B—BC—C—CD—D—DA—A…顺序通断电，称为四相八拍运行方式，其步距角为 0.9°（1/8 齿距角）。

在实际应用中，要求步进电机有较小的步距角，常用的有 3°、1.5°、0.75°等。为了获得较小的步距角，除增加转子与定子的齿数外，还可采用多极型（轴向分相型）的方法。

步进电机转过的总角度与输入的脉冲数成正比，而它的转速则与脉冲频率成正比。步进电机一般用于开环伺服系统，也可用于闭环伺服系统。由于步进电机控制简单，定位精度较高，成本低，目前在机电一体化自动机中应用广泛。

5.5 控制系统实例

5.5.1 塑料薄膜位置控制系统

如图 5.35 所示为某包装机的塑料薄膜位置控制系统原理图。塑料薄膜卷筒 4 上印有商标和文字，并印有定位用的色标。包装时要求商标及文字定位准确，不得将图案在当中切断。

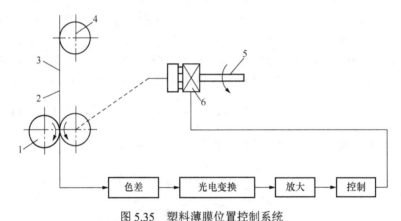

图 5.35 塑料薄膜位置控制系统

1—进给轮 2—定位色标 3—薄膜 4—塑料薄膜卷筒 5—机器主轴 6—电磁离合器

薄膜上商标的位置由光电系统检测，并经放大后去控制电磁离合器 6。薄膜上的色标（不透光的一小块面积）未到达定位色标位置时，光电系统因投光器的光线能透过薄膜而使电磁离合器 6 有电而吸合，薄膜得以继续运动。薄膜上的色标到达定位色标位置时，因投光器的光线被色标挡住而发出到位信号，此信号经变换放大后使电磁离合器断电脱开，薄膜就准确地停在该位置，待切断后再继续运动。

5.5.2 牙膏灌装机商标对准控制系统

牙膏在槽装过程中，牙膏管尾端在夹扁时，其平面必须与商标一致［图 5.36（a）］，以达到较高的外观质量。

如图 5.36（b）为牙膏灌装机上的商标对准控制系统。该系统采用光电控制。当灌装好的牙膏送到牙膏管尾端夹扁工位时，凸轮通过杠杆将牙膏带底座从支架 2 上托起，由步进电机 4 带动慢速成旋转，当牙膏管上的印刷标记 3（代表商标位置）与光电接头对准时，有色标记将无反射光，光电接收头即发出信号，通过放大、整形后，控制步进电机 4 迅速停止转动，在此位置进行牙膏管尾夹扁即能与商标在同一平面上。

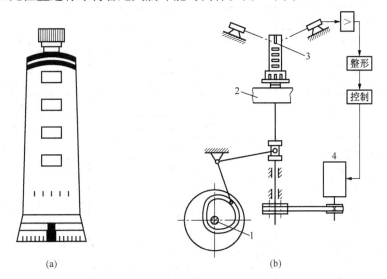

图 5.36　牙膏灌装机上的商标对准控制系统

1—分配轴　2—支架　3—印刷标记　4—步进电机

5.5.3　回转式贴标机控制系统

如图 5.37 所示为 PH 24-8-6 型回转式贴标机控制系统示意图。瓶子经进瓶装置 1、进瓶星轮 9 在夹标转鼓 2 处贴上商标，再经托瓶台 6、出瓶星轮 8、出瓶装置 7 而完成贴标工艺过程。为了保证上述工艺过程完全自动完成，需要有可靠的控制系统。图中圆圈中的字号代表了控制系统中各电气控制元件的序号，各电气控制元件代号、名称及功能如表 5.3 所示。

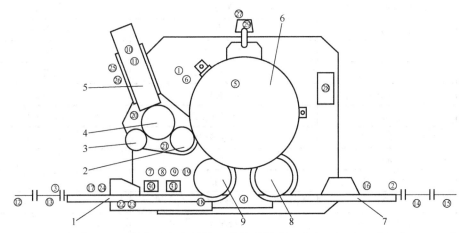

图 5.37　回转式贴标机控制系统示意图

1—进瓶装置　2—夹标转鼓　3—上胶转鼓　4—取标转鼓

5—标盒　6—托瓶台　7—出瓶装置　8—出瓶星轮　9—进瓶星轮

表 5.3　各电气控制元件代号、名称及功能

序　号	原理图上代号	名　　称	功　　能
1	2M3	交流电动机 4kW	主传动
2	2M2	交流电动机动 1.5kW	出瓶输送带
3	2M1	交流电动机动 1.5kW	进瓶输送带
4	3M1	交流电动机动 0.25kW	润滑油泵
5	3M2	交流电动机动 0.18kW	高度调节
6	2YB1	制动器	主传动制动
7	8YV1	电磁阀	机头锁紧
8	8YV5	电磁阀	刮刀
9	8YV2	电磁阀	止瓶器
10	8YV3	电磁阀	标盒
11	8YV4	电磁阀	打印
12	4SQ3	接近开关	进瓶检测（1）
13	4SQ4	接近开关	进瓶检测（2）
14	4SQ5	接近开关	出瓶检测（1）
15	4SQ6	接近开关	出瓶检测（2）
16	5SQ1	光电开关	出瓶堵塞
17	5SQ2	接近开关	缺瓶检测
18	5SQ3	接近开关	瓶位检测
19	4SP1	压力继电器	气压检测
20	4SQ1	行程开关	护门检测（1）
21	4SQ2	行程开关	护门检测（2）
22	5SQ4	接近开关	标盒脉冲
23	5SQ5	接近开关	打印脉冲
24	4SB1	按钮	缺瓶复位
25	3XS1	电源插座	胶水泵电源
26	9SB1	自锁式急停按钮	过流，急停
27	9SB2	自锁式急停按钮	过流，急停
28	X4	操作箱	
29	X5	操作箱	
30	X6	接线盒	
31	X7	接线盒	

　　本机控制系统工作原理为：主传动和进、出瓶装置的输送带的电机均由智能化的变频器 2A1 进行同步控制。机器的实时运行速度是通过进、出瓶装置的输送带上的瓶流检测开关（接近开关）4SQ3、4SQ4、4SQ5、4SQ6 对机器在生产过程中的速度进行自动控制。

　　机器的贴标生产过程由 FX2 系列可编程序控制器进行自动控制。当机器处于正常运行时，生产过程的各动作均按照可编程序控制器中的程序存储器 EEPROM 的用户程序，自动

依次完成对瓶子的止瓶器控制、自动取标、日期打印等整个生产过程的动作。

机器的生产过程的自动控制，是基于可编程序控制的位移控制。其工作原理为：机器运转时带动一扇形金属片同步旋转，每旋转一圈相当于瓶子移动一个瓶子位置。此旋转的扇形金属感应片对接近开关 5SQ4 进行扫描，产生一连串的脉冲信号，此信号就是机器的节拍信号。

也就是瓶子的移位信号。移位控制的数据输入信号，是由位于进瓶螺旋上的瓶位检测开关 5SQ3 对酒瓶的盖子的金属部分的感应而产生的，从而判断有无瓶子在贴标机入口处。当有瓶子进入到瓶位检测开关下面时，相应的瓶子的瓶盖的金属部分正好感应其感应面，使该感应开关有感应输出信号。

当瓶子进入机器后，瓶位检测开关 5SQ3 检测到瓶子信号，此信号在开关 5SQ4 产生的一连串的移位信号作用下，将依序向左进行移位，并在某一瓶位处发出信号，去控制相应的电磁阀动作，完成瓶子从贴标到日期打印的整个生产的动作过程。

5.5.4 光电式边缘位置检测纠偏装置

在包装、印染、造纸、胶片、磁带、塑料薄膜等卷带生产和使用过程中，容易发生卷带材跑偏。卷带材跑偏时，边缘常与传送机械发生摩擦和碰撞，易出现卷边，造成废品。图 5.38 为光电式边缘位置检测纠偏装置原理图。7 为光电检测器（可购件），它由光源 8、透镜 9、透镜 10、光敏电阻 11 和遮光罩 12 等组成。光源 8（聚光灯泡光、LED 或激光等）发出的光线，经透镜 9 会聚为平行光束投向透镜 10，再进一步聚会光敏电阻 11（即 R_1）上，在平行光束达到透镜 10 的途中，有部分光线受到卷带材 1 的遮挡，从而使达到光敏电阻 11 的光通量 Φ 减少。安装调试光电检测器 7 时，当卷带材处于正确位置（中间位置）时，卷带材正好遮住一半平行光束。当带材左偏时，遮挡平行光束减少，光敏电阻 11 得到光通

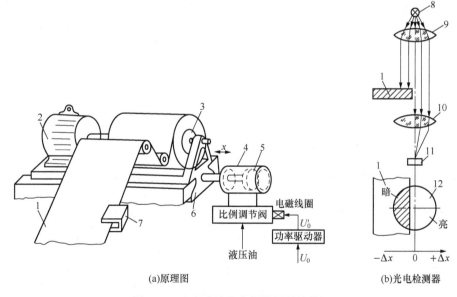

(a)原理图　　　　　　　　(b)光电检测器

图 5.38 光电式边缘位置检测纠偏装置

1—被测卷带材　2—卷取电机　3—卷取辊　4—液压缸　5—活塞　6—滑台　7—光电检测器
8—光源　9—透镜　10—透镜　11—光敏电阻　12—遮光罩

量 Φ 增加，其阻值减少，该信号将通过 U_0 传入电磁线圈和比例调节阀，使活塞 5 带动带材向右移动跑正；当带材右偏时，遮挡平行光束增多，光敏电阻 11 得到光通量 Φ 减少，其阻值增加，该信号将通过 U_0 传入电磁线圈和比例调节阀，使活塞 5 带动带材向左移动跑正。

思考练习题

1. 控制系统一般由哪几部分构成？每一部分有何作用？
2. 控制系统如何分类？
3. 检测装置中常用的传感器有哪些？各有何特点？
4. 自动机与自动线中常用的执行元件有哪些？各有何特点？
5. PLC 由哪几部分组成？各部分起何作用？
6. PLC 采用哪种工作方式？有什么特点？
7. PLC 有哪些编程语言？各有什么特点？
8. 举例说明你所知道的自动机或自动线的自动控制系统的控制原理。

第 6 章

几种典型自动机

在前面几章里，主要介绍了自动机与自动线的基本知识理论、自动机的常用装置以及检测与控制基本知识。本章作为前几章知识的综合运用，介绍几种典型的自动机，这些自动机具有技术先进、应用广泛等特点，弄明白其工作原理及结构特点，会起到举一反三的作用。

6.1 ZP·BT120/20 型液体灌装压盖机

6.1.1 概述

目前我国大中型啤酒生产企业所使用的液体灌装压盖机，规格已呈系列化趋势，其灌装阀工位数（也称灌装头数）以 48 头、60 头、72 头、84 头较为常见，大型企业使用灌装头数达 156 头，压盖机与灌装机呈一体化机型布置，压盖工位数一般为灌装头数的 1/6～1/5，无菌灌装压盖机需在灌装前增设冲洗瓶部分，冲洗瓶工位数一般为灌装头数的 0.8～1 倍。随着机电一体化技术的发展和应用，其控制系统大多数采用计算机编程控制、人机界面显示，实现故障在线诊断，设备运行更加智能化，操作灵活方便、安全，进一步提高生产效率，减轻劳动强度。

本节将以 ZP·BT120/20 型啤酒灌装压盖机为例，着重介绍其工作原理、主要结构特点等基本知识。

6.1.2 主要技术特征及工作原理

1. 主要技术特征

ZP·BT120/20 型灌装压盖机用于啤酒、含有 CO_2 气体的瓶装饮料及皇冠盖的压盖封口，它具有二次预抽真空性能，是以 CO_2 气体作背压的等压灌装压盖机，其灌装部分主体结构如图 6.1 所示。

本机主要技术参数如下。

公称生产能力：（640ml 啤酒瓶）40000 瓶/h。

灌装头分布圆直径：$\phi 3600mm$；压盖头分布圆直径：$\phi 600mm$。

灌装头数：120 个；压盖头数：20 个。

适用瓶型：瓶高 130～350mm；瓶径 $\phi 52\sim 82mm$。

适用瓶盖：GB 4544—84 皇冠盖。

灌装温度：0～4℃；灌装压力：$1.4 \times 10^5 \sim 3.5 \times 10^5$ Pa。

压缩空气消耗量：10 m³/h。

无菌空气消耗量：9 m³/h。

CO_2 气体消耗量：0.25×10^{-2} kg/L。

去除碎玻璃耗水量：0.6 m³/h。

整机总功率：45kW。

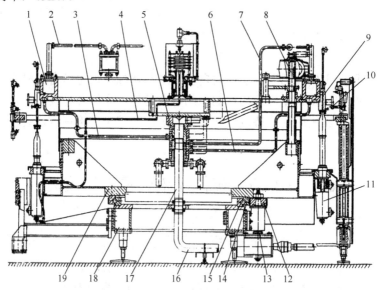

图 6.1　灌装压盖机灌装部分总体结构简图

1—环形酒缸　2—预充气管　3—等压灌注充气管　4—瓶托压缩空气管　5—分配头

6—回气管　7—平衡气压管　8—高度调节装置　9—灌装阀　10—灌装阀控制装置　11—瓶托装置

12—齿轮　13—传动机构　14—齿圈　15—滚动轴承　16—进料管　17—中心管　18—机座　19—回转台

2. 工作原理

如图 6.2 所示是 ZP·BT120/20 型灌装压盖机灌装阀的工艺流程图。

图（a）为预抽真空。瓶内压力逐渐下降，压力变化呈Ⅰ区域内所示曲线状态。

图（b）为充气等压。瓶内压力逐渐升高，直到上升至灌装时的等压要求，压力变化呈Ⅱ区域内所示曲线状态。

图（c）为灌装排气。装料期间瓶内压力始终保持在等压条件下，压力曲线呈Ⅲ区域内所示直线状态。

图（d）为液满卸压。灌装结束，瓶内充满一定量的物料，瓶颈部分气体被缓慢卸出，瓶内压力呈Ⅳ区域内所示曲线状态。

图 6.3 是容器（瓶子）运行路线示意图。本机按照图示运行路线，围绕灌装阀的工艺流程完成其工作过程：清洁干净的空瓶从生产线的输瓶带上被送进本机的螺旋分瓶输送器，按一定的间距被分隔后送入进瓶星轮，由匀速回转的进瓶星轮将瓶子拨送到灌装机的托瓶气缸上，托瓶气缸与灌装阀同速回转，且一一对应分布。托瓶气缸在压缩空气的作用下将空瓶抬起，使灌装阀中心管插入空瓶内，由定中装置定位，空瓶对准灌装阀完成预抽真空—

充气等压-灌装排气-液满卸压的工艺顺序。整个灌装过程完成后，迫降凸轮将托瓶气缸压下，灌好料的实瓶经中间星瓶被拨送到压盖机的瓶托上，由压盖机完成封盖作业，最后由出瓶星轮将实瓶送出本机，进入出瓶输送带上，送入生产线的下一工序。

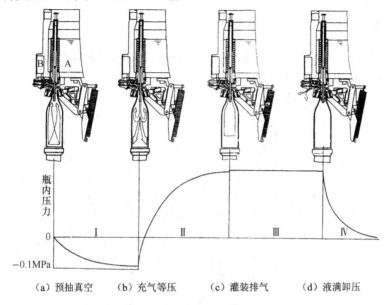

（a）预抽真空　（b）充气等压　（c）灌装排气　（d）液满卸压

图 6.2　灌装阀工艺流程示意图

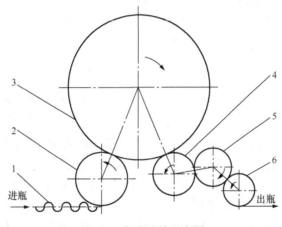

图 6.3　瓶流路线示意图

1—螺旋输瓶器　2—进瓶星轮　3—灌装主体　4—中间星轮　5—压盖主体　6—出瓶星轮

6.1.3　主要组成结构

通常，将灌装压盖机分为四大部分，不同机型略有差异。

1）灌装主体部分：包括灌装阀、托瓶气缸、定中装置、供料装置、贮液缸、回转台、高度调节装置等。

2）压盖主体部分：包括压盖机体、压盖头、搅拌理盖器、瓶盖通道、反盖纠正器、供盖系统等。

3）控制部分：包括电气控制和气液控制部分，分别安装在电控柜和气液控制柜中。

4）工作台部分：工作台面上部安装拨瓶星轮组件，包括进瓶星轮、中间星轮、出瓶星轮、螺旋分瓶输送器、止瓶星轮装置、输瓶链道组件等；工作台面下部安装主传动系统、安全离合系统、润滑系统等。

下面对其主要零部件的结构特点加以介绍。

1. 传动系统

图 6.4 是 ZP·BT120/20 型灌装压盖机的传动系统示意图，该机由双动力驱动，采用 PLC 和变频调速控制，实现整机的同步运行工作。

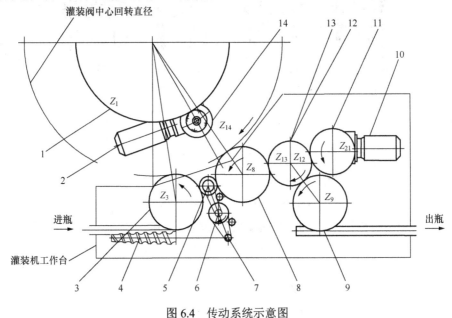

图 6.4　传动系统示意图

1—大齿轮　2—灌装体电机　3、8、9、11~13—齿轮　4—螺旋分瓶输送器
5、6—同步带轮　7—中间传动轴　10—压盖体电机　14—小齿轮

灌装机主体由带有减速器的电机 2 驱动，小齿轮 14 安装在减速器的输出轴上，与大齿轮 1 啮合传动，由大齿轮 1 带动灌装机主体部分运动；压盖机主体由带有减速器的电机 10 驱动齿轮 11，齿轮 11 与齿轮 12 啮合带动压盖机运动；齿轮 13 与齿轮 12 同轴安装，由齿轮 13 分别驱动齿轮 8 和 9，带动中间星轮和出瓶星轮回转；齿轮 8 驱动与带轮 5 同轴安装的另一小齿轮，驱动齿轮 3 运动，由齿轮 3 带动进瓶星轮回转；螺旋分瓶输送器 4 的动力来自于同步齿形带 5 及 6 和中间传动轴 7。

整机的进出瓶输送带要与灌装主体运行保持同步，由螺旋分瓶输送器轴通过锥齿轮及一对正齿轮驱动，该正齿轮安装在工作台面之上的进瓶传动装置内（图中未画出）。

生产能力比较小的灌装压盖机，由于灌装阀工位数较少，整机外形小，灌装部分和压盖部分通常采用同一可调速电机带动，经过一级皮带轮传动，再经蜗杆蜗轮减速后由齿轮按照一定的传动比传动到各个执行机构。

2. 灌装阀

灌装阀是灌装压盖机的核心部件，其性能的好坏关系到机器能否正常而高效的工作。它可分为长管式三室等压灌装阀、短管式预真空阀和电子控制阀，常见使用的灌装阀是短管式预真空阀，图 6.5 所示是其结构简图。

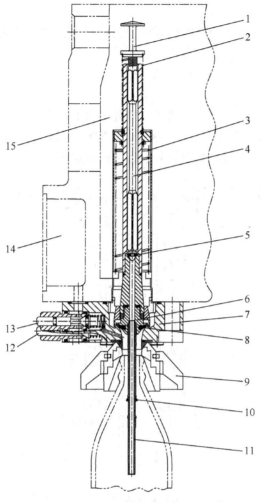

图 6.5　灌装阀结构简图

1—气阀托叉　2—气阀弹簧　3—液阀弹簧　4—气阀杆　5—气阀密封　6—液阀芯　7—阀座　8—液阀密封

9—对中罩　10—分流环　11—回气管　12—卸压阀　13—真空阀　14—真空室　15—贮液缸

灌装阀的灌注工艺过程如下。

1) 预抽真空：瓶子由托瓶装置升起，瓶口紧压对中罩 9，真空阀 13 受操纵机构作用打开，将瓶子与真空室 14 连通，使瓶内空气排出。

2) 充气等压：灌装阀中的气阀托叉 1 受操纵机构作用提升，将气阀杆 4 上提，开启气阀通道，贮液缸中的压力气体（CO_2 气体）通过气阀被充入瓶内，当瓶内的压力与贮液缸液面上的压力相等时，即实现等压条件。

3) 灌装排气：在等压状态下，液阀弹簧 3 自动打开液阀芯 6，料液靠自重沿中心管外壁灌入瓶内，同时瓶内气体被置换从回气管 11 返回贮液缸，这一过程即灌装排气。

4) 液满卸压：当注液量达到一定位置封住中心管下端时，由于连通的作用，料液沿回气管上升一小段直至达到平衡。此时，卸压阀 12 受操纵机构作用打开阀门，卸除瓶内残留压力气体，使其降至常压，注液过程即完成。卸压的目的是为了防止液阀被关闭后，在瓶口离开灌装阀的瞬间，瓶内液面上的残留气体因瞬间压力变化太大，将液体压出或发生喷溢现象。

分流环 10 也叫梳酒罩，其作用是灌注时将料液分散，使其均匀地沿瓶壁进入瓶内，否则料液会出现起泡现象，影响正常灌装。

3. 供料装置

供料装置主要由环形贮液缸、分配头、液面控制浮阀等组成。灌装机工作时，环形贮液缸做回转运动，而输料管固定安装，因此，分配头在料液的正常供送和气路转换过程中起着关键的作用，图 6.6 是供料装置的分配头结构示意图。

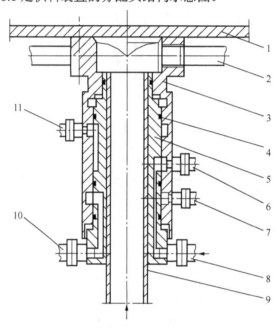

图 6.6　供料装置的分配头结构示意图

1—料缸底盘　2—输料液支管　3—管座　4—密封圈　5—导流套　6—平衡气管
7—回气管　8—进气管　9—输料液中心管　10—回气总管　11—充气管

如图 6.6 所示料缸底盘 1 和管座 3 固连，管座与贮液缸一起回转，导流套 5 和输料液中心管 9 固连，并安装在固定机座上，导流套与管座内孔采用动配合，管座旋转时，可与导流套上加工的环道相互配合，实现气体通道的连通和转换。设置多层橡胶密封圈目的是为了防止液料和气体的外流和相互渗透。料液由中心管 9 自下而上送入，由连通在管座上的几根支管 2 流入环形贮液缸。压入气体由进气管 8 送入，经过导流套内的孔道及管座内孔的环道后分两路，一路经充气管 11 进入背压气室，用作灌装充气；另一路经平衡气管 6 输出，作为预充气及控制浮球阀用气。预充气是含气液体供送到环形贮液缸之前，首先以 CO_2 气体（或无菌气体）注入贮液缸，在缸内建立一定的压力状态，否则，液态料注入缸内时会由于压力突降而大量起泡，产生大的波动。

当贮料缸内预充气压力达到设定值时，预充气阀关闭，输料阀门开启，料液经由输料液中心管送入贮料缸。为了保证灌装过程缸内液面始终保持在一定的高度，在贮料缸内设置有高、低位液位浮球阀控制装置，如图 6.7 所示。

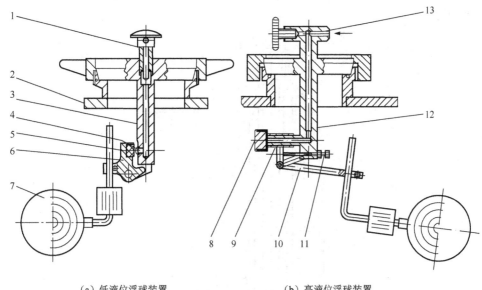

（a）低液位浮球装置　　　　　　　　（b）高液位浮球装置

图 6.7　贮液缸液位控制装置

1—排气孔　2—料缸盖　3—排气阀体　4—气嘴　5—密封胶　6—摆臂

7—浮球　8—密封件　9—滑套　10—摆杆　11—调节螺杆　12—进气阀体　13—进气孔

高液位浮球通过摆杆 10 与滑套 9 相连，浮球升降可以使滑套移动，带动密封件 8 开启或关闭进气孔道；低液位浮球 7 通过摆臂 6 带动密封胶 5，浮球升降可控制密封胶关闭或开启气嘴 4。当缸内液面过高即进液量过多，说明缸内气量减少、气压力偏低，此时高位控制浮阀因上升而打开进气阀，使气体经进气阀注入贮液缸，缸内气压即上升，阻止过量进液；如果缸内液面过低即进液量过少，说明缸内气量增加、压力偏高，此时低位控制浮阀即打开放气阀，将缸内部分气体排放出去，缸内气压随即下降，增大进液量，缸内液面即上升。

供料系统的输液管采用圆形不锈钢管，其内径可以根据下式求得：

$$d = \sqrt{\frac{4q_v}{\pi\mu}} \tag{6.1}$$

其中　　　　　　　　　　　$q_v = (m_b \times Q_{max}) / (3600 \times \rho)$

式中，d 为输液管内径（m）；q_v 为料液在管内的体积流量（m^3/s）；μ 为料液在管内的流速（m/s），根据资料手册查取；m_b 为每瓶灌装液体的质量（kg/瓶）；Q_{max} 为灌装机最大生产能力（瓶/h）；ρ 为灌装液料的密度（kg/m^3）。

根据式（6.1）计算的结果，要根据圆形不锈钢管的规格圆整取标准值。

4. 托瓶装置

ZP·BT120/20 型灌装压盖机的瓶托装置采用气动与机械组合式结构，也叫托瓶气缸。它按照一定的程序将瓶子托起，使瓶口与灌装头紧密接触进行灌装，装料完毕使瓶子下降并与灌装头脱离，因此，灌装机在工作过程中，托瓶装置必须运行平稳、准确、安全。

图 6.8 是托瓶装置结构简图，其主要由滚轮夹持器 3、外缸体 4、内缸体 5、导套 6、V 形环 7 及托瓶板 8 等零件组成。内缸体用螺帽 2 固定在压缩空气环 1 上，外缸体的上部装有瓶托板 8，可沿内缸体上部的导套 6 滑动，滚轮夹持器 3 及其上的滚轮与另一件导套固

定在缸体 4 的下端。

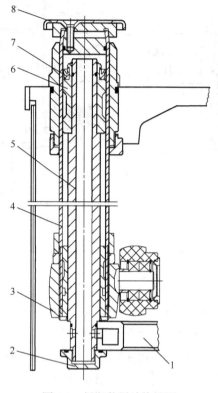

图 6.8　托瓶装置结构简图

1—压缩空气环　2—螺帽　3—滚轮夹持器　4—外缸体　5—内缸体　6—导套　7—V 形环　8—托瓶板

升瓶动作由压缩空气输入气环 1 来实现：压缩空气由底部的气孔进入内缸体 5 的中心孔，推动外缸体 4 沿导套 6 向上滑动的同时，使瓶托板 8 向上移动，即升瓶；升瓶动作维持到灌装完成为止，随着灌装主体的回转，进入降瓶区，此区间的下降动作靠机械控制，由安装在机台上的凸轮（图中未画出）压下与缸体相连接的滚轮来实现，同时，缸体内的压缩空气经内缸体的中心孔被压回到压缩空气环中，又用来提供给正在上升的托瓶气缸，压缩空气如此循环使用。

托瓶气缸的润滑很重要，通常大约每 10 个托瓶缸有 0.1 升的油量注入气环内，在其中一个托瓶气缸的托瓶板上开有油孔，该油孔用圆柱头螺钉密封，润滑油就是从该孔灌入。每周需更换一次，换油之前，气环内的残留废油从气环下部的开口排放掉。

5. 送盖理盖及压盖头装置

含气液体装入瓶子后必须立即进行封口，ZP·BT120/20 型灌装压盖的压盖机部分和灌装部分设计成一体化机型，采用皇冠盖压封。压盖部分主要由瓶盖搅拌器、理盖器和压盖头等部件组成，图 6.9 是瓶盖搅拌器结构简图。

皇冠盖由输送机送入盖仓 18，进入搅拌器中，搅拌器的调速电机 1 经一对同步齿形带轮 2 和 3 将动力传动到轴 5 上，轴 5 安装在支座 4 上，在轴的左端装有小齿轮 7，与大齿圈 8 啮合传动，滚筒轴 13 与大齿圈连接在一起，将运动传动到滚筒轴上，带动滚筒 9 和转盘 10 回转；滚筒轴的搅拌速度随着灌装机的速度可以调节。转盘 10 用一个可以拆卸的销

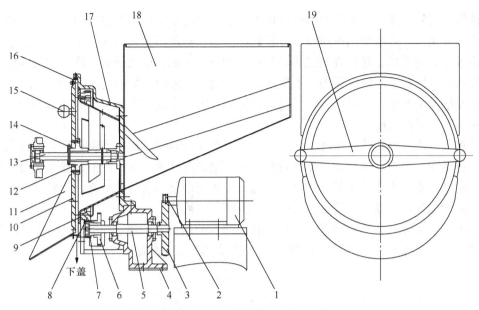

图 6.9　瓶盖搅拌器结构简图

1—电机　2—小带轮　3—大带轮　4—支座　5—轴　6—带轮　7—小齿轮　8—大齿圈　9—滚筒　10—转盘
11—防尘板　12—轮毂　13—滚筒轴　14—销钉　15—手柄　16—拨条
17—滚筒外壳　18—盖仓　19—滚筒支承

钉 14 固定在传动轴上，清洗和排空盖斗时，拆下销钉，向前拉动手柄 15 即可。瓶盖经滚筒和转盘之间的间隙进入安装在下部的理盖器中（图中未画出），经定向理盖后进入瓶盖滑道，最后被送至压盖头。带轮 6 用来驱动瓶盖通道处安装的齿形被动轮，该轮的作用是使皇冠盖顺利流通。

压盖头的最末槽端，安装一个接近开关，缺盖情况下发出信号，灌装机会自动停机。在瓶盖通道处接有两条压缩空气管道，一条连接到瓶盖通道槽上，加速瓶盖在槽内流动，另一条连接到通道槽的末端，以便将瓶盖吹到压盖头内。

如图 6.10 所示的压盖头共 20 个均匀布置安装在压盖机的回转体上，由凸轮控制压盖头的上下运动，凸轮安装在压盖机体上部的固定部件上，压盖头的底部装有磁铁。

当已注液的瓶子从灌装机的中间星轮被传送过来后，压盖头已从瓶盖输送通道槽里取得一个瓶盖，受磁铁 6 的磁力作

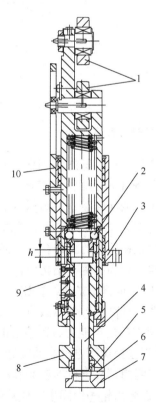

图 6.10　压盖头

1—滚轮　2—钢球　3—联结件　4—冲头　5—压盖模　6—磁铁
7—定心环　8—导向套筒　9—滑键　10—导向板

用保持好合适的位置。压盖头部件由滚轮 1 带动，受凸轮的作用下降，定心环 7 将瓶颈准确地导入压盖头，瓶盖便扣在瓶口上并托起冲头 4，随着压盖头的进一步下降，瓶子进入压盖模 5 中，瓶盖的裙边即在压盖模的锥孔作用下压入瓶口的凸缘处，产生弹性和塑性变形，形成机械性勾连，当瓶子的深入量达到预先设定的值后，即中止压盖。随后滚轮 1 沿压盖凸轮槽作上升运动，将压盖头提起，已封好盖的瓶子便被顶出装置的弹簧力推出压盖模，完成整个封盖过程。

压盖头升降时，其导筒外壁上有一个导向滑键 9 沿导板滑动，既保证了压盖头的运动稳定，也保证了定心环 7 的开口始终对准下盖槽输送瓶盖的方向。图中 h 是压盖行程控制间隙，通过调整冲头 4 的位置来调节。压盖凸轮的表面要进行淬火处理，滚轮可以使用合适的带轴轴承代替，以提高精度并减少加工零部件的数量。

如图 6.11 所示，落盖槽底部水平面应较压盖头的瓶盖夹持器入口处高约 0.5mm，落盖槽的伸入量应离开压盖头约 3mm，以利于瓶盖顺利进入压盖头中。

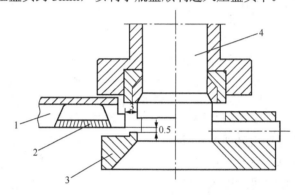

图 6.11　落盖槽与压盖头位置图

1—落盖槽　2—瓶盖　3—瓶盖夹持器　4—压盖头

6. 高度调节装置

灌装容器改变，即产品规格改变时，灌装阀、压盖头和贮液缸之间应进行高度调整，图 6.12 所示是本机的贮液缸高度调节装置结构简图。主动小齿轮 2 安装在调高电机 1 的输出轴上，小齿轮回转驱动大齿圈 3 转动；由大齿圈带动周围的从动小齿轮转动，每一个小齿轮轴就是调高立轴 8，它与贮液缸连接，调高立轴 8 与立柱螺母 7 组成螺旋传动副，立柱螺母 7 固定在机器的工作台上，靠螺杆（调高立轴）与螺母相对运动带动贮液缸升降。

这种自动调高装置在结构设计及制造时应注意以下几点：

1）合理分布调高立轴。根据支撑强度和贮液缸回转台的结构综合考虑调高立轴数量及其分布。图中调高立轴分布数量为 6 个，尺寸 ϕ_A 应根据贮液缸的内尺寸 ϕ_B 确定，而尺寸 ϕ_B 又受到机器的生产能力、贮液缸的容积等其他因素的限制。

2）合理选择调高电机。通常选择带减速机的电机，其数量一般为 1～2 个，输出转速不能太高；考虑调高电机的安装和维修保养方便。

3）保证各齿轮传动同步。应从齿轮的设计、制造和安装方面考虑。

4）齿轮和齿圈的强度可靠。图中齿轮的模数和齿宽 C 应根据设备的生产能力、提升重量不同而采用不同参数，大齿圈的厚度尺寸 D 应满足足够的强度要求。

5）调高立轴螺杆部分的传动螺纹型式和螺距应选择得当。一般都选择 T 型螺纹传动。

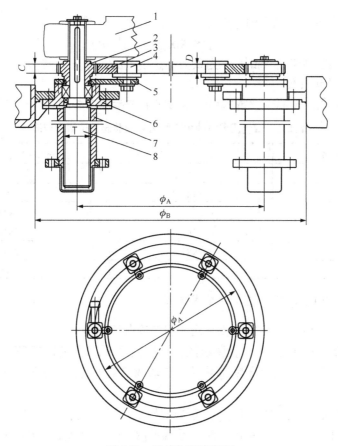

图 6.12　贮液缸调高装置

1—调高电机　2—小齿轮　3—大齿圈　4—压紧轮　5—支撑板　6—轴承座　7—立柱螺母　8—调高立轴

灌装机高度调节好后，压盖机也要由其调高装置作高度调节，在此不作详述。

6.1.4　生产率分析及技术特点

1. 生产率分析

回转式液体灌装压盖机的生产率与其转盘的工作转速和灌装头的分布数量有关，计算公式为

$$Q = 60m \cdot n \tag{6.2}$$

式中，Q 为灌装机的生产能力（瓶/h）；m 为灌装头数（灌装阀工位数）；n 为灌装机转盘的工作转速（r/min）。

由式（6.2）可知，欲提高灌装机的生产能力有两个途径：①提高灌装机转盘的工作转速；②增加灌装头数即灌装阀工位数。若提高灌装机转盘的工作转速，则意味着缩短灌装工艺时间，这就要求提高灌装阀的性能，否则，灌装速度太快会引起液料泛泡，充气回气时间不足也会出现定量不准确，同时，提高转速会引起离心力增大，瓶子失去稳定性，甚至会从灌装机上被甩出去，因此，转盘转速的提高受到一定的限制。若增多灌装头数，使得灌装机转盘尺寸增大，随着半径的增大，离心力相应增大，因此，增多灌装头数也受到制约。通常欲提高灌装机的生产能力须综合多方面因素。

灌装机转盘半径尺寸满足的条件为

$$R \leqslant 900g \cdot f /(\pi^2 \cdot n^2) \tag{6.3}$$

式中，R 为灌装头回转半径（m）；g 为重力加速度（m/s²）；n 为转盘转速（r/min）；f 为瓶底与瓶托之间的滑动系数。

表 6.1 是目前我国啤酒企业常用灌装压盖机的生产能力和灌装阀工位数对应表。

表 6.1 灌装压盖机的生产能力和灌装阀工位数对应表

灌装阀工位数/个	压盖头工位数/个	公称生产能力/（瓶/h）
48	8	16000
60	12	20000
72	12	24000
84	14	28000
100	18	32000
120	20	40000

2. ZP·BT120/20 型灌装压盖机的技术特点

本节所介绍的 ZP·BT120/20 型灌装压盖机具有如下特点：

1）采用变频同步调速技术，使整机的传动系统简单，同步性能可靠，运转平稳。机器可以根据出入口输送带上的瓶子积聚数量，自动调节主机的工作速度，确保生产线的连续正常运行。

2）采用二次抽真空技术，以 CO_2 气体作背压，灌装速度快，料液中 CO_2 气损失少，料损少。灌装阀采用短管式真空控制阀，无瓶不抽真空，无真空损失，工作效率高。

3）控制系统的监控操作采用人机界面，工作可靠，由文字、图形及指定的 PLC 参数构成多幅操作图面，方便操作，利于维护。

4）环形贮液缸的料位液面采用自动调节进入，灌装平稳，灌装精度高。

5）采用先进的高度调节机构，能适应多种产品规格的生产，用途广泛。

6）润滑系统采用定量定时集中自动润滑，确保生产的连续性。

7）设有破瓶喷冲系统，对灌装台上的碎玻璃进行自动清除。

8）设有 CIP 清洗系统，符合食品卫生标准。

6.2 TB24-8-6 型回转式贴标机

6.2.1 概述

TB24-8-6 型贴标机是近年来我国工程技术人员在吸收国外先进技术基础上开发的一种回转式连续贴标机，采用系列化、标准化、通用化设计标准，适用于啤酒、白酒、饮料等圆形容器的贴标。

本机主要由传动系统、输瓶星轮装置、进瓶螺旋装置、托瓶转塔、标签盒、涂胶装置、贴标转鼓、取标转鼓、熨平装置、机架、自动控制系统、润滑系统、气路系统、CIP 清洗系统等组成。

在此对机器工作原理及主要结构性能特点加以介绍。

6.2.2 主要技术特征及工作过程

1. 主要技术特征参数

额定生产能力：26000 瓶/h（变频调速）。

托瓶盘数：24 个。

取标板数：8 个。

夹标转鼓夹指数：6 个。

适用瓶直径：$\phi 50 \sim \phi 100$mm。

适用瓶高：150/350mm。

标签宽度：背标最大 70mm，身标最大 130mm。

机器净重：5 吨。

主电机功率：7.5kW。

机器外形尺寸（长×宽×高）：3265mm×2480mm×2200mm。

2. TB24-8-6 型贴标机的工作过程

TB24-8-6 型回转式贴标机的结构主要围绕三部分设计：容器运行部分、标签纸运行部分、胶水供给部分，其总体平面示意图如图 6.13 所示。

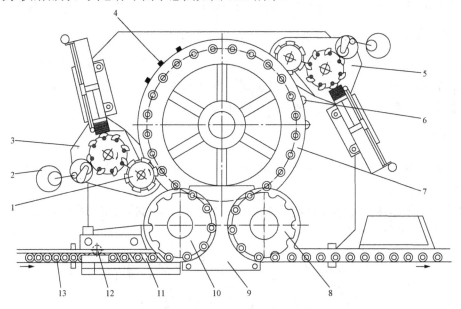

图 6.13 回转式贴标机总体示意图

1—夹标转鼓 2—胶水桶 3—第一标站 4—毛刷 5—第二标站 6—海绵滚轮

7—托瓶台 8—出瓶星轮 9—中心导板 10—进瓶星轮 11—螺旋输瓶器 12—止瓶星轮 13—容器

整机工作过程如下：

1）上胶：取标转鼓上的取标板经过涂胶装置涂上胶水。涂胶装置包括自动供胶水系统和胶量调节系统等。

2）取标：取标板从标盒中取出标签纸，一次只能取一张，做到无瓶不取标纸。

3）传标：夹标转鼓把取标板取出的标签纸传送到粘贴位置。

4）贴标：涂好胶的标签纸被传送到粘贴位置，同时待贴标容器（瓶子）也到达粘贴位置。瓶子由输送链经螺旋输瓶器被送到输瓶星轮，之后按贴标工作节拍逐个送到指定贴标位置。

5）滚压、熨平：标签纸被贴到瓶子上，由熨平装置将标签纸围绕瓶子紧密贴合，避免起皱、鼓泡、翘曲、卷边，最后由出瓶星轮装置将贴好标签的瓶子送出贴标机，进入下一道工序。

图 6.14 是贴标机的工艺流程示意图。

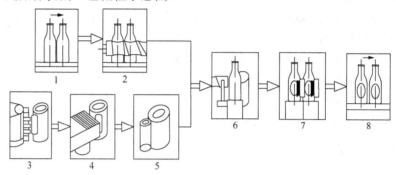

图 6.14　贴标机工艺流程示意图

1—平板链送进瓶　2—螺旋输瓶器送瓶　3—上胶　4—取标　5—传标　6—贴标　7—滚压熨平　8—平板链出瓶

6.2.3　主要装置

由前述工作过程可以看出，贴标机要完成要求的工艺程序，必须同时有容器的输送、标签纸的输送、胶水的输送。这三部分协调同步地运动，机器才能正常工作。

下面对其主要结构及工艺控制原理加以介绍。

1. 传动系统

贴标机工作台上运行的各机构、标签台各部件工作的动力均来自传动系统，它分为主传动和标签台传动。

主传动系统如图 6.15 所示，电机 3 经过皮带减速将动力传到蜗杆蜗轮减速器 4 的蜗杆

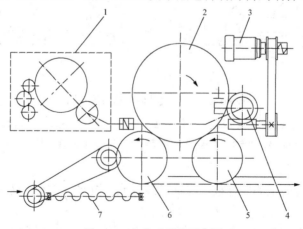

图 6.15　主传动系统示意图

1—标签台　2—托瓶转塔　3—电机　4—蜗轮减速器　5—出瓶星轮　6—进瓶星轮　7—进瓶螺旋输送器

轴上，由蜗轮经齿轮传动驱动托瓶转塔 2 运动；进瓶星轮 6 和出瓶星轮 5 的驱动力分别来自于托瓶转塔上的齿轮，进瓶螺旋输送器 7 由进瓶星轮 6 处获得动力。标签台 1 上的取标转鼓、夹标转鼓的驱动力来自减速器 4 和联轴器。

为满足不同生产能力的需要，贴标机速度控制采用变频调速。托瓶转塔的升降运动可以设为手动、电动两种，升降目的是使贴标机适应不同的瓶高要求，应用范围更加广泛。

2. 容器输送装置

由图 6.13 可以看出，容器从进入到离开贴标机，运行路线和第 6.1 节所介绍的灌装机容器运行路线类似。容器由输瓶带送至止瓶星轮 12 处，被锁住的止瓶星轮卡住，而输瓶带不断地运行，被挡住的容器逐渐增多，容器不能前进，便向输送带两侧排列，在输瓶带两侧的旁板上装有感应开关。容器增多压向旁板触动感应开关，产生电信号使电磁阀打开通气，压缩空气使锁着止瓶星轮的气缸开锁，止瓶星轮与旁板共同作用允许瓶子单列通过，被输送至进瓶螺旋输瓶器，接着被输入进瓶星轮；进瓶星轮与中心导板配合，改变容器运行方向并等距将容器送入托瓶转塔。托瓶转塔由托瓶台和定瓶组件两部分组成，如图 6.16 所示。

容器被送到托瓶台 6 上的托瓶盘 7 时，定瓶组件 4 的压瓶头在压瓶凸轮 2 的作用下，刚好压住容器顶部，并随托瓶盘一起同心转动，将容器送到贴标工位。因此时托瓶盘与夹标转鼓位置相切，容器在此位置粘贴标签纸，粘贴面积比较小，标签纸位于托瓶下的切线方向，随着托瓶台的转动，容器在托瓶盘上和压瓶头一起顺时针转 90°，使标签纸未粘贴部分通过刷标工位，毛刷能顺利地把标签纸刷服贴在容器壁上，当然也有逆时针的转动，使粘贴容器标签纸的另一边也被毛刷刷服，通过这样的摆动，标签被刷平与瓶身吻合贴好。完成贴标后的容器到达出瓶星轮时，压瓶头在压瓶凸轮的作用下升起，解除对容器的压力，容器经出瓶星轮输出。

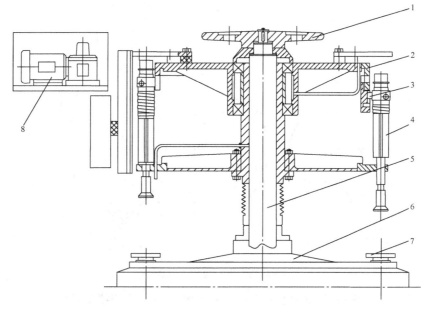

图 6.16 托瓶转塔结构简图

1—手轮　2—压瓶凸轮　3—滚子　4—定瓶组件　5—主轴　6—托瓶台　7—托瓶盘　8—电动机及减速机

3. 标签输送装置

如图 6.17 所示，在标签台上完成抹胶、取标、送标至夹标转鼓的工作过程。均布安装在标签台 4 上的各个取标板 5，在动力驱使下，围绕盘心转动，胶辊 6 及夹标转鼓同步转动，取标板受标签台内不动的凸轮曲线控制，各自能够在各个位置按所设计角度摆动。各个取标板运行到胶辊 6 处，按一定摆动规律与胶辊做纯滚动，使取标板在离开胶辊位置时，其弧面 AA'（图 6.18）各处均匀与胶辊接触一次。由于有胶水不断从胶水桶抽吸至胶辊，并在胶水刮刀的作用下，使胶辊表面刮出一层薄的胶水膜，取标板与胶辊滚动时便粘上胶水于表面。

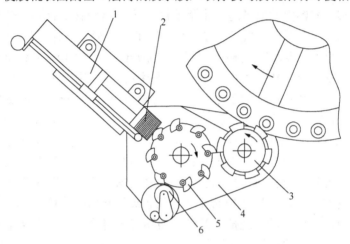

图 6.17　标签台组件示意图

1—标签盒　2—标签纸　3—夹标转鼓　4—标签台　5—取标板　6—胶辊

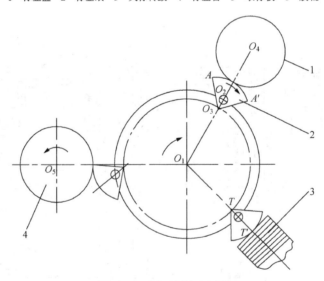

图 6.18　取标过程示意图

1—胶辊　2—取标板　3—标签盒　4—夹标转鼓　$T\text{--}T'$ 是取标板中心线

取标板粘上胶水后转至标盒位置，经过自身摆动，其一侧首先与标签纸的一侧相接触粘住标签纸，随着转动的继续，取标板粘起这一侧标签纸并使其脱离抓标钩的约束。取标板在这处的运动规律是弧面 AA′各点与标签纸面做切向滚动。当取标板另一侧运动到标签纸的另一侧时，整张标签纸便被粘出。取标板取到标签纸后，再交给夹标转鼓带去粘贴容器。

4. 胶水供给装置

回转式贴标机的胶水供给装置属于机外供给装置，如图6.19所示。

盛满粘胶液的胶水桶2内有一抽吸管3，抽吸管外周环绕着电热盘管1，在气缸4带动下抽吸管做上下往复运动，不断地把经过加热的粘胶液通过上管道5送往温度显示器7，反映通过该管的即时温度，粘胶液通过该管后从胶辊9的上端流下来，在胶水刮刀8的作用下布满胶辊整个外圆表面，多余的胶水则顺着下管道6流回胶水桶内。

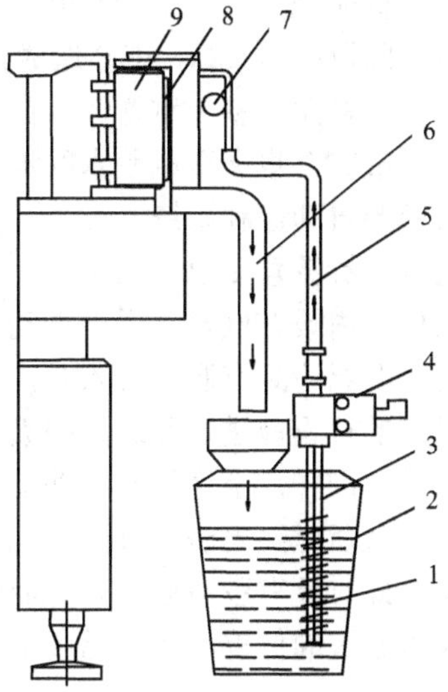

5. 自动控制系统

TB24-8-6型贴标机的自动控制系统分为工作速度自动控制系统和无瓶不上胶、无瓶不取标的功能控制系统。

图6.19　胶水供给装置

1—电热盘管　2—胶水桶　3—抽吸管　4—汽缸
5—上管道　6—下管道　7—温度显示　8—胶水刮刀　9—胶辊

（1）工作速度控制系统

如图6.20所示，机器开始运转，瓶子由进瓶输送带被送至止瓶星轮2处，当瓶子增多压住进瓶控制行程开关1，且行程开关1预设延时时间一到，开关动作，止瓶星轮2打开，瓶子进入机器。此时，胶水供送系统3的胶水刮刀打开，使胶辊上有一层预调好的胶水薄膜。当瓶子到达贴标工位之前机器以低速运转，瓶子开始贴上标后，机器自动加速到预调好的最高速度。从止瓶星轮打开到机器加速的时间可以用时间继电器调节。

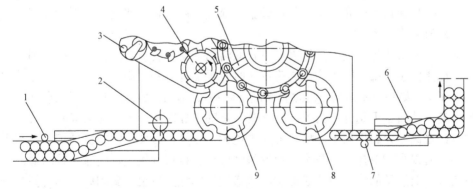

图6.20　瓶流控制示意图

1—进瓶控制开关　2—止瓶星轮　3—胶水供送系统　4—夹标转鼓　5—托瓶台
6—出瓶控制开关　7—出瓶控制开关　8—出瓶星轮　9—进瓶星轮

机器正常工作时，进瓶控制开关1动作，出瓶控制开关6和7不动作。若出瓶输送带堵塞，瓶子会集聚在出瓶输送带上使开关6动作，此时进瓶端的止瓶星轮2关闭，胶水刮刀关闭，标签盒后退，取标板便取不到标签。若堵塞状况消除，使出瓶端瓶子减少，不再压住开关 6，过了延时时间，胶水刮刀和止瓶星轮便自动打开，机器又进入正常运转。

（2）无瓶不上胶、无瓶不取标的功能控制系统

贴标机的标签台上各取标板连续运转，不断地从胶辊上抹取胶水，又不断地从标签盒取标，由夹标转鼓夹取标签纸至贴标位置。如果瓶子不能到达贴标位置，而取标板、夹标转鼓仍然不断取标、放标，就会造成标签纸的浪费；另外，取标板不断接触胶辊粘走胶水，却没有瓶子来粘贴标签，这样胶水在取标板上积累变厚而成为条状，在转动情况下飞离取标板向四周散布，也会造成胶水的浪费和机器的污染。因此，贴标机采用了无瓶不涂胶，无胶不取标的自动控制系统。

无瓶时，标签盒后退一段距离，使取标板接触不到标签纸，实现无瓶不取标。在标签盒下的工作台内设有气缸，用于推动工作台沿自身导轨前进与后退。当安装在进瓶输送螺旋处的感应器感到有瓶子进入时，电磁阀便接通气缸驱动标盒工作台前进的气路，使标签盒按设定的行程前进。反之，即无瓶时，电磁阀接通气缸驱动标盒工作台后退的气路，使标盒后退。同样，上述的感应功能也控制着胶水刮刀接近与离开胶辊，胶水刮刀处也安装有气缸，有瓶时，电磁阀打开，气缸动作，使胶水刮刀离开胶辊预先调定一段距离，即工作位置，此时便有胶液通过。无瓶时，气源切断，胶水刮刀在弹簧力的作用下回复到预设阻挡胶水通过的位置，达到无瓶不涂胶的目的。

6.2.4 生产率分析及技术特点

1. 生产率分析

回转式贴标机的理论生产率与其托瓶转塔的转速和托瓶盘的分布数量有关，计算公式为

$$Q = 60m \cdot n \tag{6.4}$$

式中，Q 为贴标机的理论生产能力（瓶/h）；m 为托瓶盘的分布数量；n 为托瓶转塔的工作转速（r/min）。

由式（6.4）可知，影响回转式贴标机生产能力有两个主要因素：①贴标机托瓶转塔的工作转速；②托瓶盘的分布数量。其他因素如涂胶速度、粘贴速度、标纸的强度及重量也会影响贴标机生产能力。

欲提高贴标机的生产能力，仅靠提高托瓶转塔的工作转速会受到一定的限制。在贴标过程中，如果胶水过稀，则可能在高速旋转时胶水被抛洒到四周，标纸便涂不上胶水，粘贴不到瓶子上；如果胶水过稠，则涂胶厚度不容易控制，容易使标签被粘贴到涂胶机构上，或粘落标签，使瓶子无标。另外，胶水有一定的干燥时间，未干燥前其粘性较小，当高速粘贴时，在离心力的作用下，标签容易被甩歪、甩脱，因此，贴标机的工作转速受到一定的限制。若仅靠增多托瓶盘数量，会使得贴标机转盘尺寸增大，随着半径的增大，离心力相应增大，对瓶子的稳定性造成影响，故增加托标盘数量也受到制约。通常要综合多方面因素，提高贴标机的生产能力。

表 6.2 所示是目前我国啤酒企业常用生产能力为 2 万瓶/h 以上的贴标机托瓶盘数量、取标板数量、夹标转鼓夹指数量与生产能力对应表。

表6.2　贴标机生产能力与工艺盘数量对应表

公称生产能力/（瓶/h）	托瓶盘数量/个	取标板数量/个	转鼓夹指数量/个
20000	18	8	6
26000	24	8	6
36000	30	8	6
48000	40	8	8

2. 主要技术特点

TB24-8-6型贴标机目前在我国大中型啤酒生产企业使用广泛，是啤酒包装生产线上的主要设备，具有如下特点：

1）采用回转式连续贴标工作原理，各个部件运动精度高，具有无级调速功能，生产能力适宜范围广泛，占地面积小。

2）胶水装置中设有胶水温度调节系统，按照环境温度设定最佳粘贴温度，贴标质量更好。

3）具有无瓶—无胶—无标的全自动控制功能，标签、胶水损耗较少。

4）托瓶凸轮部件设有专用的集中供油循环润滑系统，标签台有单独的叶片泵供油润滑，期于润滑油点分布合理，能使各个运动部件得到充分的润滑。

5）更换零部件的操作、压瓶头的升降调节方便，机器适用瓶型广泛。

6）可以根据实际情况选配贴标的种类。

6.3　BZ350-Ⅰ型糖果包装机

6.3.1　概述

糖果包装机属于食品类产品包装机，按照包装的形式有折叠式包裹、扭结式包裹两大类。这种包装机一般采用卷盘式包装材料，在主机上实现包装材料分切、包裹及封口工序。

本节所介绍的BZ350-Ⅰ型糖果包装机属于扭结式包裹，机型生产设计比较早，是传统型糖果包装机。它广泛应用于中小型糖果生产企业，既可以完成单层或多层纸的包装，也可以包装多种形状的硬糖或软糖，包装简单美观、牢靠，使用方便。

6.3.2　主要技术特征及工艺流程

1. BZ350-Ⅰ型糖果包装机主要技术特征

BZ350-1型糖果包装机主要技术参数如下。

生产能力：200～300粒/min（无级调速）。

糖块规格：圆柱形糖（直径×长度）$\phi13mm×32mm$。

长方形糖（厚×宽×长）$11mm×16mm×27mm$。

包装纸规格：衬纸—宽度为30mm的糯米卷筒纸或蜡纸。

外包装纸—宽度为90mm的蜡纸或透明卷筒纸。

主电机：0.75kW，额定转速 1410 r/min。

理糖电机：0.35kW，额定转速 1350 r/min。

外形尺寸（长×宽×高）：1530mm×970mm×1570mm。

整机重量：约 700 kg。

2. 工艺流程及循环图

图 6.21 是 BZ350-Ⅰ型糖果包装机外形简图。

整个包装过程：糖块从振动料斗 3 被送入理糖盘装置 4，理糖盘为一高速旋转的螺旋槽机构，在离心力的作用下，糖果沿螺旋槽被甩到理糖盘的外围，经过初步定向，在出口处，由旋转着的毛刷将竖立或重叠着的糖块刷平且成单层排布，进一步定向后进入输送带包装位置，安装在卷纸架上成卷的薄膜纸也由牵引辊经导辊被送到包装位置，前后冲头动作把薄膜纸和糖块一起夹紧，此时，薄膜纸被辊刀切断，前后冲头继续运动，将糖块和薄膜纸送入张开的糖钳中；糖钳夹紧糖块和包装纸，前后冲头后退复位；下折纸板向上摆动折下边，糖钳转动由固定折纸板折上边薄膜纸。工序盘转位到扭结工位停歇，扭结机械手夹住糖果的纵向两边并在驱动机构作用下同向回转约 450°，完成扭结工序。在扭结回转过程中，扭结机械手沿糖果的纵向要有一个微小的进给量，以抵消糖果的纵向尺寸变化，否则，糖纸会被扭破；扭结结束后，工序盘继续转位，糖钳机械手在凸轮的控制下开启，由打糖杆将已经包装好的糖果打下，糖果沿输送槽被送入后续装盒工位。

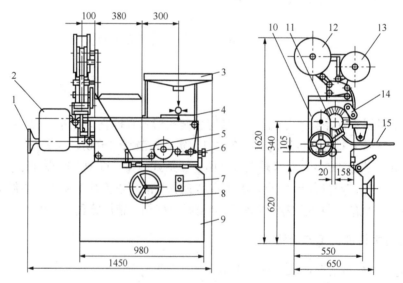

图 6.21　BZ350-Ⅰ型糖果包装机外形简图（单位：mm）

1—盘车手轮　2—扭结部件　3—料斗　4—理糖盘装置　5—离合器手柄　6—张紧轮　7—开关

8—调速轮　9—机座　10—机架　11—工序盘　12—薄膜卷　13—内衬薄膜卷

14—供纸装置　15—成品输出装置

图 6.22 是其扭结裹包工艺流程示意图。

如图 6.23 所示是 BZ350-Ⅰ型糖果包装机的工作循环图。

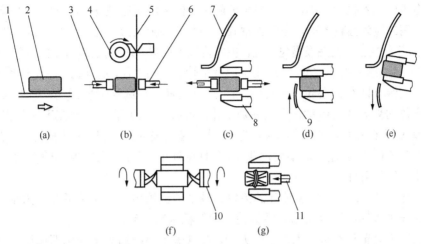

图 6.22　扭结裹包工艺流程示意图

1—输送带　2—糖块　3—前冲头　4—辊刀　5—裹包薄膜　6—后冲头　7—固定抄纸板
8—钳糖手　9—下抄纸板　10—扭结手　11—打糖杆

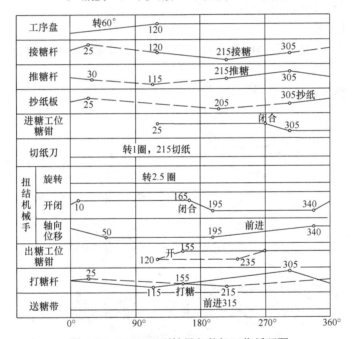

图 6.23　BZ350-I 型糖果包装机工作循环图

6.3.3　主要组成结构

BZ350-I 型糖果包装机主要由传动系统、理糖盘装置、供纸切纸装置、钳糖工序盘、扭结机械手及裹包装置、电气控制装置、缺糖检测装置等组成。

下面对其主要零部件结构特点加以介绍。

1. 传动系统

（1）主传动系统

第 2 章图 2.42 是 BZ350-I 型糖果包装机的主传动系统示意图。

由主电机驱动各执行机构，主电机至分配轴Ⅱ间采用两级减速，第一级用皮带传动实现无级变速，第二级为齿轮传动，在分配轴Ⅱ上装有偏心轮（1）、（2）、（3）、（4）和两个齿轮Z52，传动到各个执行机构完成裹包作业。主电机轴上设置一对分离锥轮，通过调节手轮14调节带轮的中心距，靠分离锥轮分开或趋近，改变锥轮的接触半径，达到调节带轮传动比的要求。

分配轴上装有四个偏心轮。偏心轮（1）通过连杆带动扇形齿轮摆动，扇形齿轮再驱动与前冲头一体的齿条往复运动，完成冲糖工作；偏心轮（2）通过安装在工序盘根部的斜面凸轮8驱动糖钳6开合，完成钳糖和放糖工作；偏心轮（3）通过连杆驱动活动折纸板23折纸；偏心轮（4）通过连杆驱动后冲头15和打糖杆17工作。采用偏心轮机构，整个传动链结构紧凑，维护方便。

供纸部分（件1、2、3）经轴Ⅱ的齿轮、轴Ⅴ的链轮传动；扭结机械手由轴Ⅱ经齿轮、槽凸轮、摆杆等传动；转盘由轴Ⅱ经齿轮、槽轮机构来传动。

糖果包装机设置无级调速系统，一方面，可以满足当产品规格变化即糖块外形变化时，要求生产率随着改变；另一方面，由于包装材料随着季节的变化，其延展性也不一样，生产率要做相应的改变。

机器还设置手动调整，可通过手轮24实现。

（2）理糖传动系统

理糖装置的作用是使待包装糖块通过整理排列，依次整齐的传入输送带，由输送带被送至裹包工位。

图6.24为理糖部分的传动系统示意图。

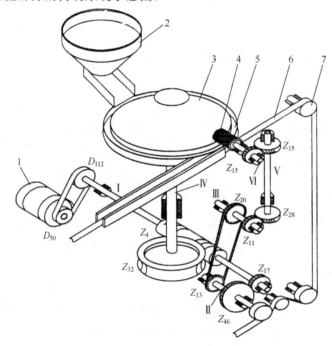

图6.24　理糖传动示意图

1—理糖电机　2—料斗　3—转盘　4—毛刷　5—导向板　6—糖块输送带　7—带轮

理糖电机1通过D50/D112的三角皮带传动，驱动轴Ⅰ旋转，再经过齿轮Z17/Z46带动轴Ⅱ。轴Ⅱ上装有输送带轮，驱动输送带6运动，把转盘送来的糖快送到包裹工位。轴Ⅰ

通过蜗杆蜗轮 Z4/Z32 带动轴Ⅳ，由轴Ⅳ驱动转盘 3 回转运动，周边装有固定的螺旋导向板 5。转盘 3 回转时，由料斗 2 落下的糖块受到离心力的作用甩向周边，在导向板作用下沿环形槽排列整齐，依次进入输送带上。另外，轴Ⅱ通过链轮 Z13/Z20 带动轴Ⅲ，经螺旋齿轮 Z11/Z28、Z15/Z15 带动轴Ⅵ，由轴Ⅵ驱动毛刷 4 旋转，毛刷的作用是将重叠在一起的糖块扫平，使其一粒接着一粒排队由输送带向前输送。

2. 钳糖工序盘装置

如图 6.25 所示是 BZ350-I 型糖果包装机的钳糖工序盘的结构简图。

转盘轴 9 与转盘 10 以圆锥销固联，在转盘轴上装有铜套 8，通过偏心轮及连杆机构使铜套在转盘轴上转动。下凸轮 12 用键 7 固定在铜套 8 上，上凸轮 11 用螺钉与下凸轮 12 固联，凸轮 11 和 12 会随着铜套一起摆动。钳糖工序盘上安装有六副钳糖机械手，实现两个运动：①间歇转位，每次转过 60°，停歇一个工艺时间。间歇转位运动由六槽轮机构（图中未绘出）带动；②糖钳的开合运动，工序盘转一圈，糖钳只打开一次、关闭一次。糖钳的开合运动由凸轮驱动滚子 5 带动摆臂 6 摆动，摆臂 6 带动扇形齿轮 3 和 4 啮合摆动，扇形齿轮带动糖钳手 1 张开，此时，弹簧 2 受拉，钳糖的闭合由受拉状态的弹簧控制来完成。设置两片凸轮的目的：通过调整上下两片凸轮的位置，可以改变凸轮的工作曲线，从而改变钳糖机械手的开口大小和持续时间，以满足不同厚度的糖块包装要求，保证扭结质量。

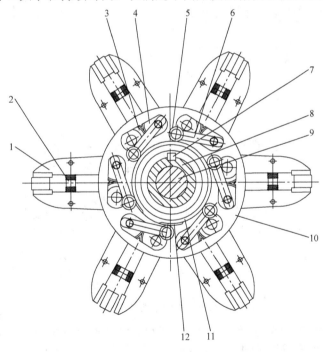

图 6.25　钳糖工序盘结构简图

1—糖钳　2—弹簧　3、4—扇形齿轮　5—滚子　6—滚子臂　7—键
8—衬套　9—转盘轴　10—转盘　11—上凸轮　12—下凸轮

3. 供纸和切纸装置

如图 6.26 所示是 BZ350-I 型糖果包装机的供纸装置示意图，件 1 和件 2 为纸卷架，件

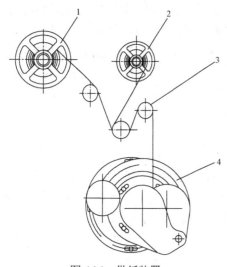

图 6.26　供纸装置

1、2—退纸架　3—导纸辊　4—切纸装置

3 为导纸辊。一般情况下，包装机的两个纸卷架同时送纸，分别为内层衬纸和外层商标纸。由纸卷架松卷和退纸，经导纸辊 3 进入切纸装置 4。

图 6.27 是纸卷架的结构简图。成卷的包装纸安装在夹纸盘 4 和 5 之间，靠卷纸轴与橡胶滚筒牵引着向下输送，轴 1 的右端用螺柱安装在托架 9 上，左端部装有油杯 14，用来润滑衬套 2，安装轴 1 时，油孔的出油口朝下，以利于加注润滑油。夹纸盘 4 和 5 用紧定螺钉固定在套筒 3 上，套筒 3 的两端支撑在衬套 2 上，衬套与轴 1 之间成动配合连接，由此可见，当包装卷纸被牵引时，两侧夹纸盘 4 和 5、套筒 3、衬套 2 同时转动。

图中件 6 为调节滑轮，用螺钉 8 与套筒 3 固连在一起，件 10 为调节螺杆，转动此螺杆，其左端的滚轮 11 带动调节轮 6 左右移动，从而带动整个套筒在轴 1 上移动以调节卷纸的左右位置为最合适，由此可见设置长套筒 3 的作用。另外，在调节轮 6 上绕有制动皮带 7，皮带的端头安装有拉簧 12 以使卷纸在供给时始终保持一定的张力，否则，卷纸会出现松展现象。

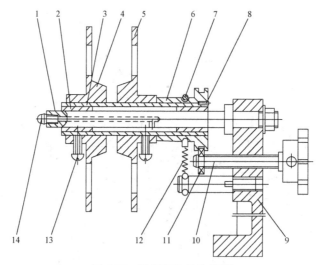

图 6.27　卷纸架的结构简图

1—轴　2—衬套　3—套筒　4、5—夹纸盘　6—调节滑轮　7—制动皮带　8—螺钉
9—托架　10—调节螺杆　11—滚动轴承　12—弹簧　13—紧定螺钉　14—油杯

图 6.28 是切纸装置的结构简图，其中（b）是把橡胶辊 8 拨开时的位置状态。包装卷纸经导纸辊后受到卷轴 3 和橡胶辊 8 的牵引，通过导板 6 后被滚刀 7 切断。每切一张纸则进行一颗糖的裹包与扭结，因此，滚刀轴的转动与传动轴Ⅱ及Ⅴ（见主传动系统图）的转动要求同步。滚刀 7 的转速是卷纸轴 3 转速的两倍，即切下的纸长度近似于卷纸轴周长的一半。当糖块规格变化时，应该调换相应直径的卷纸轴；为保证卷纸轴 3 的线速度与橡胶辊 8 的线速度一致，调换卷纸轴的同时应调换其上的输出齿轮。

图 6.28 中卷纸轴 3 装在刀架 4 上，橡胶辊 8 装在支架 9 上，支架 9 与刀架 4 用销轴 14 和 12 铰接，以销轴为支点转动；支架 9 上配有重锤 11，其作用是给橡胶辊 8 施加一定的压力，使其压紧卷纸轴，保证包装纸在卷纸轴与橡胶辊相对滚动的摩擦力作用下连续送进。

安装时应使固定刀 5 的刀刃稍后于导板 6 的前侧平面，以避免包装纸沿导板送下时碰到刀口而受阻卷曲。滚刀 7 和固定刀 5 的位置调整到使两刃口能轻轻擦过，保证能顺利切断包装纸，且纸边光滑平整。为适应前后接糖杆顶接糖位置，必须调整固定刀刃口到台板的距离。调整方法如下：旋松法兰盘上 1 的三个螺栓 2，整个刀架 4 便可以绕法兰盘的中心上下摆动，位置调整适当后，再旋紧螺栓 2。此时，导板 6 的平面不处于垂直位置，应放松刀架 4 上的三个螺栓 10，转动刀架 4 使导板 6 恢复到垂直位置。经过这样的调整之后，因刀刃高低位置发生了变化，切纸时间可能产生超前或滞后现象，这时应调整滚刀轴右端的小齿轮位置，使其相对于滚刀轴向前或向后转过一个轮齿，以补偿超前或滞后的时间，从而改变滚刀的切纸时间。

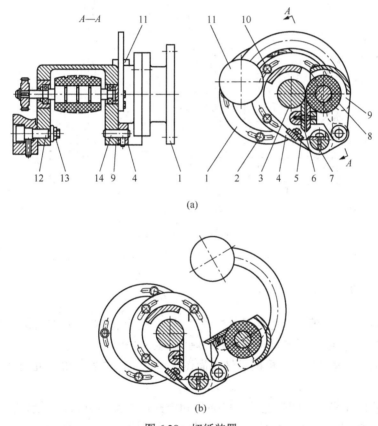

(a)

(b)

图 6.28　切纸装置

1—法兰盘　2、10—螺栓　3—卷纸轴　4—刀架　5—固定刀　6—导板
7—滚刀　8—橡胶辊　9—支架　11—重锤　12、14—销轴　13—螺母

4. 裹包机构

BZ350-Ⅰ型糖果包装机的裹包机构完成如下几个动作：前冲头送糖、后冲头接糖、活动折纸板折纸、固定折纸板折纸，见工艺流程图 6.22 中的（b）、（c）、（d）、（e）所示。

根据主传动系统图，其前冲头、后冲头、折纸板各动作通过偏心轮和连杆机构实现，图6.29是偏心轮机构结构简图。四个偏心轮安装在分配轴9上，分别控制前冲头、后冲头、折纸板和钳糖手开合的动作，调整偏心轮在分配轴上的相对位置，使这些动作相互协调。初步调整时，各个偏心轮在轴上用紧定螺钉固定，经过试车，确认各个动作无误之后，用圆锥销将偏心轮与轴固定。设置六角螺杆5的作用是：各部分若需要微量调整，先松开两个锁紧螺母4，扳动六角螺杆，杆长度就会变化，因为螺杆一端螺纹是左旋，另一端是右旋，当所需长度调整好后，再旋紧锁紧螺母。

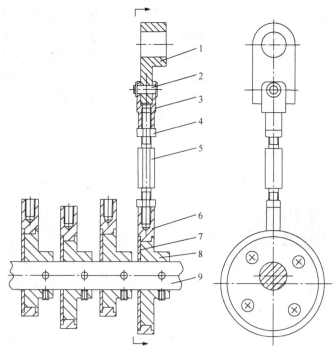

图6.29　偏心轮机构

1—连杆　2—销轴　3—连接叉　4—螺母　5—双头螺杆　6—套环　7—定位板　8—偏心盘　9—轴

5. 扭结机械手

糖块被包裹后由钳糖工序盘送至待扭结工位，由扭结机械手完成糖果的两头扭结。扭结机械手对称布置安装，同向同速回转，二者结构完全相同。

如图6.30所示为左端扭结机械手结构简图。根据工艺要求，扭结机械手应完成如下三种动作：

1）手爪的自动张开与闭合运动，以夹紧和松开糖块。如图6.30所示圆柱凸轮14转动时，带动摆杆18摆动，再通过摆杆上的滚轮23推动拨轮9，使得扭结手3轴在套筒2内来回移动，而扭结手轴端部的齿条带动手爪齿轮转动，使手爪张开或闭合。

2）扭结回转运动。如图6.30所示齿轮21把动力传至凸轮轴15上的双联齿轮16，驱动扭手齿轮6，由扭手齿轮带动套筒2回转，扭结手1与套筒2固连，扭结手夹紧糖纸旋转便把糖纸扭成结。

3）轴向进退运动。糖纸在扭结时会缩短一段长度，因此要求扭结手要跟随糖纸一起移动一段距离，以补偿糖纸的缩短量。图6.30中，当圆柱凸轮14转动时，带动摆杆17摆动，再通过滚轮推动拨轮 7，使扭结套筒 2 做跟踪移动。

扭结手套筒 2 空套在扭结手轴 3 上，扭手的轴向进给量与使扭手张合所需的扭手轴的移动量可以不同，二者可以存在速度差和距离差，将齿轮 6 设计成宽齿，当根据需要调整两扭结手的距离后，不影响传动的稳定。

另外，扭结机械手的开合动作与进退动作须协调，它靠圆柱凸轮的曲线来保证。左右两个扭结手的动作也要协调一致，通过综合调整凸轮 14 和偏心轴 22 实现；扭结机械手的装配定位精度要求较高，需要反复调整，可以通过转动盘车手轮进行；扭手的扭结圈数和轴向补偿量要根据所使用包装纸的不同而异，对不容易被撕破的材料，扭结圈数稍多些，补偿量可以小些，例如，用蜡纸包装糖果，扭结圈数不超过 450°，补偿量约为 3.3mm，对玻璃纸扭结圈数可定为 450°。

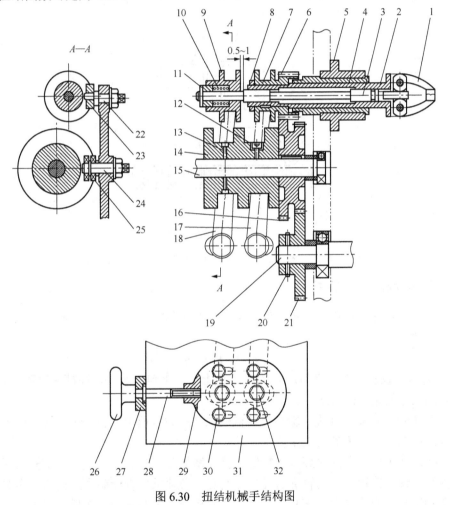

图 6.30　扭结机械手结构图

1—扭结手　2—扭结手套筒　3—扭结手轴　4—滑套　5—安装座　6—扭手齿轮　7、9—拨轮
8—锁紧螺母　10—弹簧　11—挡圈　12—螺钉　13、20—定位销　14—圆柱凸轮　15—凸轮轴　16—双联齿轮
17、18—摆杆　19—轴　21—齿轮　22—偏心轴　23、25—滚轮　24—心轴　26—手轮
27—定位圈　28—螺杆　29—滑座　30、32—螺栓　31—箱体

6. 缺糖检测装置

如图 6.31 所示是机器的缺糖检测机构示意图。当糖块输送带上缺糖时，主电机可以得到缺糖信号而自动停机，一旦糖块输送跟上，主机便自动启动，这样避免了缺糖时机器继续动作而产生故障及对包装纸的浪费。

图中检测杠杆 1 可以绕销轴 3 转动，2 为接近开关。当糖块在输送带上一粒紧接一粒地被输送向前时，检测杠杆 1 便被糖块顶起靠近接近开关 2，杠杆上部的接近开关 2 就能检测到正常的供送糖块信号，主机便正常工作；一旦缺糖，输送带上的糖块就会出现空位，检测杠杆绕铰点 3 下摆，其上部的检测杠杆 1 就偏离接近开关 2，信号中断，主机便停机。恢复糖块供应时，糖块再次顶起检测杠杆 1 靠近接近开关 2，从而控制主机重新启动，正常工作。

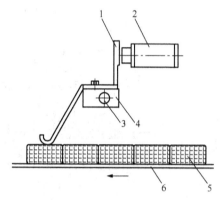

图 6.31　缺糖检测装置

1—检测杠杆　2—接近开关　3—铰链　4—重块　5—糖块　6—输送带

6.3.4　生产率分析及技术特点

从以上分析可知：糖果包装机的生产率与工序盘的转速和其上所分布的裹包头数量有关，计算公式为

$$Q = 60K \cdot n \tag{6.5}$$

式中，Q 为糖果包装机的生产率；K 为工序盘上分布裹包头数量，即糖钳对数（颗/r）；n 为工序盘的工作转速（r/min）。

根据式（6.5）可知，要提高糖果包装机的生产能力有两个途径：①增加工序盘上分布裹包头数量；②提高工序盘的工作转速。

若仅靠增加工序盘上分布裹包头数量，就会增加工序盘的外形尺寸，使机构庞大；而且增加糖钳数量，糖钳凸轮的轮廓曲线就要改变，必须重新设计糖钳凸轮的工作曲线，这给设计和制造带来变化较大，不利于加速产品的系列化生产进程。实际上糖钳数量增加，对提高生产率的效果不很明显。而提高工序盘的工作转速虽是比较有效的办法，但若一味地提高工序盘的转速，会增加机构间干涉的可能性，使机器制造精度增加；并且理糖盘的速度过快，糖块容易堵塞，不利于正常供料；况且受包装材料限制，速度也不宜过快，否则包装纸容易被扯断。因此，要提高机器的生产率，必须权衡考虑。例如，有些糖果包装机采用锥形盘理糖或多盘同时供料。

Z350-I 型糖果包装机具有如下特点：

1）上糖块、包裹、卸糖果全部实现机械化操作，自动化程度高，减轻人工劳动强度，符合人性化特点，产品符合食品卫生要求。

2）设有无级调速机构，机器的生产率可以根据不同的需要改变，且能够满足不同的包装材料要求。

3）关键零部件调节方便，能满足不同的产品规格要求。

4）采用六槽轮机构驱动工序盘，传动系统结构紧凑，同步性能可靠，运转平稳。

5）设有故障检测自动停机等功能，方便操作，维护简单，寿命比较长。

6.4　XS-ZY-250 型塑料注射成型机

6.4.1　概述

塑料制品在现代社会生活中随处可见，用途越来越广泛，这些制品一般要经过塑料成型加工。塑料成型加工包括以下四个方面：

1）使物料熔化或软化，呈现流动性或可塑性；

2）赋予制品一定的形状；

3）对于某些塑料，从单体或低分子化合物开始，按照一定的程序进行反应，制成所需要的材料或制品；

4）通过加工操作，利用原辅材料的物理性质达到塑性改性的目的。

塑料的成型方法主要有：挤出成型、注塑成型、压延成型、压缩模塑成型等。注塑成型也叫注射成型，是热塑性塑料的主要成型方法之一，大量的工业配件和生活用品都是这种方法获得的。塑料注射成型机是塑料成型加工中使用比较广泛的设备，通常按每次工作的最大注射量分类。

本节将对大中型塑料企业普遍使用的 XS-ZY-250 型塑料注射成型机加以介绍。

6.4.2　主要技术参数及工艺流程

1. 主要技术参数

如图 6.32 所示是 XS-ZY-250 型注射成型机外形简图，其主要技术参数如下。

最大注射量：$250cm^3$。

螺杆直径：50mm。

注射压力：130MPa。

注射行程：160mm。

注射时间：2.0s。

螺杆转数：25、31、39、58、89（r/min）。

锁模力：1800 kN。

最大注射面积：$500cm^2$。

模具高度（最大×最小）：350mm×200mm。

拉杆间距：295mm×373mm。

模板行程：500mm。

注射方式：螺杆式。

合模方式：液压—曲肘式。

外形尺寸：4700mm×1000mm×1820mm。

机器重量：4500kg。

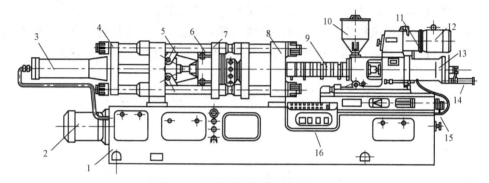

图 6.32　注射成型机外形简图

1—机身　2—油泵电机　3—合模油缸　4、8—固定板　5—合模机构　6—拉杆　7—活动模板　9—塑化机筒

10—料斗　11—减速箱　12—电动机　13—注射油缸　14—计量装置　15—移动油缸　16—操作台

2. XS-ZY-250 型注射成型机工艺流程

塑料注射成型机注射成型工艺流程用简单方框图表达如图 6.33 所示。

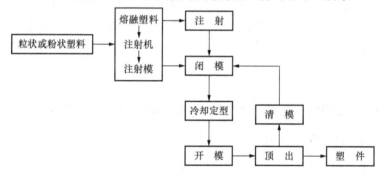

图 6.33　注射工艺流程方框图

整个注射成型进程由三个阶段组成，如图 6.34 所示。

（1）合模、注射

呈粉粒状态的塑料物料被输送机送到料斗 3 中，由此落入料斗下面的螺杆 4 内，螺杆均匀连续地向前输送物料，在输送的同时逐渐压实物料，机筒 5 外设有加热装置 8。在螺杆剪切热的作用下，将物料加热到粘流状态，随着螺杆头部物料的积聚，压力逐渐升高；当压力升高到一定值时，压力阀换向，注射油缸活塞退回带动螺杆后退，对螺杆头部物料进行计量；螺杆退回到一定位置时，其头部的熔料量增多到所需的注射量，限位开关动作，螺杆停止后退并停止转动，预塑完毕。合模机构在合模油缸的推动下移动模板使模具 6 闭合，整个注射座前移，喷嘴 7 对准模具的主浇道口，然后注射油缸切换，带动螺杆按照要求的注射压力和注射速度将熔料注射到模腔中，注射完毕，第一阶段即完成。

（2）保压、定型

熔料注射到模腔后，螺杆仍然转动，不断向模腔内补充制品冷却收缩所需要的物料，同时对熔料保持一定的压力，防止腔内熔料可能产生反流。

（3）预塑、制品脱模

当模腔内的熔料冷却定型后，主浇道口关闭，螺杆 4 开始加料预塑。合模油缸移动模板使模具 6 打开，顶出机构将制品顶出，完成一个注射成型过程。

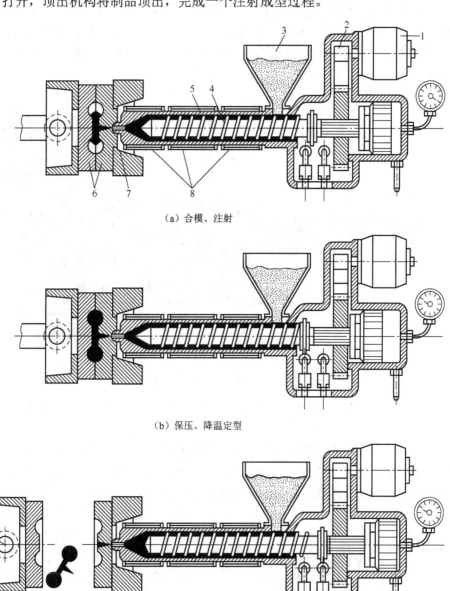

（a）合模、注射

（b）保压、降温定型

（c）制品脱模、预塑

图 6.34　注塑成型工艺顺序示意图

1—电动机　2—齿轮减速箱　3—料斗　4—螺杆　5—机筒　6—模具　7—喷嘴　8—加热装置

6.4.3 主要组成结构

根据注射成型的工艺过程，一般将塑料注射成型机分三大部分：注射装置、合模装置、液压和电气控制系统。

1. 注射装置

图 6.35 是 XS-ZY-250 型塑料注射成型机的注射装置结构简图，注射装置主要由螺杆驱动装置、塑化部件（机筒、螺杆、喷嘴等）、料斗、计量装置、注射油缸和注射座移动油缸等组成。其作用是将塑料均匀地塑化，以足够的压力和速度将一定量的熔料注射到模具的型腔中。

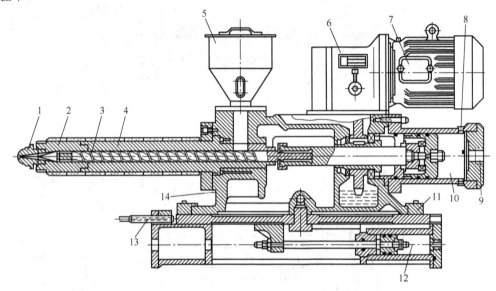

图 6.35　注射装置

1—喷嘴　2—加热器　3—注射螺杆　4—料筒　5—料斗　6—齿轮变速箱　7—电动机

8、9、13—螺钉　10—注射油缸　11—压板　12—注射座移动油缸　14—注射座

注射螺杆 3 由电动机 7 经齿轮变速箱 6 驱动回转，在注射油缸 10 的活塞与螺杆连接处设有止推轴承，防止油缸活塞随着螺杆转动。背压阀和行程开关安装在螺钉位置 9 处，用来调节螺杆的背压。当熔融态的塑料达到要求的注射量时，计量头压合行程开关，使电动机与齿轮变速箱之间的离合器分离，螺杆便停止转动。此时压力油进入注射油缸，推动注射油缸活塞和注射座前移，喷嘴 1 贴紧模具上的浇口实现注射动作。注射座移动油缸 12 安装在注射座 14 之下，注射座沿着注射架导轨往复移动，使喷嘴和模具离开或紧密地贴合。

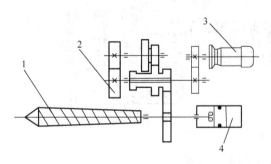

图 6.36　驱动螺杆传动示意图

1—螺杆　2—配换齿轮　3—电动机　4—油缸

图 6.36 是驱动螺杆传动示意图，由电动机 3 经齿轮减速箱减速传动，使螺杆 1 转动。

2. 合模装置

合模装置的主要作用是保证成型模具可靠地闭合，实现模具的开闭动作。注射过程中，进入模腔中的熔料有一定的压力，要求合模装置须符合下列要求：

1）有足够的夹紧力即锁模力或合模力，防止模具在熔料作用下打开。

2）足够的模板面积、模板行程、模板间开距，以满足不同制品的尺寸要求。

3）合理的模板运动速度。合模时应先快速后慢速，开模时应按照慢—快—慢速度运动，防止模具间有冲击性碰撞，实现制品平稳顶出。

4）合模装置的开启、闭合，应有安全保护措施，保证操作员工的安全。

合模装置有多种结构形式，可分为液压式、液压-曲肘式两大类。液压-曲肘式合模装置又分为液压-单曲肘和液压-双曲肘。液压-双曲肘合模装置锁模力大，工作稳定，大中型塑料注射成型机普遍采用。

图 6.37 是 XS-ZY-250 型塑料注射成型机的液压-双曲肘式合模装置结构简图。其主要组成零部件有：合模油缸、固定模板、曲肘连杆、调整连杆、顶出杆装置、顶出杆、移动模板、拉杆等。

合模油缸 1 安装在固定机件上，当压力油从油缸活塞的左端进油时，推动活塞杆右移，在曲肘连杆 3 和调整连杆 4 的作用下，带动移动模板前移，完成锁紧模具动作（图中上半部分所示位置）；开模时，压力油从油缸 1 活塞的右端进油，推动活塞杆左移，将曲肘连杆 3 拉回，带动移动模板后退，完成开模动作（见图 6.37 中下半部分所示位置）。图 6.38 是合模装置的机构运动简图，其中（a）为合模机构起始位置，（b）为合模机构终止位置。图 6.38 中的 2 为活塞杆，3 为曲肘摆杆，4 为可调连杆，7 为移动模板。

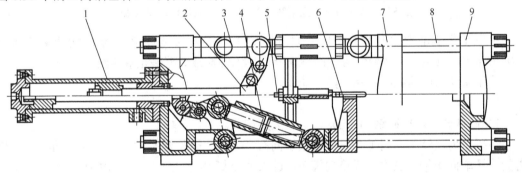

图 6.37　液压-曲肘式合模装置

1—合模油缸　2—活塞杆　3—曲肘连杆　4—调整连杆　5—顶出杆装置　6—顶出杆
7—移动模板　8—拉杆　9—固定模板

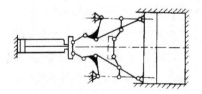

图 6.38　合模装置机构运动简图

该合模装置具有如下优缺点：

1）合模工作平稳。在曲肘连杆的作用下，合模时模板的运动速度是由快到慢，开模时模板的运动由慢变快，合模无撞击，开模平稳。

2）有可靠的锁模力。利用连杆机构的死点特性，油缸卸载，锁模力不会随之变化，整个系统处于自锁状态。

3）传动机构较复杂，运动副多，调整困难，对零件的加工精度要求较高。

3. 液压和电气控制系统

XS-ZY-250 型塑料注射成型机液压传动路线示意图如图 6.39 所示。

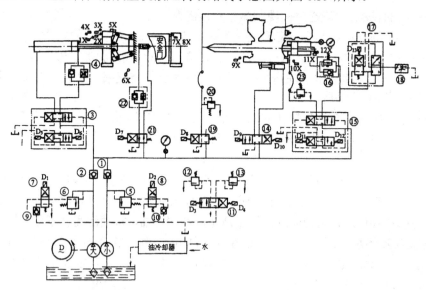

图 6.39　XS-ZY-250 型塑料注射成型机液压传动路线示意图

由电动机驱动双联叶片泵，叶片泵的额定工作压力为 6.5MPa，泵的输油量分别为 180L/min 和 12L/min，两台泵可以同时或分别单独向输油管路输送液压油。

液压系统由电器控制，完成如下动作。

（1）合模

1）慢速合模。电磁铁 D_2、D_5 通电，大泵卸载。

小泵压力油经单向阀①→三位四通换向阀②→进入合模油缸中活塞左腔；同时，右腔内的油经单向阀④→三位四通换向阀③→进入油冷却器→回油箱。压力油推动活塞右移，使曲肘连杆伸展，合模开始。

2）快速合模。电磁铁 D_1、D_2、D_5 通电。

大小泵同时向液压油管路输送压力油，经慢速合模油路，实现快速合模。使曲肘达到自锁位置，连杆的伸展使模具紧密贴合。

（2）注射机座前移，电磁铁 D_2、D_5、D_9 通电，大泵卸载

小泵压力油经单向阀①→换向阀⑭→进入移动油缸中活塞的右腔；活塞左腔油经控制阀⑭→回到油箱。机座左移，喷嘴与模具衬套口紧密贴合。

（3）注射

1）一级注射。电磁铁 D_1、D_2、D_3、D_5、D_9、D_{12} 通电。

大小泵压力油经单向阀→②①三位四通换向阀⑮→单向阀⑯→进入注射油缸活塞的右腔，推动活塞左移，开始熔融料注射。注射压力由调压阀⑬调节。

2）二级注射（快→慢）快速时，限位开关 11 被压下时，电磁铁 D_1、D_2、D_3、D_5、D_9、D_{12}通电。

大小泵压力油经单向阀②①→三位四通换向阀⑮→单向阀⑯→进入注射油缸活塞的右腔，推动活塞左移，快速注射。快速注射压力由调压阀⑬调节。

慢速时，注射过程中，限位开关 11 升起，电磁铁 D_1、D_2、D_4、D_5、D_9、D_{12}、D_{13}通电。大小泵压力油经单向阀②①→三位四通换向阀⑮→一部分经单向阀⑯→进入注射油缸活塞的右腔，推动活塞慢速注射；另一部分经二位四通换向阀⑰→节流阀⑱→回油箱。慢速注射压力由调压阀⑫调节。调压阀⑬的压力值比调压阀⑫的压力值大些。

3）二级注射（慢→快），在启动主命令开关后，动作与上述相反进行。

（4）保压，电磁铁 D_2、D_4、D_5、D_9、D_{12}通电

小泵压力油经单向阀①→三位四通换向阀⑮→单向阀⑯→进入注射油缸活塞的右腔，保压。保压油压力由调压阀⑫调节。一部分压力油进入注射油缸，同时有一部分经溢流阀回油箱。

（5）注射机座后退，电磁铁 D_2、D_{10}通电

小泵压力油经单向阀①→换向阀⑭→进入移动油缸中活塞的左腔→活塞右移，推动机座后退。

（6）预塑化螺杆移动，电磁铁 D_2、D_8通电

小泵压力油经单向阀①→二位四通换向阀⑲→进入液压离合器小油缸，推动活塞，离合器把电动机与齿轮减速箱连接，带动螺杆转动，预塑化制品用料。此时，注射油缸中活塞右腔的油在熔融料的反压作用下，经背压单向调节阀⑯→三位四通换向阀⑮→油冷却箱→回油箱。

预塑化时螺杆的背压由单向调节阀⑯调节。通向离合器的油压力，由溢流阀⑳调节。

（7）开模

1）快速开模，电磁铁 D_1、D_2、D_6通电。

大小泵压力油经单向阀②①→三位四通换向阀③→单向调节阀④→进入合模油缸中活塞右腔，同时活塞左腔油经三位四通换向阀③→油冷却箱→回油箱。活塞快速左移。

这个动作，合模并没有打开，而是拉动曲肘连杆从自锁位置落下。

2）慢速开模。在快速开模动作活塞左移时，限位开关 3X 脱开后，电磁铁 D_1断电，D_2、D_6通电，大泵卸载，实现慢速开模。

3）快速开模。活塞左移，慢速开模中，限位开关 6X 脱开后，电磁铁 D_1、D_2、D_6通电。大小泵同时向开模油路输送压力油，实现快速开模。

4）再慢速开模。在开模左移行程中，碰到限位开关 4X 时，电磁铁 D_1断电，大泵经溢流阀⑥卸载。仅由小泵供开模油缸压力油，开模速度变慢。

5）开模运动停止。慢开模行程中，碰到限位开关 1X 时，电磁铁 D_2断电，则小泵压力油经过溢流阀⑤→二位四通换向阀⑧→回油箱。开模油缸停止移动。

（8）制品顶出

1）顶杆右移顶出制品。开模过程中，碰到限位开关 2X 时，电磁铁 D_7通电。

压力油经二位四通换向阀㉑→单向调节阀㉒→进入顶出油缸中活塞左腔，活塞顶杆右移顶出制品。活塞右腔油，经二位四通换向阀→油冷却箱→回油箱。

2）顶杆左移后退，开模停止，电磁铁 D_7断电。

压力油经二位四通换向阀㉑→进入顶出油缸中活塞右腔，活塞顶杆左移退回。顶出油缸活塞左腔油，经单向调节阀㉒→二位四通换向阀㉑→油冷却箱→回油箱。

（9）螺杆退回，电磁铁 D_2、D_{11} 通电

小泵压力油经单向阀①→三位四通换向阀⑮→进入注射油缸中活塞的左腔，推动活塞右移，使螺杆跟着右移后退。

6.4.4 注射成型机的操作方式及应用

1. 调整操作

注射机的调整操作也叫点动操作，指注射机各部分的工作运动在按住相应的按钮开关时才能慢速动作，手一旦离开按钮，动作即停止。这种操作主要应用在模具的安装调整、试验、检验某一部位的运动及维修拆卸螺杆时。

2. 手动操作

手动操作指用手按住某一按钮，其相应控制的某一零部件开始运动，直至完成动作到停止。不再按此按钮，就不再出现重复动作。这种操作应用在模具安装好后试生产时，对模具装配质量、锁模力的大小调试等方面。生产过程中的某些特殊情况也可以采用此操作。

3. 半自动操作

半自动操作指注射机的安全门关闭后，制品的各个生产动作由继电器和限位开关控制，机器按照预先调整好的程序动作顺序进行，直到制品成型，打开安全门，取出制品。这种操作应用在批量生产某一制品时。

要经常检修机器的零部件工作情况，保证各个部分能够协调准确地工作。

4. 全自动操作

全自动操作指注射机的电气控制系统采用编程控制，按照一定的程序运作，机器一旦进入生产状态，无须操作人员的参与，便完成塑料制品的注塑加工全过程。这种操作要求机器自动化程度较高，生产批量比较大的场合。

6.5 ZDK-160 型自动制袋包装机

6.5.1 概述

自动制袋包装机所使用的包装材料为卷筒薄膜形式，在工作过程中实现自动制袋、装填、封口、切断等工序。适用于液体料、粉料、颗粒料、半流体料等物料的包装，也有用于块状物体的包装。包装材料为塑料单层膜、多层复合膜、纸塑复合膜或铝塑复合膜。包装成品的袋型常见有中缝式两端封口、对折式三边封口、四边封口和定型自立袋。不同产品的袋型有所不同，包装机的结构略有差异，但主要结构和工作原理基本相同。整机结构按总体布局分为立式和卧式；按制袋运动形式分为间歇式和连续式。通常自流性好的物料采用立式包装，而半流体或块状物体包装选用卧式间歇包装机。

　　自动制袋包装机的规格型号多样，本节主要介绍目前使用比较普遍的 ZDK-160 型立式自动制袋包装机。

6.5.2 主要技术参数及工艺流程

　　1. 主要技术参数

　　ZDK-160 型自动制袋包装机的主要技术参数如下。
公称生产能力：50～100 袋/min（连续可调）。
包装容量：20～40ml。
计量方式：容积计量。
包装材料：单层或双层塑料膜，厚度 0.03mm 以下。
塑料膜宽度：160mm 以下。
塑料膜卷筒外径：最大 300mm。
成品袋尺寸：最大 80mm×110mm。
控制方式：时间控制。
主电机：370W/220V，1440r/min。
加热器：纵封 220W/110V×2；
横封 220W/110V×2。
主机外形尺寸（长×宽×高）：
600mm×800mm×1800mm。
全机总重量：约 350 kg。

　　2. 工艺流程

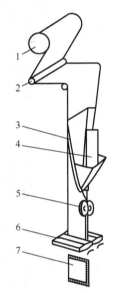

　　图 6.40 所示是该包装机的工作流程示意图。图中，卷筒薄膜 1 在纵封滚轮 5 的牵引下，经导辊组进入制袋成型器 3 形成圆筒状，纵封滚轮在牵引的同时封合对接边缘，随后由横封辊 6 实施横封和切断。横封可以同时完成上袋的下边

图 6.40　自动制袋包装机工艺流程示意图

1—卷筒薄膜　2—导辊　3—成型器　4—加料管　5—纵封滚轮
6—横封切断器　7—成品袋

缘和下袋的上边缘封合，并切断分离。物料的充填在薄膜受纵封滚轮牵引向下移动至横封闭合前完成。
　　上述工艺流程可用如图 6.41 所示的框图表示。

图 6.41　自动制袋包装工艺流程框图

6.5.3 主要组成结构

　　如图 6.42 所示是该包装机的总体结构示意图。

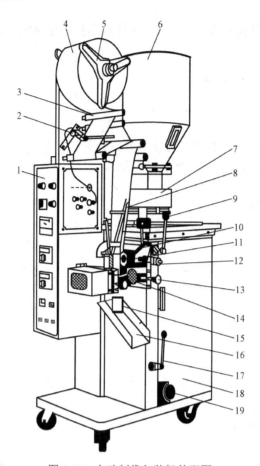

图 6.42　自动制袋包装机外形图

1—电气控制系统　2—光电检测装置　3—导膜辊　4—卷筒薄膜　5—退卷架　6—料仓　7—定量供料器
8—制袋成型器　9—供料离合手柄　10—成型器支架　11—纵封滚轮　12—纵封调节旋钮
13—横封调节旋钮　14—横封装置　15—包装成品　16—落料槽
17—横封离合手柄　18—机架　19—调速旋钮

　　主传动系统安装在机架 18 上，驱动纵封滚轮 11 和横封辊 14 转动，同时传送动力给定量供料器使其给料。薄膜卷筒 4 安装在退卷架 5 上，在牵引力作用下，薄膜展开经导辊组 3 引导送出，导辊组对薄膜起到张紧平整及纠偏的作用，保证薄膜牵引力恒定和走膜位置正确。

　　制袋成型器 8 的作用是将薄膜由平展逐渐对折成袋型，固定在支架 10 上，通过调整成型器与纵封滚轮 11 的相对位置，保证薄膜成型封合的顺利进行，封合时两边对齐，误差≤2mm。

　　纵封装置设有一对结构相同的滚轮，工作时作相向旋转运动，同时牵引薄膜进行输送，对成型后的对接纵边进行热封合。横封装置设有一对横封辊 14，工作时相向旋转，在对薄膜横向封合后，将成品袋与上袋切割分离。

　　物料供给装置是一个定量供料器 7，其作用是根据包装要求完成物料定量并顺利送入加料管。传动及电气控制系统主要包括动力、温度、计数等，可设定工作速度，根据包装材料性能特点设置纵封和横封温度，对控制包装质量起到至关重要作用。

　　下面分别对其主要装置如薄膜供送装置、制袋成型装置、纵封牵引装置、横封与切断装置、定量供料装置、传动与控制系统等结构作介绍。

1. 薄膜供送装置

薄膜供送装置包括退卷架，预牵引和惯性制动，以及怕引力装置、导引和纠偏装置。薄膜在供送过程中必须保持平稳无跳动，正确到位而不会偏移。

（1）退卷架

退卷架用于安装包装薄膜卷，也是包装薄膜卷的支承架。图6.43是带轴向调节的退卷架结构图。心轴7固定在支承座10上，套筒8通过滑套2和轴承3支承在心轴上，两个挡盘6将薄膜卷5固定在套筒上。滑套在导向键的作用下可沿轴向移动，转动旋钮1，通过螺杆可带动滑套2及套筒8向左右移动，调节包装薄膜卷轴向位置以适应后续工艺要求。

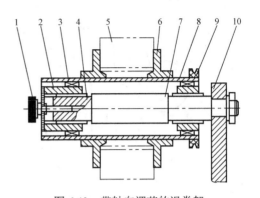

图6.43 带轴向调节的退卷架

1—调节旋钮 2—滑套 3—轴承 4—导向键 5—膜卷
6—挡盘 7—心轴 8—套筒 9—制动轮 10—支承座

（2）预牵引和惯性制动

薄膜卷在使用中直径越来越小、质量越来越轻，牵引力会发生变化。为了保证成型时的薄膜张力恒定，通常都设计有预牵引和惯性制动装置。卷筒薄膜的预牵引装置一般有钳拉式和滚筒式，钳拉式通过机械或气动摆杆机构间歇性将膜拉出，滚筒式利用两个塑胶滚筒相对转动将膜拉出，可以连续工作。惯性制动装置一般安装在包装薄膜卷的套筒8上，使薄膜带由卷盘至预牵引拉开间有适度的张力。

图6.44是常用的几种制动装置示意图，本机采用图（a）所示的方式制动。

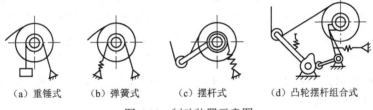

（a）重锤式　　（b）弹簧式　　（c）摆杆式　　（d）凸轮摆杆组合式

图6.44 制动装置示意图

（3）恒张力装置、导引和纠偏装置

如图6.45所示是恒张力装置示意图。安装在预牵引装置和纠偏装置之间，利用薄膜膜辊的自重对后工段的膜薄膜进行张紧，其张力恒定，预牵引的薄膜在此贮存。

导引和纠偏装置主要由多根导辊组成，导辊之间相互平行，通过导辊的作用，使薄膜平展输送。包装薄膜被牵引走动过程中，由于各种原因会出现跑偏现象，一般允许跑偏量为2mm以下，若跑偏量较大，会影响产品的包装质量。其中一个导辊上装有动力源，工作时其位置根据要求可以变化或与其他辊可以发生适当倾斜，起到校正纠偏的作用。

2. 制袋成型装置

在自动制袋包装机中，薄膜卷由舒展平坦到输送至卷折成各种袋型的过程中，制袋成型器对包装的形式、尺寸及其质量有直接影响。常用的制袋成型器有多种形式，如翻领成型器、象鼻成型器、三角板成型器、U 形板成型器及缺口导板成型器。该机所采用的是象鼻成型器，如图 6.46 所示。成型器的结构有以下要求：

1）尽量减少薄膜通过成型器所受的阻力，使薄膜不产生纵向或横向的拉伸变形以及皱折等。

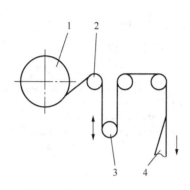
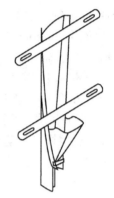

图 6.45　恒张力装置示意图　　　　　　　　图 6.46　象鼻制袋成型器

1—薄膜卷　2—导辊　3—浮动辊　4—成型器

2）确保薄膜自然贴合、无拉伸、无腾空地通过成型器，自然卷合，正确成型。

3）结构简单可靠，制造方便，调试容易。

3. 纵封牵引装置

如图 6.47 所示是纵封牵引装置的结构简图。

图中，纵封装置主要由一对滚轮 3 和 4 组成，滚轮的外圆周表面紧密压合，压合力来自弹簧力的作用。纵封滚轮 3 和 4 分别安装在轴 15 和 16 的左端，由螺母固定，使滚轮可随轴转动。轴 15 的两端轴承固定安装；轴 16 的左边轴承座 14 可滑动，其右边的固定轴承座装有一个调心球轴承，因此，可调轴承座 14 可在安装板 1 的滑槽内做滑动微调。受弹簧力的作用，可调轴承座 14 受压内移，使滚轮 3 和 4 紧密压合。两滚轮间的压力可以调整，当拧紧调节套筒 9 时，弹簧 12 和 13 压缩，使压力增大，放松调节套筒则压力减小。圆螺母 11 用来锁紧调节套筒。

两个纵封滚轮的圆筒内装有加热器，加热器由发热元件 5 和支座 6 组成。发热元件一般采用电阻发热线圈，绕装在支座上，再通过支座安装在轴承座或安装板上。当纵封滚轮随轴旋转时，加热器固定不动，持续的对滚轮的圆筒壁均匀加热。加热温度通过测温器测量，并由温控仪控制其变化范围。

纵封滚轮的动力来自齿轮 21，由传动机构带动齿轮 21 旋转，并通过相互啮合的齿轮 20 和 19 同时驱动轴 15 和 16，使纵封滚轮实现相对旋转。

在纵封滚轮的封合圆柱面上加工有均匀细密的网纹，以增加封口的牢固度，使热封缝美观且质量保证。另外，纵封滚轮在工作中长时间处于加热状态，并做连续相对滚压运转，因此，需要有较好的综合力学性能。在实际生产中可采用合金结构钢加工，如 40Cr 等钢材制造。

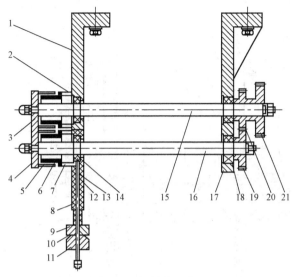

图 6.47　纵封牵引装置

1—安装板　2—座套　3、4—纵封滚轮　5—发热元件　6—支座　7—锁母
8—封板　9—调节套筒　10—调节螺杆　11—圆螺母　12—小弹簧　13—大弹簧
14—可调轴承座　15、16—纵封轴　17—支承座　18—调心球轴承　19～21—齿轮

4. 横封与切断装置

横封与切断装置用于复合包装袋的横向热熔封合,在热封的同时分切包装袋。有些包装机设有独立的分切装置,采用横封同时分切的方式是连续式自动制袋包装机的发展趋势。横封切断二合一不但简化了传动机构,且对有色标薄膜袋的分切更准确,封切质量和生产效率更高。

图 6.48 是横封装置的结构简图。一对横封辊 1 和 2 都具有两个封合面,对称布置,相对旋转 1 周可封切两次,完成两袋包装。

横封辊 1 的两端装有滑套轴承 18,通过轴瓦套 17 固定在支承座 20 和安装板 16 上。横封辊 2 两端的滑套轴承装配在滑动轴承座 3 上,左右两个滑动轴承座可以在支承座 20 和安装板 16 的滑槽内移动。受弹簧力的作用,横封辊 2 向横封辊 1 压合,两辊的左右圆环部分的圆周面保持紧密接触。两辊的压合力可以调节,旋紧调节套筒 5,弹簧 8 和 9 压缩,压力增大,放松调节套筒则压力减小。圆螺母 4 用来锁紧调节套筒。

动力由双联链轮 11 输入,经中间双联齿轮 14 带动横封双联齿轮 13,然后由相互啮合的齿轮驱动两个横封辊做相对回转,实现封切。横封辊的发热源来自电热管 21。电热管从横封辊的轴端穿入,穿入长度应比横封辊的封切面稍长,确保封切面受热均匀。在运行过程中电热管随横封辊一起旋转,因此,需要在横封辊轴端装配电刷环 19,通过其导入电源。横封辊的温度通过测温头测定,再由温控仪调节,测温头可装配在滑动轴承座 3 或轴瓦套 17 上。

横封辊的结构如图 6.49 所示。热封板 2 和 6 分别安装在回转轴 1 和 8 上,用螺钉固定。热封管内装有电热管 3,其热封面中间槽隙内装嵌有刀板 4 和切刀 5,用螺钉固定。调节螺杆 7 的作用是调整切刀突出的高度,当放松螺母 9 以及切刀紧定螺钉时,旋转调节螺杆可以顶出切刀,调整其突出的高度,使其与刀板紧密配合,以便顺利切断薄膜。调整结束后应再锁紧螺母和螺钉。

横封辊的封合面有加工花纹,样式与纵封辊一致。

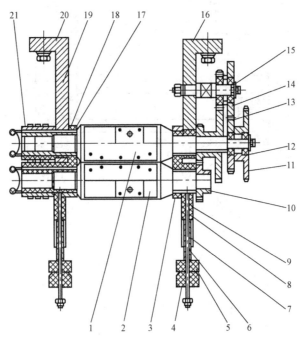

图 6.48　横封切断装置

1、2—横封辊　3—滑动轴承座　4—圆螺母　5—调节套筒　6—调节螺杆
7—封板　8—小弹簧　9—大弹簧　10—齿轮　11—双联链轮　12—轴承　13、14—双联齿轮
15—小轴　16—安装板　17—轴瓦套　18—滑动轴承　19—电刷环　20—支承座　21—电热管

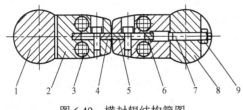

图 6.49　横封辊结构简图

1、8—回转轴　2、6—热封板　3—电热管　4—刀
板　5—切刀　7—调节螺杆　9—螺母

连续制袋包装机的包装质量取决于封口质量。热封质量受到时间、温度和压紧力的影响，对于某一产量，热封时间基本固定，需调整温度和压紧力之间的最佳匹配，封接温度的设定根据包装薄膜特性而定，通过主电控柜中的温度控制仪调整；压力的调整通过调整前后热封头的相对初始位置实现。

无论是纵封辊还是横封辊，其热封头外一般都包有四氟布，防止包装薄膜熔化后与热封辊粘接，同时可以增加封合牢固。四氟布有条状和卷状。四氟布烧焦或表面损坏时，必须及时更换，以保证封接质量。

5. 定量供料装置

本机采用容积式计量供料形式，其结构简图如图 6.50 所示。可转动的料盘 5 圆周上等分装有 4 个量杯 6，各个量杯的底部均有一个活动底盘 7 封闭其出口，料盘内还设置有一个料盘罩 4，其径向分步有刮板，上部开有一个圆孔，通过料杯 3 进料。料盘罩通过支承板 2 固定安装在支架 1 上，支架 1 固定在机架上。料盘罩安装时应保证其底面不接触料盘面，且与料盘面倾角 1°左右，以便于定容刮料。

料盘 5 连续旋转，料盘罩 4 固定不动，通过刮板把充填入量杯的物料面刮平，保证各量杯所盛的物料容积相同。当量杯随料盘转到卸料位置时，活动底板 7 被开盖销碰开，物

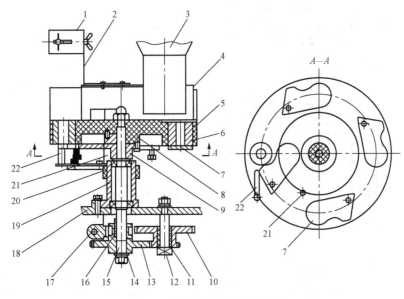

图 6.50　转盘式定量供料装置

1—支架　2—支承板　3—下料筒　4—料盘罩　5—料盘　6—量杯　7—活动底盘　8—联接盘　9—法兰盘
10—双联齿轮　11、14—滑套　12—心轴　13—离合齿轮　15—转轴　16—离合滑套　17—拨叉
18—机体　19—轴承座　20—开闭销支座　21—闭盖销　22—开盖销

料靠自重落下卸出，经成型器充填入包装袋内。随后转盘继续回转，使活动底盖碰到闭盖销 21，令其回复原位，重新另一个充填计量的过程。

开盖销和闭盖销安装在开闭销支座 20 上，并通过它与轴承座 19 固定。供料器的动力由传动机构通过双联齿轮 10 传入，并带动离合齿轮 13，再通过离合滑套 16 驱动转轴 15 运转，从而带动料盘回转。必要时，可通过机外的离合手柄扳动拨叉 17，使离合滑套 16 脱离齿轮 13，使转轴和料盘停止运转，达到暂停供料的目的。

供料器的充填时间要与制袋热封动作密切配合。当制袋热封与充填时不适应时，可将双联齿轮 10 抬起，脱离离合齿轮 13，转动料盘，使料盘在开盖时横封辊正处于热封动作。如此调整结束后，再将双联齿轮 10 回复原位，经过这一调整，改变了齿轮 10 与 13 的啮合位置，因而使活动底盘开闭时间与制袋封切相协调。

另外，还有一种可调容积的转盘式定量供料器，在此不再详述。

6. 传动与控制系统

图 6.51 是 ZDK-160 型连续式自动制袋包装机的传动系统图。

图中，主电机 1 的动力经无级调速机构 2 传至减速比为 $i=20$ 减速器，通过链传动带动主轴 I 运转，再通过主轴分配，形成三路传动路线，分别驱动定量供料器 12、纵封滚轮 10 和横封辊 9。三路传动路线如下：

1）主轴 I 通过锥齿轮 Z_{30} 带动立轴 II，再经过齿轮 Z_{20} 及 Z_{40} 驱动轴 III，使定量供料器 12 回转。立轴 II 上装有凸轮 7 和 8，控制微动开关，作信号同步检测装置。

2）主轴 I 通过间隔齿轮 5 和过渡齿轮 Z_{65}，Z_{90} 带动齿轮 Z_{60}，使轴 IV 旋转。经过差动传动装置，综合伺服电机 6 输出的补偿速度，再经过齿轮 Z_{37}，Z_{30} 带动轴 V 旋转，从而驱动纵封滚轮 10 相对回转。齿轮 Z_{65}，Z_{90} 装配成挂轮式结构，可绕支轴摆动，并可沿支轴左

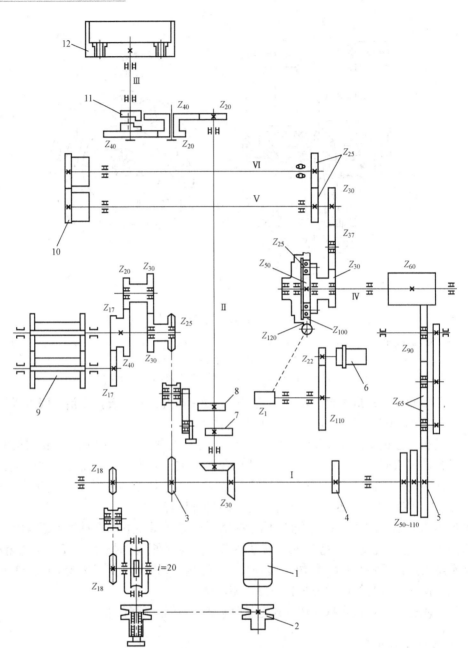

图 6.51　自动制袋包装机的传动系统图

1-主电机　2-无极调速机构　3-偏心链轮机构　4-计数凸轮　5-间隔齿轮　6-伺服电机
7-下凸轮　8-上凸轮　9-横封器　10-纵封滚轮　11-离合器　12-定量供料器

右移动，与间隔齿轮 5 配合可输出不同的转速，以适应不同的袋长要求。

3）主轴通过偏心链轮机构 3 输出一个不等速运动，带动齿轮 Z_{30}，经齿轮 Z_{20}，Z_{40}，Z_{17} 驱动横封辊相对回转。通过调节偏心链轮的偏心值可以实现热封速度的调整。

图示传动系统，主轴回转一周，横封辊旋转半周，即封切一袋包装产品。当定量供料器配置 4 个量杯时，由主轴到供料器的传动比为 1/4，即每封切一袋，供料器转 90°。

图 6.52 是 ZDL-180 其电气控制原理图，仅供参考。

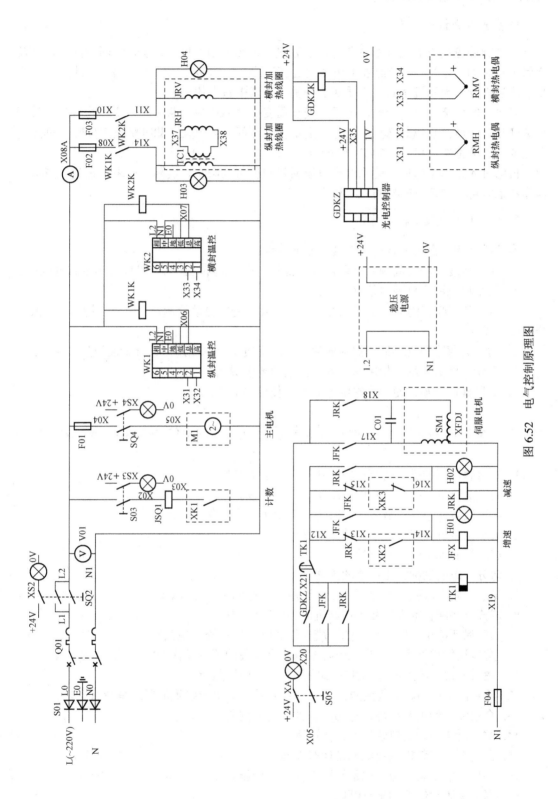

图 6.52 电气控制原理图

6.5.4 生产率分析及技术特点

1. 生产率分析

自动制袋包装机的生产率主要与包装容量、纵封牵引时间 t_1、横封切断时间 t_2，以及定量供料时间 t_3 有关。设计时要求机器的运行速度在一定范围内可调，由于上述三个基本功能同步进行，因而机器的生产周期 T 应稍大于其中最大的一个。

当包装容量增加时，一般情况下，袋长需变化，而横封切断时间不变，物料定量时间也会变化，也就是说纵封牵引时间 t_1、定量供料时间 t_3 会增大，此时整机工作时间可能会发生变化。理论生产率 $Q=60/T$（包/min）。

机器进入正常工作后，受到更换包装材料和色带的影响，实际生产率于理论生产率，操作熟练时可达到理论产量的 95% 以上。

2. 自动制袋包装机技术特点

本节所介绍的自动制袋包装机具有如下特点：

1）包装速度在一定范围内可调，可达到与制袋、充填、封合、切断环节的最佳匹配。
2）袋长可在所定范围内任意设定。
3）当包装薄膜有色标定位标志时，制袋可实现光电自动检测，定位封合切断，以保证袋图案完整。
4）与包装薄膜和物料接触的零部件均采用优质不锈钢制造，符合食品卫生要求。
5）滚轮式地脚支承，使用移动方便，场地要求灵活。
6）机器操作调整方便，维修保养简单，使用寿命长。

思考练习题

1. 如何确定灌装机的拨瓶星轮和螺旋输瓶器的高度？
2. 简述灌装机的高、低液位控制阀的工作原理。
3. 含汽液体和不含汽液体装瓶时各有何要求？有何保证措施？
4. 灌装压盖机高度调节装置的作用是什么？
5. 试回答贴标机的工作过程。
6. 请分析影响贴标机生产率的因素。
7. 简述无瓶不取标、无标不涂胶、无瓶不贴标的工作原理。
8. 试分析并回答糖果包装机扭结机械手的工作原理。
9. 如何保证糖果包装机使用的薄膜在输送时不出现松展现象？
10. 塑料注射成型可以分为几个阶段？各个阶段的要点是什么？
11. 注射装置中的主要零部件有哪些？其作用分别是什么？
12. 塑料注射成型机合模装置的主要作用是什么？对该装置的要求是什么？
13. 合模装置的主要零部件有哪些？其作用分别是什么？
14. 试分析自动制袋包装机的工作过程。
15. 自动制袋包装机主要组成结构有哪些？
16. 如何理解薄膜"跑偏现象"？有何防止措施？
17. 影响薄膜封结的因素有哪些？
18. 塑料封口机的热封头外面增设四氟布的作用是什么？

第7章

自动生产线

在对各种单体自动机的结构组成和工作原理了解之后，本章主要内容是学会如何根据生产产品的生产工艺要求，选择适当的单体自动机或者相应装置来组成自动生产线的方法。

7.1 概 述

7.1.1 自动生产线及其特点

通常把按工艺路线排列成的若干自动机械，用自动输送装置联成一整体，用自动控制系统按一定要求控制，具有自动操作产品的输送、加工、检测等综合能力的生产系统称为自动生产线，简称为自动线。这种生产线涉及的范围很广，如各种自动加工机床组成的机械零件加工自动线；汽车、摩托车生产自动线；轻工业日常用品如电池、牙膏生产自动线；液体、固体物料的称重、充填、包装生产自动线等。

自动生产线具有如下特点：

1）在自动生产线上，工件或物料以一定的生产节拍、按照加工工艺顺序逐一地经过各个工位，完成规定的生产工艺，最后形成符合要求的产品。

2）在自动生产线上，人工不参与直接的生产工艺操作，只是全面观察，分析生产系统的运转情况，周期性地对产品质量抽样检查，及时排除设备故障，调整维修、更换刀具或易损零件，往料仓加料，使生产线得以继续工作。

3）采用自动生产线，可以改进企业组织管理，有利于应用先进的科学技术，缩短产品的加工周期，增加产量，提高质量，降低成本，改善劳动条件。尤其对于轻工食品类产品，其生产批量大，采用自动生产线的优越性更加体现出来。

本章作为第6章的延伸和扩展，将以轻工业自动生产线做实例分析，介绍自动生产线的基本常识。

7.1.2 自动生产线的组成

根据自动生产线的定义，可以将自动生产线的组成要素归纳为基本工艺设备、运输贮存装置、控制系统三大部分。其中自动机是最基本的工艺设备，运输贮存装置是必要的辅助装置，它们依靠控制系统联系起来，如图7.1所示。

在第2章里已经讲过，自动生产线按照排列的特征可分为直线型、曲线型、封闭型、树枝型自动线。按各单机之间的连接特征可以分为同步（刚性）生产线、非同步（柔性）

生产线、分段同步（半刚性半柔性）生产线。现代化生产企业的自动生产线逐渐采用了系统论、信息论、控制论和智能工程，将各种高级自动化机械、智能检测、计算机控制、调节装置等按照生产工艺要求组合成全自动化的柔性生产线或半刚性半柔性生产线较多。例如，方便面食品生产线主要由原料混合机、和面机、熟化机、复合压延机、切条折花机、蒸面定量切块机、油炸热风干机、包装机等单机组成全自动半刚半柔性自动化生产线。

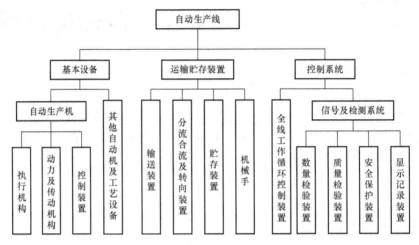

图 7.1　自动生产线组成图

如图 7.2 所示是一条啤酒包装自动线平面布置图。该线生产能力为 20000 瓶/h，主要工作机为卸箱机、洗瓶机、灌装压盖机、杀菌机、贴标机、装箱机，输瓶链道、输箱链道、验瓶系统等是必要的辅助装置。灌装机和压盖机之间呈刚性连接，该生产线属于分段非同步顺序组合生产线。

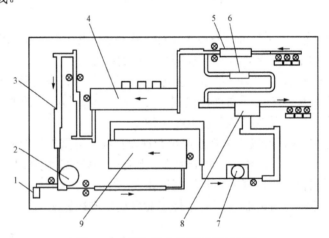

图 7.2　啤酒包装自动线平面布置图

1—瓶盖输送机　2—灌装压盖机　3—输瓶带　4—洗瓶机　5—卸箱机　6—洗箱机

7—贴标机　8—装箱机　9—杀菌机

自动生产线的建立已经为产品生产过程的连续化、高速化奠定了基础。今后不但要求有更多的不同产品和规格的自动生产线，而且还要实现产品生产过程的综合自动化，也就是说向自动化生产车间和自动化生产工厂方向发展。

图 7.3 是塑料瓶的吹瓶、印刷、灌装、装箱和堆码的全部过程，它集容器的生产过程

与物料的装瓶生产过程一体化。

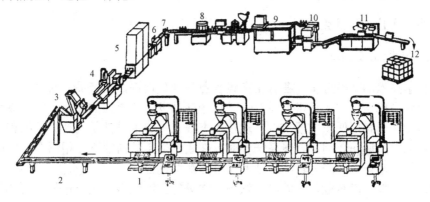

图 7.3　综合自动生产线

1—吹塑成型制瓶机　2—输送带　3—理瓶装置　4—印刷机　5—烘干装置　6—瓶子竖立装置

7—转向装置　8—灌装封口机　9—制箱机　10—装箱机　11—封箱机　12—堆码机

视频 7.1 为吹瓶灌装综合自动生产线，是由瓶坯供送系统，瓶坯加热系统，旋转式吹瓶机，出瓶理瓶输送系统，冲、灌、旋一体化自动机等组成的。瓶坯由输送和整理装置有序输送到回转式加热系统的入口，再由回转式加热系统的夹持器夹住瓶坯螺纹颈部，随夹持器上的链传动做长圆型轨迹运动，在运动过程中瓶坯身部接受不同温度加热。当达到吹瓶温度时，瓶坯从回转式加热系统的出口被送入旋转式吹瓶机的吹瓶模具中，加热后

视频 7.1

的瓶坯随吹瓶机转动过程中，经过拉伸、吹制和降温，最后从旋转式吹瓶机的出口，由取瓶转盘将吹制的成品 PET 瓶取出，并进一步通过输送系统送到冲、灌、旋一体化自动机进行灌装，最后将灌装后产品瓶送出机外。

7.2　自动生产线设备的选择

7.2.1　设备选型的基本原则

自动生产线的设备选型就是从多种可以满足需要的不同型号、不同规格的设备中，经过技术分析、综合评价和比较，选择出最合适自己企业需求的自动加工系统。合理正确地选择设备，能使有限的投资发挥最好的经济效益。

设备选型应该遵循下列几项原则：

1）生产适用。指根据企业的生产能力，所选择的设备应适合企业的生产实际需要，同时预备适当的发展空间，满足生产规模改变或开发新的产品工艺的需要。

2）技术先进。以生产适用为前提，按照企业发展的实际情况，防止选择技术上已经或即将淘汰的设备。

3）经济合理。在满足上述条件的情况下，尽量以最少的经济投资取得最大的效益。

生产适用、技术先进、经济合理三者相互制约。通常技术上先进的设备其生产能力比较高，自动化程度也较高，适合于大批量、连续化生产的现代化大企业。如果中小型企业生产量不够大而选择使用此类设备，会造成能源、资金的浪费，也不能使设备发挥应有的

能力。因此，设备的选型要权衡各方面的因素。

7.2.2 设备选型应考虑的因素

1. 设备技术的先进性

随着科学技术的不断进步，各种生产设备更新换代很快，新产品、新技术、新工艺不断涌现，特别是机电一体化技术的发展，使机械产品发生了更大的变化。例如以前啤酒、饮料的包装生产设备用低压电器控制，现在生产线上关键单机都是用计算机编程控制，实现人机对话触摸屏操作。因此，设备选型时，在生产适用的前提下，根据企业实际发展的需要，尽可能地选择生产能力较高、技术先进的新型设备。

一般地，大型生产企业，如啤酒、饮料、卷烟等生产设备，应该选择自动化程度高、生产能力相配套的生产线。对多品种、产品变化快的企业例如食品企业，应该选择适应范围广的组合生产机，以适应生产工艺变化快的要求。

2. 设备的可靠性

设备的可靠性是保证产品的生产质量，保证设备生产能力的前提条件。设备的可靠性很大程度上取决于设备的设计，因此，选择设备时必须考虑设计质量。首先是设备结构的合理性，例如结构设计、机构选择、构件尺寸、材料选用等；还要考虑设备自身的防护性，例如防震、过载保护、防污染、润滑等；也应考虑设备控制的合理性。

可靠性的定量标准是设备的可靠度，指设备的全部系统，包括零部件在规定的条件下、规定的时间内无故障地执行预定工作的效率。规定的条件是指环境、负荷、操作、运转及养护方法等；规定时间一般指设备设计寿命周期；故障就是系统丧失其应有的功能。

3. 设备的消耗性

生产线上设备的选择要考虑其消耗性，即设备对能源、原材料的消耗情况。在保证产品生产的前提下，能源消耗越低越好，如同样是用电源作动力的设备，生产能力相同，其耗电量越低应该首选；设备所消耗的能源价格越低越好，同样生产能力的设备，是电能为动力、燃油做动力还是燃气做动力，要结合国情，根据当地的实际，做出合理选择。一般选择的能源是本企业、本地区能够最经济保证供应的。

在原材料消耗方面，应该注意生产材料的有效利用率，尽量减少对环境资源、生产物品的破坏。

4. 设备的操作性、安全性

设备的操作性、安全性就是设备应该适合人性化安全操作，达到最佳的宜人状态。应该从以下几个方面考虑：

1）生产线上工作机的操作结构符合人的形体尺寸要求，操作装置的结构、尺寸应该使操作工容易接触、方便操作。例如食品包装线上输送平台高度、输送链高度一般在800～1200mm，并且设计上做到可以调节；大型设备的人行道宽度、维修梯子宽度、梯子倾斜度、承载力、脚踏钢板等都要按照相关标准设计和制造。

2）设备的操作系统应该符合人的生理特点。包括人承受负荷能力、耐久性、动作节奏、动作速度等。

3）设备的显示系统应直观、准确，尽可能采用计算机中心控制。提示、报警信号应符合人的心理特点；料位观察窗口设置合理、适宜观察。

4）选择设备时要先考虑有安全保护功能、自锁性好的设备；对在高温、高压、高辐射、强光、强振动条件下工作的设备应该特别注意设备的必要保护设施，例如塑料制品的注射成型机、杀菌设备、蒸汽处理设备等。

5. 设备的成套性

设备的成套性和生产线的生产能力关系密切，是实现生产能力的重要标志。它包括三个方面：

1）单机配套。指随单机工作的专用工具、附件、零部件、备品配件等。例如液体灌装机要适应不同容器类型的随机更换件，易损零部件等要和单机配套选择。

2）机组配套。指生产线上主要工艺装置、辅助工艺装置、控制装置之间要配套。例如香肠类生产线上的粉碎机、斩拌机、充填打卡机、杀菌机等这些主要工作机的生产能力要和输送泵、供送系统速度控制等辅助工作机的生产能力相匹配，否则会影响正常生产。

3）项目配套。指生产线所需设备的工艺、人员、原材料输送等的配套。例如输送线上人员的合理配备，若配备不当会影响生产的正常组织管理等。

6. 设备的灵活性

设备的灵活性指设备的适应性能和通用性能。即设备能适应不同的工作环境条件；适应生产能力的波动变化；适应不同规格的产品生产工艺要求。例如，大型饮料企业的灌装生产线上所使用的灌装封口机采用灌装、旋（压）盖一体化机型，其压盖头和旋盖头部分与机体之间有很好的互换性，一段时间内生产玻璃瓶压盖类产品时，使用压盖头工作，另一段时间内生产聚酯瓶旋盖类产品时，便换上旋盖头工作，当然，其他零配件也要做必要的更换。

随着科技的发展，变频调速技术、计算机编程控制使得设备的适应性更广。

7. 设备的维修性

设备的维护检修目的是保证设备处于良好的技术状态，满足生产需求，并使得维修费用最为经济。

选择自动生产线上设备时，对于其维修性可以从以下几个方面衡量：

1）机器结构合理并且简单。机器总体布局合理，各零部件结构合理并便于安装、检查和维修。在满足相同使用功能条件下，结构尽可能简单，需要维修的零部件数量最少、最容易拆卸。

2）机器结构先进。工作机尽可能采用参数自动调整机构、磨损自动补偿机构。

3）标准性好。机器尽可能地采用标准零部件和元器件，减少机加工零件，以满足互换性要求，给维修工作带来方便。

4）采用模块组合制造。设备容易被拆卸成几个独立的部件、装置和组件，并且无需用特殊方法就可进行装配成整机。

5）有状态监控和故障自动诊断能力。利用仪器、仪表、传感器和配套仪器，检测自动机各部位的温度、压力、电流、电压、振动频率、功率变化、成品检测等各项工艺参数动态，以判断自动机运行的技术状态及故障发生的部位。

出现故障后，设备某些特性改变，会产生机械方面、温度方面、噪声及电磁方面种种物理和化学参数的变化，发出不同的信息。捕捉这些变化的特征，检测变化的信号和规律，就可以判断故障发生的部位、性质、大小，分析原因和异常情况。

以前，设备的操作和维修属于企业生产和设备管理两个部门的工作，随着企业生产结构的调整以及自动机技术的发展，这一模式有朝着"操作与维护"一体化方向发展的趋势。

8. 设备的经济性

衡量生产线上自动机的经济性，应该以设备的寿命周期为依据。一方面要对选型方案做周期费用比较；另一方面要用价值工程学知识做选型方案的投资效益分析比较，以选择经济上最为合理的方案。

总之，选择生产线设备时，要考虑的因素很多，对全线的工作主机和辅机都要认真分析，对工艺难度大、加工要求高的工作主机，适当加大投资，选择技术上先进、工作性能好、自动化程度高、制造企业信誉好的自动机械；对工艺动作要求简单，加工要求并不高的辅助设备，在满足使用要求的条件下，可以选择少的投资，选用一般的机械。选择设备时避免走极端，认为设备价格越高机器就越好，或者是认为价格越低越好。

作为工程技术人员，要有严谨的工作态度，要有对社会、对企业高度负责的精神，正确快速地选好设备、用好设备和管好设备。

7.2.3 设备选型的步骤

生产线上自动机的选型方法大体上是广泛调查、认真分析、研究比较、做出选择。通常采用"三部曲"进行。

1. 第一步：筛选

所谓筛选也就是广泛调查，收集制造企业产品样本、产品目录、广告信息、展览会资料等，并将收集到的资料信息分类汇编，从中找出初步适合自己企业需要的设备类型。

2. 第二步：细选

在第一步的基础上，对初步确定的机型、厂家进行进一步的调查，包括设备质量、性能参数、工作特点、价格等方面；对产品的供货情况、供货方式以及产品备品配件做详细咨询；了解其他已使用该产品的用户对产品的信息反映、评价。经过认真的分析，大体上锁定几个生产厂家。

3. 第三步：最后选择

在第二步细选的基础上，与有关企业做进一步深入的交流。对关键设备要到制造企业或有关用户实地考察，深入细致研究、分析，进行必要的试验；对机器附带的零部件、专用工具、服务方式、服务公约要事先阐述清楚，并做好记录；对机器各个方面按照综合评价指标，商议价格。同时做出2～3个方案，最后权衡各个方面因素，经过有关部门领导决策、批准，签订合同。

一般地，以上三个步骤适合于单机的选择，对于添置整条生产线的企业，或新开办并上一定规模的企业，如果要采购整线生产设备，要以组织招标的方式进行。在招标会上，参与竞标的企业都要向采购方提供详细的设备工作性能参数、市场价格、服务方式等一系列问题，最后由购方全面衡量，选择最适合自己企业的供货方。

7.3 啤酒包装自动生产线

在日常生活中，液体或半液体的产品很多，例如啤酒、饮料、果汁、纯净水、鲜奶、食醋等，这类产品最常见的包装就是将其灌入各种容器并加以密封。自动完成对液态产品灌入容器并进行包装的成套设备，就是液体包装自动生产线，它是轻工行业自动化程度较高的机电一体化设备。

在此，介绍一条我国自行设计制造的生产能力为 36000 瓶/h 的啤酒包装自动生产线。在啤酒行业里，人们习惯于将啤酒包装自动生产线称为啤酒灌装生产线，该线已在国内大中型啤酒企业投入正常使用。

7.3.1 工艺流程及平面布局

1. 啤酒包装自动线工艺流程

如图 7.4 所示是生产能力为 36000 瓶/h 啤酒灌装线流程示意图。

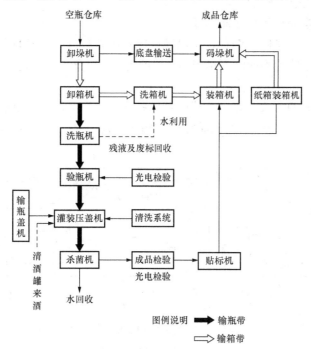

图 7.4 啤酒包装自动线工艺流程图

其主要组成单机有：卸箱机、洗瓶机、验瓶机、灌装压盖机、杀菌机、贴标机、装箱机或热收缩薄膜包装机等。

2. 啤酒包装自动线车间平面布局

（1）平面布局依据的条件

进行车间的平面布局设计，需要提供以下资料：

1）生产线的规模及生产工艺要求；

2）车间建筑平面图；

3）啤酒瓶及瓶箱规格，配套设备情况及相关资料；

4）用户要求。

工程设计部门按照以上条件拟出方案，经过用户认真审查，进行施工图设计。

（2）平面布局应注意的事项

1）设备分布间隔要合理、场地使用要合理、布局要紧凑；

2）各台设备的操作者位置应该尽量考虑集中在一个公共的操作场地，形成一个操作中心，也便于操作者之间的互相照应，达到一人操作两台机器，减少操作工数量；

3）操作者通道畅通，位置宽松，有良好的通风采光及安全设施，充分体现以人为本的企业管理理念；

4）输送系统有较大的缓冲时间和贮存能力，使瓶子运送畅通；

5）车间内要有一定的空箱和木板堆放空间；

6）车间内或设备间有一定的维修场地；

7）预留以后扩大生产的余地。

（3）啤酒包装自动线平面布局形式

通过参观我国大中型啤酒企业，可以观察出啤酒灌装自动线车间平面布局因生产、设备、场地等各方面条件的不同而不尽相同。归纳起来，可分为如下两大类：直线布局形式、U形布局形式。

如图 7.5 所示是直线布局形式，灌装线设备呈"一"字形。空瓶从车间一端输入，经过卸箱→洗瓶→灌装压盖→杀菌→贴标→装箱→码垛→成品，成品从车间另一端输出。

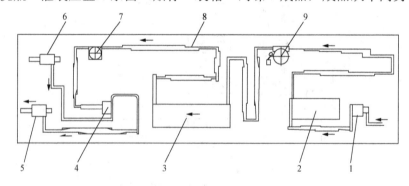

图 7.5　啤酒包装自动线直线布局

1—卸箱机　2—洗瓶机　3—杀菌机　4—装箱机　5—码垛机
6—洗箱机　7—贴标机　8—输瓶带　9—灌装压盖机

这种布局方式适合于车间呈长方形结构状态，具有如下优缺点：

1）脏瓶区与成品区分隔在车间的两端，二者相距较远，更符合水平卫生条件；

2）潮湿区与干燥区分开较远，使得贴标后的成品不容易受潮；

3）车间区域地面有利于成品堆放，工作环境较好；

4）卸垛机与码垛机分隔距离较长，使得木板输送线路拉长，投资较大。

如图 7.6 所示是 U 形布局方式，灌装线设备呈"U"字形。空瓶和成品从车间同一侧输入和输出。

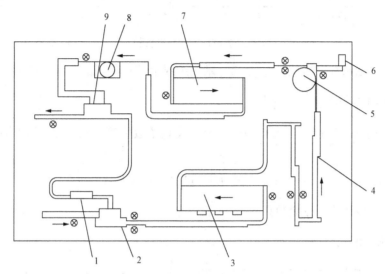

图 7.6　啤酒包装自动线 U 形布局

1—洗箱机　2—卸箱机　3—洗瓶机　4—输瓶带　5—灌装压盖机
6—瓶盖输送机　7—杀菌机　8—贴标机　9—装箱机

这种布局方式适合于车间呈近似方形结构状态，具有如下优缺点：

1）卸垛机与码垛机之间的木板输送线路较短，节省投资；

2）卸垛机与码垛机布置在车间的同一端，铲车可以交替使用，提高利用率；

3）布局比较紧凑，中间有一个公共场地可作设备维修使用；

4）脏瓶区与成品区在车间的同一端，二者相距较近，有可能使得成品酒受到卸脏瓶时的尘埃污染。

7.3.2　单机生产能力的选配

在 7.2 节里，已经将自动生产线设备选型的基本原则、考虑因素和方法步骤进行了介绍，在此，以啤酒包装自动生产线为例，就单机生产能力的选配问题加以介绍。

啤酒包装自动线是技术比较复杂、自动化程度较高的轻工业生产线，设备在生产过程中会因各种因素产生故障，造成临时停机从而影响全线生产效率。因此，对技术要求高、可能停机频繁的单机，其生产能力应该有一定的补偿，以弥补因停机而造成的损失。

啤酒生产线通常以杀菌机（或灌装压盖机）为基准，其前后设备的生产能力逐级递增 5%～10%，如图 7.7 所示。

若以杀菌机为基准，这样保证了杀菌机之前各台设备提供足够的瓶子给杀菌机，使其以 100%的能力运行，也保证杀菌机之后的各台设备发生短时间停机时不会影响杀菌机的运行。也就是说，杀菌机的生产能力是包装线的公称生产能力，其他设备的生产能力与之匹配，整个啤酒包装线才能获得最佳的生产效率。

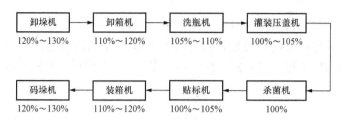

图 7.7　生产能力关系图

若杀菌机的公称生产能力为 Q 瓶/h，则生产线上其他单机的公称生产能力依次如下。

1. 卸垛机（码垛机）

考虑会出现木板底损坏，塑料箱排列有误及设备故障等因素，卸（码）垛机的公称生产能力为

$$Q_卸 = (120\% \sim 130\%)\frac{Q}{b}　（箱/h）　\qquad (7.1)$$

式中，b 为每个塑料箱的装瓶数量。

2. 卸箱机（装箱机）

考虑到箱子变形、未装满或混有杂牌瓶子、设备故障等因素，卸（装）箱机的公称生产能力为

$$Q_箱 = (110\% \sim 120\%)\frac{Q}{b}　（箱/h）　\qquad (7.2)$$

式中，b 为每个塑料箱的装瓶量。

3. 洗瓶机（贴标机）

考虑到设备故障和杂牌瓶子等因素，洗瓶机（贴标机）的公称生产能力为
$$Q_洗（Q_贴）= (105\% \sim 110\%)Q　（瓶/h）　\qquad (7.3)$$

4. 灌装压盖机

考虑到啤酒供料、瓶盖缺陷及设备故障等因素，灌装压盖机的公称生产能力为
$$Q_装 = (100\% \sim 105\%)Q　（瓶/h）　\qquad (7.4)$$

目前啤酒包装自动线上主要单机如灌装压盖机、贴标机、洗瓶机、装箱机等采用变频调速控制系统，因此，使生产线各个单机生产能力之间互相协调更加方便，单机生产能力的选择也比较方便。

7.3.3　主要设备及性能参数

本条啤酒自动包装生产线设备组成为卸箱机、洗瓶机、灌装压盖机、杀菌机、贴标机、装箱机、洗箱机、输盖机、CIP 清洗、喷码机、码箱垛机各 1 台；配置输送系统、输箱系统、总电控柜各 1 套；配置无压力输送 2 套。

整线以 640mL 标准啤酒瓶型为依据，按照灌装压盖机的生产能力为基准配置，其他各台单机的生产能力逐级递增。该生产线上主要设备性能参数见表 7.1。

表7.1 生产线上主要设备性能参数

序号	设备名称	生产能力	其他性能参数
1	洗箱机	1900～2200 箱/h	通道宽度 315～370mm；循环水温度<50℃；消耗水量：1.25 m³/h；重量 1.63t；总功率 12kW；外形尺寸（长×宽×高）6500mm×1600mm×3400mm
2	洗瓶机	8000～48000 瓶/h（可调速）	每排瓶盒数量 38 个；瓶盒中心距 95mm；传送链中心距 155mm；进瓶速度 3.4s；瓶通过时间 15.4min；耗水量 0.39L/瓶；蒸汽消耗量 2600kg/h；机槽总容量 49.6 m³；运行重量 120t；整机重量 70t；装机总容量 58kW；外形尺寸（长×宽×高）13750mm×5600mm×3115mm
3	灌装压盖机	36000 瓶/h	装瓶阀数量 112 个；压盖头数量 18 个；适用瓶高 150/350mm；CO_2 气消耗量 $230×10^{-2}$g/L；水消耗量 1.5m³/h；整机重量 14t；装机容量 30kW；外形尺寸（长×宽×高）4200mm×3800mm×3400mm
4	杀菌机	40000 瓶/h	最高杀菌温度 62℃，总处理时间 42.6min；杀菌时间 10min；蒸汽消耗量 1500kg/h；水消耗量 2.5m³/h；装机容量 85kW；整机重量 52t；运行重量 100t；外形尺寸（长×宽×高）18300mm×4600mm×3600mm
5	贴标机	48000 瓶/h（变频调速）	托瓶盘数量 30 个；取标板数量 8 个；夹标转鼓夹指数 6 个；适用瓶直径 ϕ50～100mm；适用瓶高 150/350mm；标签宽度：背标最大 70mm，身标最大 130mm；机器净重 6.5t；主电机功率 7.5kW；机器外形尺寸（长×宽×高）3265mm×2480mm×2200mm
6	装箱机	1780 箱/h（43000 瓶/h）	瓶台宽 2500mm；瓶带宽度 1245mm；输箱带高度 800mm；耗气量 6m³/h；功率 11kW；机器重量 5t

7.3.4 工作过程

啤酒包装生产线工作过程已经基本实现了自动化。卸垛机把堆成垛的空瓶箱从堆垛中卸下来放在输箱带上，由输箱带送到卸箱机位置；卸箱机把瓶子从箱里取出，放在输瓶带上；瓶子由输瓶带被运送到洗瓶机的进瓶输送带上，经过洗瓶机的进瓶输送装置将待洗的脏瓶子送进洗瓶机内部，按照洗瓶机的工艺流程完成洗涤，由出瓶装置将已洗干净的瓶子推送到输送系统的输瓶带上；经检验机检验，合格的瓶子被运送到灌装压盖机位置；按照灌装压盖机的工艺流程完成啤酒的装瓶和压盖（见第 6.1 节）；已经装酒封口的瓶子由灌装机的出瓶系统被送至输瓶链道上，经过杀菌机的进瓶装置进入杀菌机内部按照杀菌工艺流程进行杀菌处理，杀菌之后的瓶酒由杀菌机的出瓶装置送至输瓶链道上；按照一定的检验要求对酒质量进行检验；合格的瓶酒由输送链被运送到贴标机（见第 6.2 节）处进行贴标签工序操作；完成贴标和印码的瓶酒由输送带被送到装箱机工作位置，由装箱机将瓶酒装进合适的箱子里，整个装箱工序基本完成；最后由输箱系统将产品送到仓库。

随着工业技术的不断发展，人们对啤酒的包装要求也发生变化，仅就瓶装啤酒装箱而言，已有几类：塑料箱（大箱 24 瓶、小箱 12 瓶）、纸箱（以 12 瓶最常见）、热收缩薄膜裹包（3×4 瓶、3×3 瓶）。因此，啤酒包装自动线工序过程的最后环节各个企业不完全相同，即使同一个企业不同的包装车间最后的包装工序也不尽相同。如果是装纸箱工序，对半自动纸箱机，最后布置纸箱封口机，输箱装置要将纸箱送到封箱机进行贴胶带处理。如果是热收缩薄膜裹包形式，由贴标机出来的瓶酒直接被输瓶带送到热收缩包装机，按照其工艺流程完成啤酒产品的包装。

7.3.5 主要单机结构及工艺要点

1. 装（卸）箱机

装箱机用于把已装好酒的啤酒瓶从输瓶带上抓起放进塑料箱子里。主要结构有抓瓶头、输箱带、输瓶台、排瓶装置、驱动装置和控制系统等。

装箱机基本操作工艺流程如图 7.8 所示。

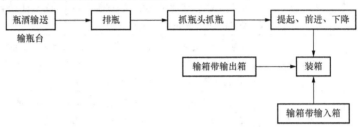

图 7.8　装箱机基本操作工艺流程

抓瓶头抓瓶动作采用气动控制，抓瓶头提起、前进、下降动作采用曲柄连杆机构完成。卸箱机用于把待洗空瓶从塑料箱里抓起放到输瓶带上，二者主要结构基本相同，没有排瓶装置。

2. 洗瓶机

洗瓶机大多数用来清洗回收的玻璃瓶，使瓶子达到无细菌、无标纸，符合卫生要求。主要结构有进瓶装置、出瓶装置、除标装置、传动系统、喷淋及管路系统、控制系统、加热装置等。

洗瓶机基本操作工艺流程如图 7.9 所示。

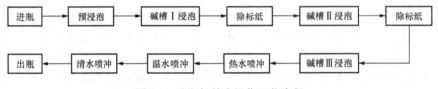

图 7.9　洗瓶机基本操作工艺流程

一般地，预浸泡槽温度设定为 35～45℃，碱槽 I 温度为 55～65℃，碱槽 II 浸泡温度为 70～75℃，碱槽 III 的温度设定为 75℃左右，热水喷冲温度为 45～55℃，温水喷冲温度为 30～40℃，清水喷冲即为常温 20℃左右。各浸泡时间根据浸泡槽的长度和瓶盒运动速度而定，喷淋时间根据喷淋跟踪架的运动和瓶盒运动速度而定。

3. 杀菌机

啤酒酿造出来后其中含有酵母菌和其他杂菌，必须经过滤或杀菌处理。普通啤酒常采用巴氏杀菌法处理获得质量卫生要求。

杀菌机主要由进瓶装置、出瓶装置、输送链网装置（或栅条输送）、喷淋管路系统、温度控制和电气控制系统等。

杀菌机分设几个温区，最高温度一般为 62～63℃，采用严格的控制速度使瓶酒温度逐渐上升。本机杀菌时间定为 10min，总处理时间为 42.6min。

4. 灌装压盖机

灌装压盖机的基本工艺流程在第 6.1 节已经作了介绍。

5. 贴标机

贴标机的基本工艺流程在第 6.2 节已经作了介绍。

7.4　瓶、桶装水自动灌装生产线

中国饮用水经历了"70 年代挑水喝，80 年代烧水喝，90 年代买水喝"的发展历程。在 20 世纪 70 年代可以到处挖井挑水喝，80 年代水质开始污染，需要烧水才能喝，90 年代因工作节奏加快，许多人没有时间和条件烧水喝。同时，也随着人们收入和生活水平的不断提高，人们对快捷方便的生活饮用水需求量越来越大，特别是饮水品质的要求越来越高。当今，饮水更加丰富多彩，如矿泉水、纯净水、净水、离子水、健康水、舒适水、生态水、矿溶水、活性水、单分子活化水等，据不完全统计，全国各类饮水生产企业已超过 2000 家。目前，饮用水产品主要以瓶装水和桶装水两种包装形式出现，相应地就有瓶装和桶装两种生产工艺和灌装生产线。

7.4.1　瓶装水自动灌装生产线

瓶装水是以各种容量规格和造型的聚酯瓶为容器，以各种矿泉水、山泉水、蒸馏水、纯净水等饮用水为溶液，经过符合卫生要求和保质期要求的生产和灌装过程而形成的一种饮用产品。

1. 瓶装水灌装生产线的主要生产流程和设备

瓶装水灌装生产线的主要生产流程和设备组成分别如图 7.10 和图 7.11 所示。

图 7.10　瓶装水灌装生产线的主要生产流程

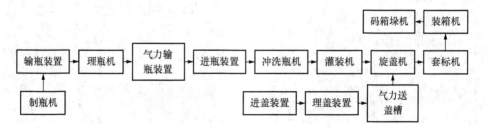

图 7.11　瓶装水灌装生产线的主要设备

2. 瓶装水生产线的设备布置

瓶装水生产线的设备布置要根据设备的选型、生产规划要求和厂房结构等，进行合理规划和布局。图 7.12 为 12000 瓶/h 瓶装水灌装生产线的设备布置图，主要由上瓶输送装置 1、空瓶输送装置 2、冲洗灌三合一机 3、理盖送盖机 4、吹盖机 5、实瓶输送系统 6，风干装置 7、套标机 8、灯检箱 9、喷码机 10、简易包装机 11、薄膜输送装置 12 等组成。

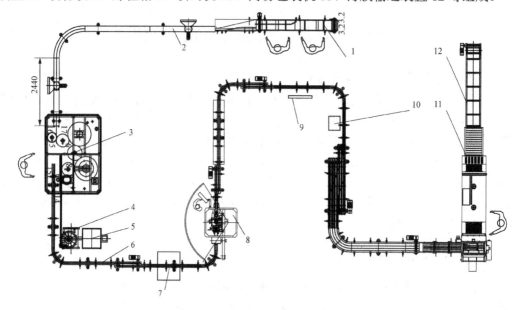

图 7.12　12000 瓶/h 瓶装水灌装生产线的设备布置图

1—上瓶输送装置　2—空瓶输送装置　3—冲洗灌三合一机　4—理盖送盖机　5—吹盖机　6—实瓶输送系统

7—风干装置　8—套标机（贴标机）　9—灯检箱　10—喷码机　11—简易包装机　12—薄膜输送装置

3. 瓶装水生产线典型设备

图 7.13 所示为旋转式冲洗瓶机的实拍图，从左至右为进瓶输送装置、夹瓶转盘、冲洗瓶大转盘、空瓶传瓶转盘、灌装机灌装阀转盘。图 7.14 所示为旋转式灌装与旋盖机的实拍图，从左至右为冲洗瓶大转盘、空瓶传瓶转盘、灌装机灌装阀转盘、实瓶传瓶转盘、旋盖头转盘。

图 7.13　旋转式冲洗瓶机实拍图

图 7.14　旋转式灌装与旋盖机实拍图

视频 7.2 为 36000 瓶/小时矿泉水灌装生产线的生产过程情况，整个生产流程由上瓶、输瓶、灯检、风送、（冲）洗瓶、灌装、（清洗盖和清理盖后的）旋盖、装箱、封箱等环节组成。

视频 7.2

7.4.2 桶装水自动灌装生产线

根据国内的习惯，大的"包装"水几乎都是使用 3～5 加仑（1 英制加仑=4.546 升）的浅蓝色桶装盛，因此我们习惯上将这类饮水称为"桶装水"。从发展趋势看，桶装水会得到进一步的发展。现以 600 桶/h 全自动五加仑灌装生产线为例，介绍桶装水生产线的基本知识。

1. 主要参数

其主要技术参数如下。

产能：600 桶/h；

适用瓶（桶）型：18.9L 五加仑（ϕ270mm×H490mm）。

外洗工艺：旋转式外洗，两道冲洗介质，多组毛刷彻底清洗。

内洗工艺：4 排 12 工位，总清洗时间 240s。

灌装阀数：4。

灌装工艺：插入式直线灌装。

压盖工艺：履带式或气缸式。

装机总功率：50kW。

压缩空气用量：0.5～0.8m³/min；压力 0.6～0.8MPa。

成品水用量：15～18m³/h。

机器总重量：约 4800kg。

2. 工艺流程

600 桶/h 全自动五加仑灌装生产线的生产工艺流程如图 7.15 所示。先后经过上空瓶、自动

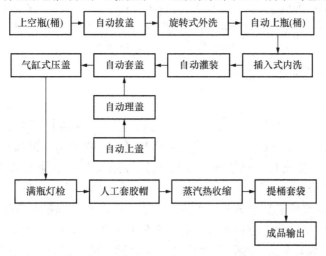

图 7.15 600 桶/h 全自动五加仑灌装生产线的生产工艺流程

拔盖、旋转式外洗、自动上瓶（桶）、插入式内洗、自动灌装、自动套盖（之前有自动上盖、自动理盖）、气缸式压盖、满瓶检测、人工套胶帽、蒸汽热收缩、提桶套袋等生产工艺过程，完成可以出厂的桶装水成品。

3. 600桶/h全自动五加仑灌装生产线的设备组成及布置

600桶/h全自动五加仑灌装生产线的设备组成及布置如图7.16所示，主要由进空桶（瓶）输送装置1、单头拔盖机2、旋转式外洗机3、内洗机4、洗盖机5、吹盖机6、提桶套盖机7、无动力滚筒输送装置8、洗桶水箱9、灯检机10、瓶（桶）口热收缩机11、空桶支架12、水处理系统13以及备件架、电气控制系统等组成。

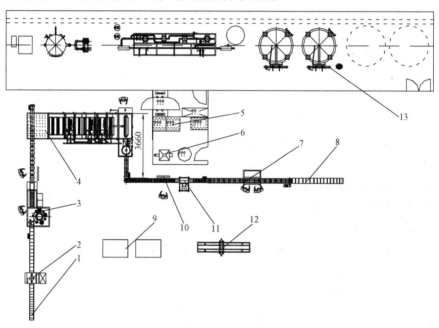

图7.16　600桶/h全自动五加仑灌装生产线的设备布置

1—进空桶（瓶）输送装置　2—单头拔盖机　3—旋转式外洗机　4—内洗机　5—洗盖机　6—吹盖机
7—提桶套盖机　8—无动力滚筒输送装置　9—洗桶水箱　10—灯检机　11—瓶（桶）口热收缩机
12—空桶支架　13—水处理系统

4. 主要设备性能简介

（1）自动拔盖机

1）主要由机架、拔盖头、导向机构、收集器、控制检测电路等部分组成。

2）拔盖头由四片圆弧瓣组成，仿形抓手压在桶口，收紧四片圆弧瓣，拉紧桶口盖边，然后向上提升拔盖，拔出后自动松开，由气将盖吹向集盖槽，拔盖过程中不伤桶口。

（2）旋转式外洗机

1）空桶由进瓶星轮装置导入外洗机内，不会产生进瓶不顺畅和倒瓶、卡瓶等故障。

2）仿桶身型外刷洗由三部分组成：第一部分为一个中心毛刷，对桶口、桶身和桶肩进行刷洗；第二部分为五个边毛刷，辅助中心毛刷对桶身进行刷洗；第三部分为三个特制底毛刷，主要对桶底部位进行刷洗，不仅可洗平底桶，而且可洗凹底桶。

3）五个边毛刷与中心毛刷同步公转和自传，一起带动桶公转和自传，在刷洗过程中能将污物充分去除的同时又不伤桶身及其表面商标图案。

4）三个底毛刷与中心毛刷同步自传，在刷洗过程中能将桶底污物充分去除的同时又辅助其他毛刷保持桶平衡不倒。

5）所有毛刷、进瓶星轮均为齿轮传动，传动比设计精确，转速匹配合理，运转平稳，能全方位对桶表面进行扫刷，配合加热洗涤剂辅助喷淋，不存在任何清洗死角和盲区。

图 7.17 所示为旋转式外洗机结构示意图。

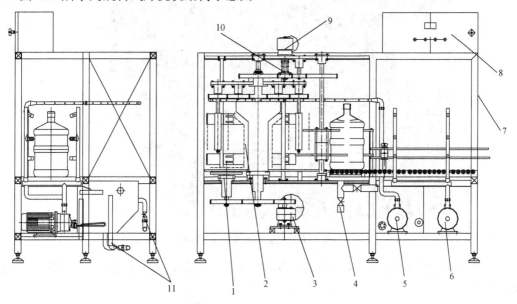

图 7.17 旋转式外洗机结构示意图

1—桶底刷洗结构 2—桶身刷洗机构 3—主传动装置 4—排水及回流系统 5—碱水冲洗系统
6—清水冲洗系统 7—机架 8—控制面板 9—拨轮传动装置 10—过载保护装置 11—加水及排水系统

（3）自动上桶机

自动上桶由简捷不锈钢机械手（气缸驱动）实现，保证上桶的平稳和精确。感应到输送链上有桶从外洗机送来后，机械手开始工作，将桶自动由输送链上转移至内洗机上。

（4）内洗机及自动下桶装置

图 7.18 所示为饮水桶内洗机的现场实拍图，有以下特点：

1）插入式冲洗，即冲洗喷头插入桶内，配合独特设计的喷头，能完全对桶内的底部、侧面四周、桶肩等所有内表面进行喷水冲洗。

2）冲洗喷头出水口经过特殊加工，喷出的水形成压力达 $3\sim4\,kg/cm^2$ 扇形环绕水流，能将桶内表面上的附着污物、细菌完全剥离，可完全达到卫生要求。

3）冲洗喷头采用整体式提升，只采用一个提升气缸，利用杠杆连动原理对整个冲洗喷头实现上升和下降的冲洗过程，动作协调一致，运行平稳，安全可靠，不会因不同步造成冲洗喷头在下降时不能与桶分开而导致机器或桶受到较大的损坏。

4）内冲洗采用 12 道独立控制的 4 排提升式高压喷洗，冲洗时间最长为 20s（工作循环周期为 24s）。

（5）灌装及套盖压盖机

1）检测到机械手送来的桶后，灌装机构开始工作，灌装头自动插入桶口，阀门打开，成品水开始注入，当注满后，溢出的水顺着灌装阀的回流通道回流，依靠回流水的冲击力，液面控制器开始工作，灌装头自动提升。

图 7.18　内洗机的现场实拍图

2）桶盖风送机由盖斗、风机和风送通道组成，受瓶盖消毒机所控制，有储盖和随机补盖的作用。

3）履带式压盖，配 SUS304 不锈钢压盖链条，压盖平稳。

（6）蒸汽热收缩机

采用电加热产生蒸汽，用五加仑桶灌满水放在收缩膜机瓶托上，待水箱加满后，打开收缩膜电源开关，约 5～8min 热收缩膜机的水加热产生蒸汽，收缩膜机的工作温度恒定为 100℃，根据季节不同，加热功率可手动调节。

（7）整线输送链系统

1）输送链板采用优质 SUS304 不锈钢链板，支腿、接水盘、链侧板及护栏均采用 SUS304 不锈钢。

2）传动电机减速器采用蜗轮蜗杆 MOTOs.p.h 产品，输送链运转平稳，安装维护方便，使用寿命长。

（8）整线电气控制系统

视频 7.3

1）中央操作集中控制，全中文彩色触摸屏（人机界面），操作简单方便。

2）整线控制设有自动和手动控制，在触摸屏上可显示故障部分并报警提示。

视频 7.3 为五加仑桶装矿泉水灌装生产线的生产过程情况，整个生产工艺由扒盖、外洗、内洗、灌装、压盖、封口等生产环节组成。

思考练习题

1. 自动生产线主要由哪些要素组成？

2. 自动生产线通常分为哪几类？各有何特点？

3. 生产线中的设备如何选择？

4. 生产线设备布局通常有几种方式？布局时主要考虑哪些方面？

5. 生产线为什么要设置缓存系统？

6. 自动线单机生产能力的选配应该注意哪些问题？

7. 生产线中人机适应性主要考虑哪些方面？

8. 请回答啤酒灌装自动线的工作过程。

9. 除本章所介绍的生产线以外，请再举出 2～3 个自动生产线实例，回答其主要组成单机及其原理特点。

10. 试述瓶装水自动灌装生产线的主要发生流程和主要设备。

11. 试述桶装水自动灌装生产线的工艺流程及主要设备。

12. 试分析我国瓶、桶水快速发展的一些原因。

第8章

自动机的总体设计

本章是前面各章知识的汇总运用，读者学完本章后，对自动机械的产生过程、设计灵感和知识选用等都会有综合的认识，会收到触类旁通的效果。

8.1 总体设计的内容

不同行业、不同用途的自动机名目繁多，品种各异。如各种成型性质的自动机，各种加工性质的自动机，各种装配性质的自动机，各种包装性质的自动机。行业不同，其工艺要求也不同，这里只能从自动机设计的一般规律出发，提出一般性的设计内容和要求。

通常总体设计包括以下内容：

1）自动机的使用条件、应用范围、生产率。

2）自动机的工艺分析，就是确定自动机加工产品的加工方案、工艺路线、工位数等，绘制出自动机的工艺原理图（或工艺流程图）。

3）选择自动机的机型、外形尺寸、各部件的相对位置尺寸等，绘制自动机的总体布局图。机型选择主要依据给定的生产率。根据生产率的大小可选用全自动型或半自动型、单工位型或多工位型、间歇式或连续式等。

4）确定自动机的工作循环时间，拟定自动机的循环图。

5）确定自动机的传动方案。

6）初选各部件、各执行机构的结构及运动形式。

7）拟定气、液、电系统原理图。

8）在考虑上述各项设计内容时，均需考虑人机适应性、维修操作方便性。

9）自动机总体设计方案、技术经济分析等。

总体设计是自动机设计的重要步骤，也是自动机结构设计的前提和依据。因此必须在广泛调查研究和收集资料的基础上，认真细致地进行综合分析与研究，注意采用现代科学技术的最新成果（如新材料、新工艺、新技术、新机构和新设备等），对未经实践证实的新工艺要进行可行性试验，以保证自动机的总体设计方案技术先进、工艺可靠、经济合理。最后将总体设计写成文件，请主管部门、使用单位和制造单位进行会审，并报请上级部门批准。

8.2 自动机的设计步骤

自动机的设计大致可分为分析论证、拟定方案、结构设计和编写说明书等几个步骤。

8.2.1　分析论证

分析论证是指在大量调查研究的基础上，从工艺、技术和经济方面进行综合分析比较，探索自动机在工艺上的可靠性、在技术上的先进性和经济上的合理性。首先要考虑工艺过程、工艺步骤是否成熟、可靠，工艺参数的来源或工艺试验数据是否准确。因为工艺性较强的自动机，在设计时其执行机构和运动关系是根据工艺参数来确定的，若工艺参数不准确就会影响机构的设计。其次是考虑技术水平，将所要设计的自动机与国内外相同或相近类型的机器在产品范围、效率、质量、成品率、可靠性、使用寿命、维护操作等方面进行比较。最后是从经济角度对机器的能耗、操作人数、产品质量、数量等方面进行核算比较。对不同行业的自动机会有不同的情况和要求，对上述问题要进行具体分析，才能得出较科学的结论。

8.2.2　拟定方案

在分析论证基础上，大致可按如下顺序确定方案设计。

1. 确定工艺方案

工艺方案的确定必须从产品的质量、生产率、技术先进性、成本、劳动条件和环境保护等多方面进行综合考虑，列出两个以上的工艺方案，进行逐项分析比较，对于关键的工艺，还必须全面分析工艺测试数据、实验数据，然后确定出一个较为满意的工艺方案。自动机的工艺方案通常是采用工艺原理图来表示的。因此，正确表达出工艺原理图是完成工艺方案的关键一步。

2. 确定传动系统方案

传动系统是自动机的重要组成部分，由它驱动各执行机构按工艺要求完成各种动作。传动系统的传动精度将直接影响自动机的加工质量；传动系统的振动、噪声是自动机振动、噪声的主要来源；传动系统的布局将直接影响自动机结构的复杂程度。因此，传动系统关系到自动机的性能和结构。

自动机的传动系统一般都比较复杂，对整机性能影响更大，所以在确定传动系统方案时要十分重视。一般应注意以下几条原则：

1）自动机的传动系统（传动链）应力求最短。传动系统短，就减少了传动环节，减少了传动件数目，从而提高了传动精度、传动效率，同时减少成本，使设计、制造及维修都来得方便。

2）自动机传动系统应具有无级调速功能。采用无级调速功能，是为适应自动机的工艺要求，使之处于最佳工作状态，对提高自动机的加工质量和生产能力都十分必要。通常采用较简单的宽皮带等机械无级变速机构或采用滑差电动机调速。采用滑差电动机能使传动系统简化。当代先进的变频调速技术也在一些自动机和自动线上应用，收到十分理想的效果。

3）自动机传动系统的精度保持性要好。为此必须合理选择传动件的制造和装配精度，同时正确选择传动件的材料和热处理方法，并尽量采用磨损补偿或可调结构等措施。

4）自动机的传动系统应具有安全装置和调整环节。设置过载安全装置是确保在意外事故发生时所有的传动环节的安全，所以一般传动系统应设置安全离合器。为调试方便，在分配轴上可设置盘车手轮，以便调整自动机时用手慢速动作。此外，有些执行部件也应设置独立的调整机构，以方便工人调整。如 BJ300 型糖果包装机中各偏心机构中的调整螺杆等。

5）自动机传动系统设计应尽量采用标准件、通用件。这不仅对减少自动机设计、制造的工作量，缩短生产周期，而且对保证自动机的整体质量也十分有利。

传动系统中的动力源可采用电动机直接驱动，也可以用液（气）压驱动或电动机一液（气）压联合驱动。

自动机中电动机的功率选用，一是取决于各机构完成加工工艺中消耗的有效功率，二是取决于传动系统中消耗在摩擦上的功率，三是取决于克服各种机构惯性而消耗的功率。但这些功率一般无法准确计算，故在实际工程设计中，通常采用类比法确定自动机的电动机功率，待自动机试制出来之后，再对其功率进行实测，若出入较大时再做适当调整。表 8.1 为部分自动机的生产率和电动机功率表，供设计自动机时参考。

表 8.1　自动机生产率和功率表

序号	自动机名称	生产能力/（件/min）	电动机功率/kW
1	简易糖果包装机	140	0.6
2	350 型糖果包装机	350	0.75
3	YB400 型连续式糖包机	400	1.10
4	500 型软糖包装机	500	2.20
5	120 型香皂包装机	120	0.75
6	电阻压帽自动机	30	0.75
7	速煮面包装机	60～130	1.00
8	120 型卧式枕形包装机	25～250	0.75
9	30 型塑料袋包装机（30g）	50～100	0.25
10	棒冰型包装机	120～180	1.10
11	250 型洗衣粉包装机	120	1.50
12	巧克力排包装机	50～100	0.75
13	连续式牙膏装盒机	80～100	1.50
14	缝纫机针包装机	13	1.10
15	火柴装盒机	100	1.60
16	双面刀片装盒机	36（10 片/包）	0.70
17	4-5 型香烟包装机	100～150	1.10
18	压缩饼干包装机	100～120	0.60
19	滤纸烟条包装机	—	0.70
20	啤酒灌装机	120	1.70
21	GT-4B2 封灌机	42	1.50
22	条烟装箱机	2～4	2.20
23	塑料带捆扎机	24	0.60
24	1200 型高速包糖机	1200	1.50

序号	自动机名称	生产能力/（件/min）	电动机功率/kW
25	180 型糖果包装机	180	0.75
26	铝塑吸塑成型包装机	54	1.50
27	粒状巧克力包装机	70～130	0.40

3. 确定执行机构

自动机的执行机构一般采用凸轮机构，连杆机构，齿轮机构，螺旋机构，杠杆机构或这几种机构的变异和并联、串联组合。机构的运动速度、加速度、运动轨迹是自动机能否完成工艺动作的关键，其行程、转角必须满足工艺要求。必要时，可绘出各机构示意图，做出机构的位移、速度、加速度线图，进行适当的运动分析或动力分析，进行全面对比，选择性能较好的方案。

为便于下一步进行结构设计，可先初步划分机构组成部件，确定各组成部件的设计基准以及主要尺寸。

8.2.3　结构设计

结构设计包括总装配图、部件装配图、零件工作图和电气系统的设计。

1. 总装配图

根据已经确定的方案，以及初步确定的部件和尺寸，绘成总装配草图。从草图中可以判别各部件或执行机构所安排的位置是否恰当，是否有足够的运动空间，机构是否发生干涉，以及安装、维修、操作是否方便。总的原则是结构要合理紧凑，必要时还可以制成模型。依据这几方面确定部件之间的装配基准和装配尺寸，最后绘成正式总装配图。总装配图以表示各部件之间关系清楚为准，同时还必须标出总体尺寸、部件之间的相关尺寸、运动构件的极限位置尺寸及其他必要尺寸和说明。

2. 部件装配图

根据总装配图所确定部件之间空间位置和主要尺寸，绘制部件装配图。部件装配图可以是执行机构的支撑部件或其他部件，也可以由一个或若干个执行机构组成。部件装配图必须将所有零件的装配关系表示清楚，即零件的相对位置、装配尺寸及配合符号、装配要求等。部件的设计基准尽可能与装配基准一致，同时尽可能采用国家标准件。最后将非标准件和标准件单独列成明细表。

3. 零件工作图

按照部件装配图的比例和所标的装配尺寸绘制零件工作图。零件工作图必须详细标出零件几何尺寸、尺寸的配合符号或公差值、形位公差、表面粗糙度、热处理要求、表面处理要求、材料、数量等。对于齿轮、弹簧等应在零件工作图的右上方用表格形式注明主要参数、技术要求或说明等。

4. 电气系统

根据选用电机型号、规格以及其他方面的要求，与电气专业人员配合，绘制电气系统原理图、设计接线图、布线图、板图等电气施工图及选择电气元件。并根据元件尺寸设计有关的机械构件，最后列出电气元件明细表。

8.2.4 编写说明书

1. 编写设计说明书

设计说明书必须按顺序编写，论据必须可靠，计算必须准确，插图要清晰。主要内容包括：机械的技术性能，设计依据，各部件及系统图的说明，与同类机比较有哪些优点，各零部件的运动计算、动力计算、零件计算，以及在设计过程中所涉及的其他问题。

上述设计步骤通常称为分段设计法，这种方法可以保证设计工作的周密与全面。但设计过程难免有反复，所以分段设计并非严格按顺序进行，必要时也可穿插进行。

2. 编写使用说明书

使用说明书是给用户的使用指南，其内容包括：自动机的用途及应用范围，结构说明，调整环节的说明，运输安装的说明，试车说明，润滑和维修说明，可能发生的故障及排除方法的说明，滚动轴承一览表，电气设备表，附件及备件表，易损零件及其零件图，验收标准及检验记录等。

8.2.5 样机试制与鉴定

设计工作完成后就进行样机试制。设计人员要深入加工现场，关心制造，参加装配、调试及鉴定。如发现问题要及时分析研究，提出修改办法。经多次修改，认定达到设计要求后，方可转入批量生产。

8.3 自动包装机设计实例

前面介绍了自动机的设计原理和方法，自动机的各种常用装置，各种典型自动机的结构、原理和性能以及有关的控制与检测知识。若能正确理解和运用这些理论和知识，并结合生产实际，就可初步涉足简单自动机的有关设计工作。本节通过一个粒状巧克力糖包装机设计实例，简单介绍自动机的设计过程，供读者参考。

8.3.1 原始资料

1. 产品

本机加工对象是圆锥台形粒状巧克力糖（图 8.1）。该产品批量大，畅销国内外。过去由于手工包装，产量低，包装质量不均，工人劳动强度大，远不适应市场的需要。为此，工厂提出了粒状巧克力糖包机的设计任务。

2. 包装材料

巧克力糖包装采用厚度 0.008mm 的金色铝箔卷筒纸。

3. 生产率

生产纲领每班产量为 570kg，约合自动机的正常生产率为 120 粒/min。

4. 包装质量要求

要求巧克力糖包装后外形美观、平整，铝箔纸无明显损伤、撕裂、褶皱（图 8.2）。

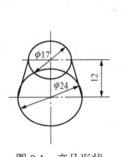

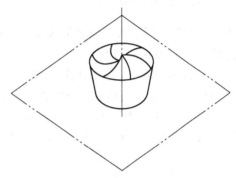

图 8.1 产品形状　　　　　　　　　　　图 8.2 包装后成品外形

5. 对自动机的基本要求

机械结构简单，工艺先进，工作可靠、稳定，操作方便、安全，维修容易，造价低。

8.3.2 粒状巧克力糖包装工艺分析

一般来说，进行工艺分析，就要对包装物品的特性、包装材料和包装过程做详细的分析、研究。开始总是以模仿当时已有的人工包装动作、步骤，作为自动机工艺设计的初步依据。但作为设计者，不能只是简单模仿人工包装动作，而是要对人工包装动作进行分析研究，并在此基础上进行综合、提高，使之更加完善，更能适合机械的动作要求。如家用缝纫机设计之前，也模仿了人工缝制动作，但它并非是人工动作的简单重复，因此它的缝制工艺远比手工缝制工艺高明得多，完美得多，缝制速度也比手工高出成百上千倍。

巧克力糖包装机的工艺分析过程如下。

1. 被包物品的特征

经成型加工工序出来的圆台形粒状巧克力，其轮廓清楚，但质地松软，容易碰损。因此，考虑机械包装动作时，应充分考虑适合该物品的特点，以保证物品的包装质量。例如，物品夹紧力要适应；进出料时避免碰撞而损坏物品；包装速度应适中，过快会引起冲击而可能损坏产品等。

包装工艺首先要解决坯料的上料问题。像巧克力糖这类物品，使用一般料斗式、振动式、推板式或抓取式等方式送料都容易碰伤物品，宜采用人工推送到传送带上送料。若能将自动机的进料输送装置直接与巧克力糖成型机出口相衔接，经过自动排队控制装置进入包装工位，就更加理想。

2. 包装材料的要求

食品包装材料应十分注意卫生。粒状巧克力包装纸采用 0.008mm 的金色铝箔纸，它的特点是薄而脆，抗拉强度小，容易撕裂和产生褶皱。因此，在设计供纸装置时，供纸速度要充分注意。一般情况下，包装速度越高，纸张受到的拉力就越大。若包装纸的抗拉强度不够，势必影响包装速度的提高，因此，在满足食品卫生要求和美观适用的前提下，努力提高包装纸的质量、不断开发新型包装材料是十分必要的。

3. 包装工艺方案的拟定

图 8.3 为最初模拟人工包装的包装工艺过程图。根据人工包装的程序，针对产品包装质量要求该机包装工艺初拟如下：

1）将 64mm×64mm 铝箔纸覆盖在巧克力糖 ϕ17mm 小端中央，如图 8.3（a）所示。

2）使铝箔纸沿糖块圆锥面强迫成形，如图 8.3（b）所示。

3）将多余的铝箔纸分两半，先面向 ϕ24 大端中央折去，迫使包装纸与巧克力糖紧密贴合，如图 8.3（c）、（d）所示。

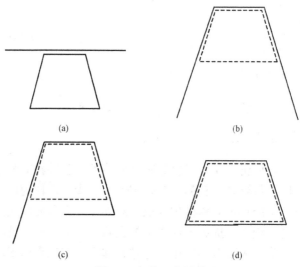

图 8.3　包装工艺过程

上述包装工艺只是一种设想，还须经过工艺试验加以验证。

4. 包装工艺方案的试验

工厂根据初定的工艺方案，进行了二次工艺试验。

1）第一种工艺试验：采用刚性锥形模腔（图 8.4），用手推动顶糖杆 3 将巧克力糖与其上面覆盖的铝箔纸 2 一起往上，推入锥形模腔，使其强迫成形。试验结果表明，基本符合要求。但还存在如下问题：一是由于巧克力糖成形的外形尺寸误差较大，使糖块与刚性锥形模之间的间隙大小不一。间隙太小，易使包装纸撕裂甚至拉断；间隙太大，易造成包装纸在糖粒表面上不平整。二是实验中发现糖块常常贴在腔内不易自由落下。三是在顶糖杆上顶时常有碰坏巧克力糖的情况。这说明本方案还很不完善，需要对其不足之处进行改进。

2）第二种工艺试验：第二种方案是在第一种方案基础上提出来的，主要特点是将刚性锥形模腔改成具有一定弹性的钳糖机械手夹子［图 8.5（a）］。机械手夹子是一个具有弹性的锥形模腔，其夹紧力由弹簧力产生。这种方案能较好适应巧克力糖外形尺寸的变化，解决了第一次试验中存在包装纸被拉破或包装不平整的问题。在夹子下面设有圆形托板，以防止糖块下落。

第二次工艺试验的工艺过程如下：当钳糖机械手转至进糖位置时，接糖杆 4 向下运动，顶糖杆 7 向上推糖块 6 和铝箔纸 8，使糖块和铝箔纸夹在顶糖杆和接糖杆之间［图 8.5（b）］，然后同步上升，进入机械手夹子，迫使铝箔纸成形［图 8.5（c）］。接着折边器向左折边［图 8.5（d）］，然后转盘 2 带着机械手 5 做顺时针转动，途经环形托板 9，使铝箔纸全部覆盖在糖块 $\phi 24$ 的大端面上，完成全部包装工艺［图 8.5（e）］。

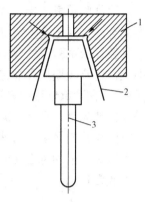

图 8.4　第一种包装工艺方案试验

1—模子　2—铝箔纸　3—顶糖杆

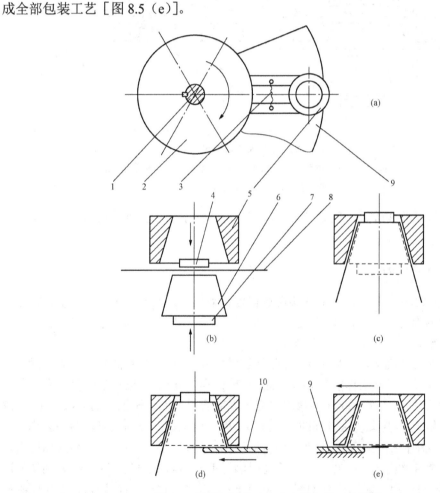

图 8.5　钳糖机械手及巧克力糖包装工艺简图

1—转轴　2—转盘　3—弹簧　4—接糖杆　5—钳糖机械手（共六组）6—糖块

7—顶糖杆　8—铝箔纸　9—环形托板　10—折边器

这次试验结果，铝箔纸没有发生撕裂和拉断现象，糖块也没有碰坏。但包装纸表面还不够光滑，有时还发生褶皱现象，尚须进一步改进。

又经几次试验，发现铝箔纸只要用柔软之物轻轻一抹，就能很光滑平整地紧贴在糖块表面上，达到预期的外观包装质量要求。因此增设了一个带有锥形的毛刷圈（用软性尼龙丝做成），在顶糖过程中先让糖块和铝箔纸通过这个毛刷圈，然后再进入机械手夹子成形，结果使包装光滑、平整、美观，完全达到包装质量要求。图 8.6 为经过改进后的巧克力糖包装机成型机构简图。另外，在机械手夹紧过程中，有时还存在巧克力糖粘在夹子上不易落下的情况，故为考虑落糖的可靠性，在成品出料口增设了一拨糖杆，确保机械手中的糖块落入输送带上。

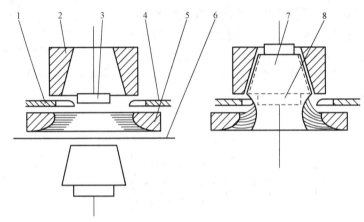

图 8.6　巧克力糖包装成型机构

1—左抄纸板　2—钳糖机械手　3—接糖杆　4—右抄纸板　5—锥形尼龙丝圈

6—铝箔纸　7—糖块　8—顶糖杆

经过上述反复试验和改进，确定了可靠的工艺方案。下一步就可以根据工艺方案进行自动机整体设计了。

8.3.3　自动机的总体布局

包装工艺确定之后，就要研究如何实现这些包装动作。为此要正确选择传动、操作和执行机构。这些机构的相互位置如何安排？它们又是怎样连接并形成一个完整的总体？这就是该机的总体布局。

自动机的传动控制机构，采用机械、液压或是气动，应根据产品的特点、年产量、使用厂家的具体条件以及机器动作的复杂程度而定。糖果类包装机，一般包装速度均在 140 粒/min 以上，高的可达 1600 粒/min（如德国帕克·太克得累斯顿公司生产的 PAC-TECEKZ 双扭结式糖果包装机）。要实现这样高的包装速度，而且要保证动作的相互协调和工作可靠稳定，用液压或气动控制机构尚有困难，因为油液和气体有可压缩性，而且油液黏度大，高速换向运动时惯性冲击大，发热高。液压还会因温度升高而使黏度变化，影响动作的准确性，所以，一般只适用于活塞往复动作在 40 次/min 左右的机械。目前国内外糖果包装机大多采用机械传动式。因为连杆、凸轮机构一经调整后，就能严格保证动作的可靠性，并且能实现比较复杂的动作。还有一些国家，在包装机中采用电子技术和计算机系统，使生产率得到进一步提高。

根据以上分析，这台粒状巧克力糖包装机采用间歇回转型六工位全自动机。大致需要以下几个基本组成部分：

1）传动系统。

2）钳糖机械手及进出糖机构。

3）顶糖、接糖机构。

4）抄纸和拨糖机构。

5）供纸机构。

6）送糖盘与钳糖机械手转盘间歇回转机构。

总体布局形式的选定，是根据包装工艺的特点，即决定于包装产品的工艺性，布局形式要有利于产品包装，有利于机构简化，有利于工人操作与维修。

巧克力糖包装机总体布局如图8.7所示。

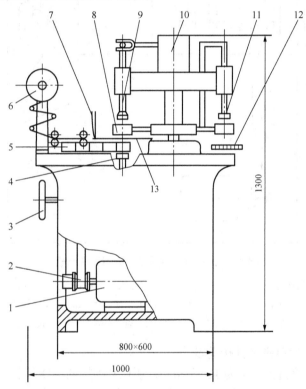

图 8.7 巧克力糖包装机总体布局图

1—电动机 2—带式无级调速器 3—分配轴盘车手轮 4—顶糖机构 5—送糖盘 6—供纸装置 7—剪纸刀
8—钳糖机械手转盘 9—接糖机构 10—凸轮箱 11—拨糖机构 12—输送带 13—包装纸

8.3.4 自动机的主要装置设计

总体布局解决了自动机的主要传动和机构的轮廓及其相互位置关系。下面对主要部件加以介绍。

1. 传动系统设计

根据自动机传动系统设计的一般原则和该机工艺的具体要求，拟定传动系统如图8.8所示。

本机传动系统设计时，有两个重要参数要充分保证。一是分配轴的转速和调速范围，二是送纸长度。

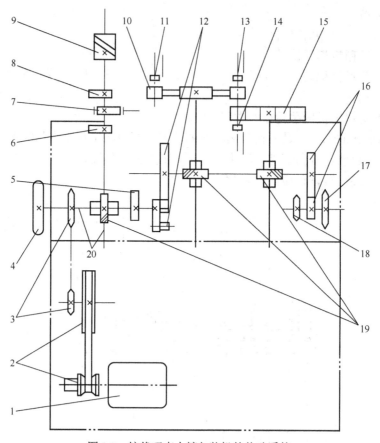

图 8.8　粒状巧克力糖包装机的传动系统

1—电动机　2—带式无级变速机构　3—链轮副　4—盘车手轮　5—顶糖杆凸轮　6—剪纸凸轮　7—拨糖杆凸轮

8—抄纸板凸轮　9—接糖杆凸轮　10—钳糖机械手　11—拨糖杆　12—槽轮机构　13—接糖杆　14—顶糖杆

15—送糖盘　16—齿轮副　17—供纸部件链轮副　18—输送带链轮　19—螺旋齿轮副　20—分配轴

（1）分配轴的转速范围及其传动设计

根据原始资料，该机生产率为 120 粒/min，所以分配轴的调速范围应在 70～130 r/min。即分配轴转速 n 为 70～130 r/min。本传动系统由电动机（选 $n_电$ 为 1440 r/min，功率为 0.4kW）到分配轴采用二级减速。第二级采用链传动，其传动比设定为 $i_链=19/48$，第一级采用变速 V 带传动，其传动比为 $i_带$。在分配轴的调速范围为 $n=70～130$ r/min 条件下，可求出 $i_带$ 的调速范围。

当 $n=70$ 时，其传动平衡方程为

$$70=n_电 \cdot i'_带 \cdot i_链=1440 \times i'_带 \times 19/48$$

所以，$i'_带=0.123$。

当 $n=130$ 时，其传动平衡方程为

$$130=n_电 \cdot i''_带 \cdot i_链=1440 \times i''_带 \times 19/48$$

所以，$i''_带=0.228$。

故
$$i_带 = 0.123 \sim 0.228$$

通常将低速轴的大带轮做成固定直径，取大带轮直径为 320mm，则高速轴上的可调径带轮的最小直径 d_{min} 和最大直径 d_{max} 分别为

当 $i_带 = 0.123$ 时，$d_{min}/320 = 0.123$，$d_{min} = 39.36$mm，取 $d_{min} = 40$mm。

当 $i_带 = 0.228$ 时，$d_{max}/320 = 0.228$，$d_{max} = 72.96$ mm，取 $d_{max} = 74$mm。

按照上述选定的带轮直径，即小带轮做成直径可调的，调整范围为 40～74mm。因大带轮是定直径，小带轮直径可调，故中心距也须做成可调的。实际调速范围为 71.25～131.81r/min，可以满足要求。

（2）送纸长度及其传动设计

利用六槽槽轮机构传动，拨销每转一转（即分配轴每转一转），槽轮转过一个槽，即完成一粒巧克力糖的包装。在槽轮转动时，同时驱动送纸机构、出糖与进糖传送带以及拨糖盘动作。根据包装要求，每次送纸长度为 64 mm。

由图 8.8 可知，当槽轮 12 转动时，通过链轮 17 使送纸滚轮（图中未画）转动；当槽轮停止转动时，送纸滚轮也停止转动。参考同类机械及本机位置结构，取送纸滚轮直径 D 为 30mm，因每次送纸长度为 64mm，则送纸滚轮每次必须转 n 转，即

$$n = 64/\pi D = 64/(\pi \times 30) = 0.679 \approx 2/3 \text{（转）}$$

对于六槽槽轮机构来说，槽轮每转 1/6 转，送纸滚轮应转 2/3 转才能满足送纸要求。根据传动链两端件（起端件为槽轮，终端件为送纸滚轮）的速度比，就可确定中间传动件的传动比和相关传动件的有关参数。

由图 8.8 可知，槽轮到送纸滚轮之间采用了齿轮副 16、链轮副 17 两级传动，由传动平衡方程式

$$1/6 \times i_齿 \times i_链 = 2/3$$

得

$$i_齿 \times i_链 = 4$$

取齿轮副的传动比为 $i_齿 = 2$，并取小齿轮（从动轮）齿数 $Z_2 = 30$，则主动齿轮齿数

$$Z_1 = i_齿 \cdot Z_2 = 2 \times 30 = 60$$

最后得链轮副 17 的传动比为

$$i_链 = 4/i_齿 = 4/2 = 2$$

当位置允许时，可取从动链轮齿数 $Z_4 = 18$，则主动链轮齿数

$$Z_3 = i_齿 \times Z_4 = 2 \times 18 = 36$$

若位置不允许时，Z_4 也可在 12～18 之间选取。

其他传动参数及其设计可参照前述方法解决，此处不再赘述。

2. 钳糖机械手及进、出糖机构

图 8.9 为钳糖机械手及进、出糖机构示意图。送糖盘 4 与钳糖机械手 5 在同一槽轮机构带动下做同步间歇回转。送糖盘 4 从输送带 1 上逐一取糖送至包装工位Ⅰ处。此工位钳糖机械手为闭合状态，顶糖杆与接糖杆夹住包装纸与巧克力糖以相同速度同步上升，使包装纸通过毛刷圈和机械手强迫成形（图 8.6），再经过抄纸板对底部折边后，产品被机械手送至出糖工位Ⅱ后落下或由拨糖杆推下。

图 8.9 中，机械手的开合动作，由凸轮 8 控制，凸轮 8 的轮廓线是由两个半径不同的圆弧组成的，当从动滚子在大半径弧上时，机械手就张开，从动滚子在小半径弧上时，机械手靠弹簧 6 闭合。

3. 顶糖、接糖机构

图 8.10 为顶糖、接糖机构原理图。接糖杆和顶糖杆的运动，不仅具有时间上的顺序关系，而且具有空间上的相互干涉关系。因此，它们的运动循环设计必须遵循空间同步化设计原则，在结构设计时应予以充分重视。

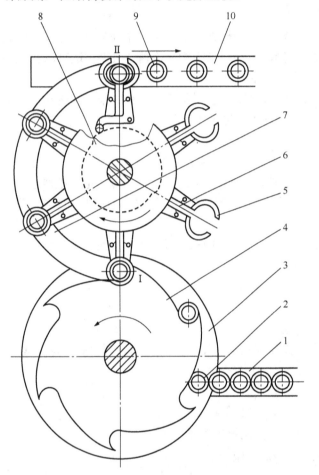

图 8.9 钳糖机械手及进、出糖机构

1—输送带 2—糖块 3—托盘 4—送糖盘 5—钳糖机械手
6—弹簧 7—托板 8—凸轮 9—成品 10—输料带
Ⅰ—进料、成形、折边工位 Ⅱ—出糖工位

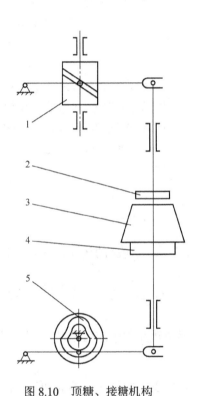

图 8.10 顶糖、接糖机构

1—圆柱凸轮 2—接糖杆 3—糖块 4—顶糖杆
5—平面槽凸轮

此外，当接糖杆与顶糖杆夹着糖块同步上升时，不应使其夹紧力过大，以免损伤糖块。同时还应使夹紧力保持稳定。因此，接糖杆的头部采用橡皮类弹性元件制成。

4. 抄纸和拨糖机构

图 8.11 为抄纸和拨糖机构原理图。分配轴 1 上的抄纸凸轮通过抄纸板推杆端部的圆柱

滚子推动抄纸板完成糖块底部的部分折纸工作，之后靠弹簧 4 使抄纸板退回原位，钳糖机械手在转向下一工位途中由固定抄纸板完成糖块底部另一部分折纸工作。

当已包好的糖块由钳糖机械手间歇回转到出糖工位时，拨糖杆 7 向下运动，将钳糖机械手中的糖块推出。拨糖杆上下往复运动是靠偏心轮 8 带动板凸轮 9 左右移动来实现的。

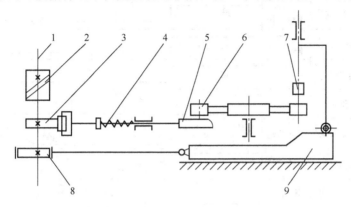

图 8.11　抄纸和拨糖机构

1—分配轴　2—接糖杆圆柱凸轮　3—抄纸凸轮　4—弹簧　5—抄纸板
6—钳糖机械手　7—拨糖杆　8—偏心轮　9—板凸轮

5. 供纸机构

本机需要水平供纸，故宜采用间歇剪切供纸机构，它的工作原理可参考图 8.7 的供纸装置 6。在进行供纸机构部件设计时，可根据本机用纸特点并参照类似供纸机构的使用情况进行周密设计，同时要特别注意以下几点：

1）卷筒铝箔纸有明显的弯曲变形，必须设置校直机构。

2）为防止铝箔纸拉破，应尽量减少导轮、滚轮的摩擦阻力。

3）卷筒纸在转动时有惯性存在，为避免放纸过多而引起的褶皱和影响包装工作正常进行，应采取适当的制动张紧措施。

4）卷筒纸每班要换若干次，为便于卷筒纸的安装，应采用快速安装定位结构（如快紧螺母机构）。

5）拉纸滚轮之间的压紧力要适当，一般采用可调弹性结构。

6）卷筒铝箔纸的轴向位置应可微调，以使纸片和糖块的相对位置正确无误。

6. 送糖盘与钳糖机械手间歇回转机构

为了保证送糖盘与钳糖机械手间歇回转能同步进行，本机采用六槽槽轮机构带动两组螺旋齿轮分别传动送糖盘与钳糖机械手的转盘，详见图 8.8 的传动系统图。

8.3.5　粒状巧克力糖包装机的工作循环图

如第 2 章中自动机工作循环图设计过程所述，在选定了自动机工艺方案，确定了传动系统和各执行机构种类之后，就应对各执行机构运动循环图进行设计，最后根据各执行机构运动循环图进行同步化（协调化）设计，从而得到整台自动机的工作循环图。图 8.12 为粒状巧克力糖包装机的工作循环图，其设计过程从略。

　　本工作循环图是以钳糖机械手转盘（送糖转盘）刚开始转动时刻为各执行机构的运动起点来进行设计的。从图中可清楚看到各执行机构的协调运动情况。至此，便可对各执行机构进行具体的技术设计工作，有关这方面的内容因篇幅所限，不再赘述。

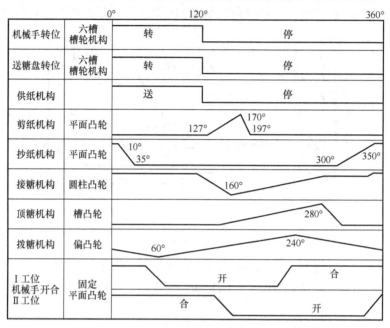

图 8.12　粒状巧克力糖包装机的工作循环图

8.4　加工机械设计实例

　　在加工制造业中，加工机械应用广泛，本节以弹性夹头自动铣槽机的设计为例，介绍自动加工机械的主要设计方法。

8.4.1　设计要求及主要技术指标

　　1）弹性夹头的结构如图 8.13 所示。

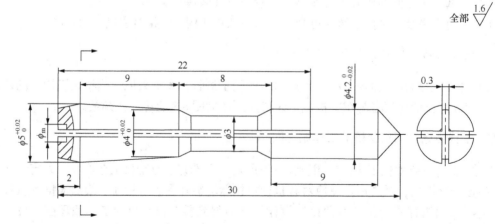

图 8.13　弹性夹头的结构

2）当图 8.13 中的结构尺寸 $\phi_m \geqslant 2mm$ 时，铣出四条槽，槽长 21.5mm，四槽均布；当 $\phi_m < 2mm$ 时，铣三条槽，槽长不变，均布；槽宽均为 0.3mm，无铣削毛刺。

3）铣槽机在工作中，允许手工上下料，但铣槽过程必须自动进行。

4）铣槽机的设计生产纲领：200～300 件/8h。

5）研制费用：4 万元。

6）研制周期：10 个月。

8.4.2 分析论证

弹性夹头（三爪或四爪）在机械加工中应用十分普遍。这里讨论的弹性夹头是作为钻石（直径 2～3mm、厚度约 0.3mm）加工中的一种专用夹具。所要研制的铣槽机是加工弹性夹头的专用机床。

由图 8.13 可知，弹性夹头外部由两段圆柱和一段圆锥组成，主要配装在钻石夹具的套内，加工要求不是太高，可经车削加工后研磨即可。当完成弹性夹头外形加工后，需要在锥体部分加工出三槽或四槽。加工槽的常规方法就是铣槽，考虑槽的宽度，可采用片铣刀。从铣切原理考虑，可由机床主轴夹持住弹性夹头外圆，铣刀先铣切出一条槽后，主轴分度，依次再加工其余各槽，从而完成铣槽任务。按此铣切原理，设计一台自动铣槽机，设计中再采取一些技术措施，完全可以保证加工要求。

8.4.3 方案设计

1. 铣刀选用

常用的高速钢圆盘铣刀规格如表 8.2 所示。根据铣削要求，选用规格为 $D \cdot d = 40mm \times 13mm$，$Z=56$ 的铣刀。

表 8.2　铣刀规格

铣刀外径 D /mm	铣刀内径 d /mm	铣刀齿数 Z	
		粗齿	细齿
25	8	44	72
32	10	50	80
40	13	56	90

2. 铣切方法选择

铣切时，由夹具夹持住弹性夹头的尾部并进行分度，铣刀在旋转中进刀铣切，手工上下料。常用的铣切方法有顺铣法和逆铣法，如图 8.14 所示，图（a）表示顺铣，图（b）表

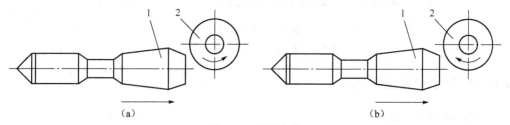

（a）　　　　　　　　　　　　　　　　（b）

图 8.14　铣切方法

1—工件　2—铣刀

示逆铣。考虑是在工件内部开槽，逆铣时不易在夹头端部产生铣削毛刺，而且产生的铣削力又有利于夹具夹紧弹性夹头，故选定逆铣法。

3. 铣切工艺

铣切工艺过程为：手工上料→铣切→抬刀→分度→铣切→抬刀→卸料。

4. 铣刀转速和进刀时间计算

铣刀的转速按下式计算：

$$n_{刀} = \frac{1000v}{\pi D} = \frac{1000 \times 80}{40\pi} \approx 637\,(\text{r}/\text{min})$$

式中，v 为切削速度，取 $v=80\text{m/min}$。

铣刀进给总行程为

$$H=21.5\,（槽长）+4.5\,（余量）=26\,（\text{mm}）$$

设铣刀铣刀一条槽需要转动 R 转，取铣刀的每齿进给量为 0.005mm，则

$$R = \frac{H}{0.005Z} = \frac{26}{0.005 \times 56} \approx 92.8\,（转）$$

设铣刀铣切一条槽的进给时间为 t，则

$$t = \frac{R}{n_{刀}} = \frac{92.8 \times 60}{637} \approx 8.74\,（\text{s}）$$

5. 铣切夹具设计

由于弹性夹头可夹持部分直径为 $\phi 4.2\text{mm}$，长度仅为6mm，而铣切时的悬伸量有20mm，这在铣切时，极易使弹性夹头变形，铣刀因振动等原因也很容易爆裂损坏，从而不能保证铣切加工质量。所以设计如图 8.15 所示的专用铣切夹具。图中的三爪（或四爪）铣切夹头 2（槽数与待加工弹性夹头槽数相同）装夹在机床主轴夹 1 中，夹头前端的弹性辅助支承可托住弹性夹头，形成两点支承，从而增加了铣切时弹性夹头的刚性和抗震能力，确保了加工质量，也延长了铣刀使用寿命。

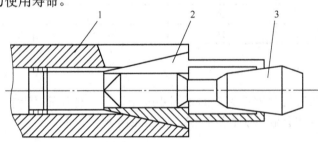

图 8.15　铣切夹具

1—机床主轴夹　2—铣切夹头　3—弹性夹头

8.4.4　铣槽机传动系统的设计

1. 传动路线的拟定

按照上述铣切工艺，铣槽机主要执行机构有两个：机床主轴和铣刀，其工艺动作如下：

机床主轴夹持住弹性夹头并进行分度；铣刀向弹性夹头进给铣切，抬刀、退刀后，机床主轴分度，铣刀二次铣切，如此反复三次（三槽）或四次（四槽）。

铣槽机传动路线（图8.16）安排如下：

铣刀16的转动由电动机13通过带传动副15单独驱动；主轴17分度、铣刀进给以及抬刀、退刀运动之间形成内联传动链，由凸轮分配轴7控制；凸轮分配轴由电动机1以及传动系统组成的外联传动链驱动。

电动机1通过联轴器2、减速器3、链轮副4、安全离合器5驱动凸轮分配轴7转动；分配轴上的凸轮6通过连杆机构20、棘轮19、齿轮（Z_1、Z_2、Z_3、Z_4）传动，实现机床主轴17的分度；分配轴上的凸轮8使刀架11拖动铣刀16沿机床导轨前后运动，实现铣刀的进给运动；分配轴上的凸轮9通过连杆机构10使顶杆12绕轴转动，从而驱动铣刀支架14沿刀架11立导轨上下滑动，实现铣刀的抬刀运动；在主轴17上安装凸轮18用于驱动行程开关，实现铣切完成后的停车。

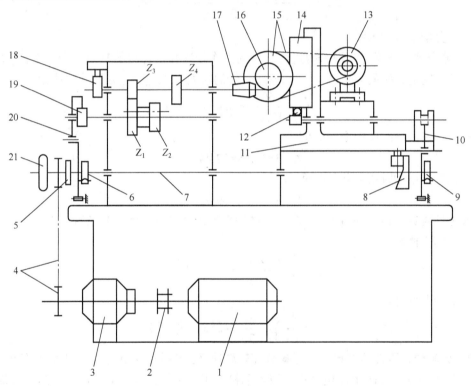

图8.16 铣槽机的传动系统

1—主电动机 2—联轴器 3—减速器 4—链轮副 5—安全离合器 6—主轴分度凸轮 7—凸轮分配轴 8—进刀凸轮 9—抬刀凸轮 10—连杆机构 11—刀架 12—顶杆 13—铣刀电动机 14—铣刀支架 15—带传动副 16—铣刀 17—机床主轴 18—停车凸轮 19—棘轮 20—连杆机构 21—手轮

2. 传动系统的计算

（1）铣刀传动系统

1）电动机的选择。由机床设计手册可知，铣刀的铣削力 F（N）按下式计算：

$$F = c_F \cdot a_e^{0.86} \cdot a_f^{0.72} \cdot d_t^{0.86} \cdot a_p \cdot Z$$

式中，c_F 为系数，查表得 c_F =68；a_e 为切削深度，a_e =2.5mm；a_f 为每齿进给量，a_f =0.01mm/齿；a_p 为铣削宽度，a_p =0.3mm；d_t 为铣刀直径，d_t =40mm；Z 为铣刀齿数，Z =56。

代入上式计算得

$$F \approx 21 \text{（N）}$$

由铣削速度 v =80m/min，则铣削功率为

$$N = \frac{F \cdot v}{6120\eta} = \frac{21 \times 80}{6210 \times 0.9} \approx 0.31 \text{（kW）}$$

式中，η 为效率，取 η =0.9。

可选功率 100W、转速 1400r/min 的电动机。

2）皮带传动的计算。根据功率大小，选用 O 型带，取小带轮直径 D_1 =71mm，计算大带轮直径

$$D_2 = \frac{n_{电} \cdot D_1}{n_{刀}} = \frac{1400 \times 71}{637} \approx 156 \text{（mm）}$$

（2）分配轴传动系统

1）分配轴转速确定。取铣刀进给凸轮的工作行程和空行程的时间比为 1∶1。由铣刀铣切一条槽的进给时间 t =8.74s，则凸轮转一转的时间为 17.48s，分配轴转速为

$$n_{分} = \frac{60}{17.48} \approx 3.43 \text{（r/min）}$$

设铣切三条槽时所需要的时间为

$$T_3 = 3 \times 17.48 = 52.44 \text{（s）}$$

设铣切四条槽时所需要的时间为

$$T_4 = 4 \times 17.48 = 69.92 \text{（s）}$$

取工件装夹所需要的时间为 30s，则铣槽机每班产量可分为两种情况

当铣切三槽时，

$$Q = \frac{8 \times 60 \times 60}{52.44 + 30} \approx 349 \text{（件/班）}$$

当铣切四槽时，

$$Q = \frac{8 \times 60 \times 60}{69.92 + 30} \approx 288 \text{（件/班）}$$

2）分配轴外联传动链设计。考虑分配轴转速（3.43r/min）比较低，选用功率 0.6kW、转速为 120～1200r/min 滑差电动机。取电动机的正常工作转速为 600r/min，则外联传动链总降速比为

$$i = \frac{3.43}{600} \approx \frac{1}{175}$$

可选用降速比为 121 的摆线针轮减速器，其余降速比由链传动来调整。

减速器输出端选用齿数 Z_5 =20、节距 t =12.7 的自行车用飞轮作为主动链轮。飞轮是一种超越离合器，当转动盘车手轮以调整铣槽机时，离合器可将减速器以及电动机脱开，以便轻松转动盘车手轮。

分配轴上从动链轮设计计算如下：

$$Z_6 = \frac{20 \times 175}{121} \approx 28.9$$

$$D_0 = \frac{29 \times 12.7}{\pi} \approx 117.29 （mm）$$

$$D_e = 117.29 + 7.8 （齿顶高）= 125.09 （mm）$$

$$D_f = 117.29 - 7.8 = 109.49 （mm）$$

取 $Z_6 = 29$。式中的 Z_6、D_0、D_e、D_f 分别为从动链轮的齿数、分度圆直径、顶圆直径、根圆直径。

3）分配轴内联传动链设计。根据铣切工艺要求，确定各执行机构运动循环组成以及时间（转角）。

铣刀进给机构运动循环：$\omega_k = 180°$（进给）

$\qquad\qquad\omega_s = 90°$（工作停留）

$\qquad\qquad\omega_d = 45°$（退刀）

$\qquad\qquad\omega_0 = 45°$（初始位置停留）

铣刀抬刀机构运动循环：$\omega_k = 60°$（抬刀）

$\qquad\qquad\omega_s = 60°$（工作停留）

$\qquad\qquad\omega_d = 45°$（落刀）

$\qquad\qquad\omega_0 = 195°$（初始位置停留）

主轴分度机构运动循环：$\omega_k = 90°$（分度）

$\qquad\qquad\omega_s = 10°$（工作停留）

$\qquad\qquad\omega_d = 60°$（棘爪返回）

$\qquad\qquad\omega_0 = 200°$（初始位置停留）

停车行程开关驱动机构运动循环：$\omega_k = 90°$（升程）

$\omega_s = 10°$（工作停留）

$\omega_d = 90°$（回程）

$\omega_0 = 170°$（初始位置停留）

根据铣切工艺要求以及各执行机构的运动循环，设计并绘制铣槽机的循环图（分配轴同步化循环图），如图 8.17 所示。

根据此分配轴同步化循环图，选用合适的运动规律，完成四个凸轮的设计。

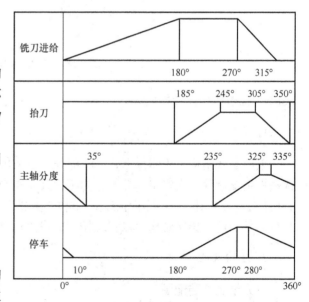

8.4.5　铣槽机主轴系统设计

1. 主轴分配运动的实现

主轴分度采用凸轮机构、棘轮机构以及齿轮传动来实现，在图 8.16 中，主轴分度凸轮通过连杆机构 20 使棘轮 19

图 8.17　铣槽机工作循环图

间歇转动，在棘轮轴上装设一双联滑移齿轮（齿数 $Z_1 = 60$，$Z_2 = 54$），分别与主轴 17 上的两个齿轮（$Z_3 = 30$，$Z_4 = 36$）啮合，实现主轴的分度运动。

当需要三分度时，主轴的转角为

$$\alpha_{主} = \alpha_{棘} \cdot \frac{Z_1}{Z_2} = 60° \times \frac{60}{30} = 120°$$

当需要四分度时，主轴的转角为

$$\alpha_{主} = \alpha_{棘} \cdot \frac{Z_2}{Z_4} = 60° \times \frac{54}{36} = 90°$$

式中，$\alpha_{棘}$ 为棘轮每次转角，$\alpha_{棘} = 60°$。

2. 主轴定位机构的设计

在主轴分度后，由弹性定位锥销机构的锥销锁定主轴位置，以确保主轴的定位精度，从而保证加工质量。

主轴分度定位装置如图 8.18 所示。定位装置可分别实现对圆周的 1/4 和 1/3 等分定位。

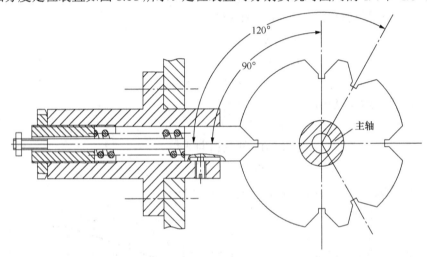

图 8.18 主轴分度定位装置

8.4.6 铣槽机总体结构设计

1. 总体布局

采用卧式结构，机体分上、下两部分（图 8.19），上、下机体用螺栓连接；下机体 1 分铣槽机主支承件，内空整体铸造，内部安装主电动机以及减速器等；上机体分左机体 3 和右机体 2，左机体 3 为主轴系统，右机体 2 为铣刀系统，操作高度（即主轴高度）800mm；右机体采用滑动导轨结构，以实现铣刀的进给运动和抬刀运动。

2. 结构设计

（1）绘制总装配图

在总体布局图的基础上，进行详细结构设计并绘制总装配图（略）。

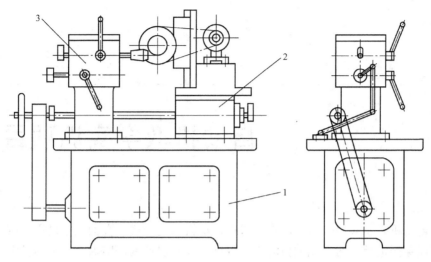

图 8.19 铣槽机总体布局

1—下机体组件 2—右机体组件 3—左机体组件

（2）绘制部装图、零件工作图

必要时可将主轴系统、分配轴系统等作为子系统来进行结构设计，绘制成部装图、零件工作图（略）。

3. 铣槽机其他系统设计

如润滑系统、铣削液系统、电气系统等设计（略）。

4. 编制技术文件

如设计说明书、使用说明书等（略）。

思考练习题

1. 自动机总体设计包括哪些内容？试简述其设计步骤。
2. 确定传动方案时应注意哪些原则？
3. 结构设计通常包括哪些内容？
4. 从粒状巧克力糖包装机和弹性夹头自动铣槽机的设计实例中，你得到哪些收获和体会？

自动机教学实训项目

开设自动机教学实训的目的，是希望在自动机与生产线课程的教学过程中或者该课程结束时，能穿插进行一两次相关自动机的现场实训和现场调研实训，以提高学生对自动机与生产线的认知和应用力度，使理论与实践更紧密结合，使学习效果事半功倍。

本附录提出四个教学实训项目，各学校可根据自身的实际条件参照进行。教学实训项目完成多少个、何时安排实训项目以及每个项目用多长时间，由各教学单位自定。

附录 1　自动机运行与观察分析实训

使相关自动机在多次慢速运行的情况下完成该教学实训。

1.1　实训目的与设备

1. 实训目的

1）了解自动机的结构、原理、生产工艺流程。

2）熟悉自动机的传动系统。

3）熟悉自动机各执行机构的名称、原理、作用。

4）了解自动机的电气及控制系统。

2. 设备

1）350 型糖果包装机。

2）PGDF12-4 灌装压盖机。

3）PH24-8-6 贴标机。

4）HY-150 全自动颗粒包装机。

5）JXZ12/4 型全自动装箱机。

1.2　实训要求与步骤

1. 实训要求

1）画出自动机的传动系统图。

2）标出传动零件的直径或齿数。

3）求出分配轴与皮带轮轴传动比 i_{11}。

4）指出各执行机构的作用及其动作是如何实现的。

2. 实验步骤（以 350 型糖果包装机为例）

1）切断电源，打开电气配置箱盖，观察各部分电气与控制系统配置。

2）轻轻地顺时针转动主、副电动机皮带轮或调整手柄，观察传动系统及各执行机构的动作情况。

3）完成以下任务：

① 画出 350 型糖果包装机系统示意图，标出各齿轮齿数，并求出分配轴与皮带轮轴传动比 i_{11}。

② 完成附表 1 的填写。

附表 1　350 型糖果包装机各机构动作状态、作用及运动如何实现

各机构动作状态	作　用	运动如何实现
工序盘间歇转动		
糖钳开、闭动作		
扭手轴的转动、移动		
扭手的开、闭动作		
推糖杆往复运动		
接糖杆往复运动		
活动折纸板摆动		
打糖杆摆动		
送纸机构动作		
切纸刀动作		
理糖盘动作		
供料斗动作		
送糖带动作		

附录 2　自动机工作循环图测试实训

2.1　实训目的、设备及工具

1. 实训目的

掌握自动机工作循环图测试的一般方法与步骤。

2. 设备及工具

350 型糖果包装机；刻度盘、指针等。

2.2 实训要求与测试步骤

1. 实训要求

1）测量并记录刻度盘所在轴的转角与各执行机构的动作关系。

2）画出自动机工作循环图。

3）每组至少 4 人，轻轻转动手轮、观察被测机构动/停起始点、读指针读数和现场数据记录各一人。

2. 测试步骤

1）确认分配轴与刻度盘所在轴的传动比。

2）以工序盘刚开始转动瞬时作为各执行机构运动周期的起点。即当工序盘刚转动（或转臂圆销刚进入槽轮的槽）时，把指针对准刻度盘某一刻度，以此刻度作为起点，观察记录各执行机构的动作情况，并及时记录在附表 2 中。ϕ_t'、ϕ_{0t}'、ϕ_d'、ϕ_{0d}' 为刻度盘上实际读数值；ϕ_t、ϕ_{0t}、ϕ_d、ϕ_{0d} 为换算值（ϕ_t 为工作前进转角，ϕ_{0t} 为工作停留转角，ϕ_d 为返回转角，ϕ_{0d} 为返回停留转角，其和为 360°）。

附表 2　实测值与换算值

	ϕ_t'	ϕ_t	ϕ_{0t}'	ϕ_{0t}	ϕ_d'	ϕ_d	ϕ_{0d}'	ϕ_{0d}
工序盘								
推糖杆								
接糖杆								
折纸板								
进糖工位糖钳								
切纸刀								
扭结机械手　旋转								
扭结机械手　开闭								
扭结机械手　轴向位移								
出糖工位								
打糖杆								
送糖带								

说明：ϕ_t、ϕ_{0t}、ϕ_d、ϕ_{0d} 分别为对应项 ϕ_t'、ϕ_{0t}'、ϕ_d'、ϕ_{0d}' 前后两实际读数值之差与 i_{11} 之比。

2.3 循环图绘制

根据以上测量后的换算值画出工作循环图于附表 3 中。

附表 3　350 型糖果包装机工作循环图

		0°	90°	180°	270°	360°
工序盘						
推糖杆						
接糖杆						
折纸板						
进糖工位糖钳						
切纸刀						
扭结机械手	旋转					
	开闭					
	轴向位移					
出糖工位						
打糖杆						
送糖带						

附录 3　自动机故障分析处理与调试实训

3.1　实训目的与要求、设备与工具

1. 目的与要求

1）了解自动机一般故障的原因及处理方法。

2）了解自动机一般调试方法。

3）会根据故障现象分析故障原因，提出处理故障的方法并实施。

4）会根据产品规格变化对某些机构进行调试。

2. 设备与工具

1）350 型糖果包装机。

2）PGDF12-4 灌装压盖机。

3）PH24-8-6 贴标机。

4）HY-150 全自动颗粒包装机。

5）JXZ12/4 型全自动装箱机。

6）各种扳手、钢板尺、游标尺、万用表等。

3.2　故障分析与处理实训内容

以附表 4 中所列的 350 型糖果包装机的故障现象，试对着机器找出故障原因和提出故障处理方法并填写于表中，且实际动手解决几个问题。

附表 4　350 型糖果包装机的故障现象、原因分析、处理方法

故障现象	故障原因分析	故障处理方法
主电源接通，主电动机皮带轮转动，但主机不动作		
打糖杆与糖钳有碰撞		
左、右扭糖手开、闭不同步		
左、右扭糖手夹住糖纸两端长度不相等		
糖钳张开滞后		
前、后冲头夹不住糖块		
送糖带不运动		

3.3　产品规格变化时的调试实训

1. 糖块尺寸规格变化时的调试实训（以 350 型糖果包装机为例）

1）调整糖块输送槽挡铁位置（使输送槽宽度与糖块宽度一致）。
2）调整前后冲头距离（与糖块宽度一致）。
3）调整扭糖手轴向距离（与糖块长度要求相适应）。

2. 玻璃瓶尺寸规格变化时的调试实训（以 PGDF12-4 灌装压盖机或 PH24-8-6 贴标机或 JXZ12/4 型全自动装箱机为例）

调试实训内容各教学单位自行拟定。

附录 4　自动机与生产线调研实训

4.1　调研实训目的与要求

本调研实训是在学习了"自动机与生产线"课程后安排的一次重要的教学实践环节。通过调研实训，可使学生直接接触到自动机与生产线的生产和运行的现场工作环境，目睹各种自动机与生产线的生产工艺流程、结构组成、运行状态、故障表现、维护管理和安全生产要求等。通过现场调研实训，可培养和提高学生解决和处理实际问题的能力，为今后从事本专业的相关工作打下理论与实践的基础。

调研实训具体要求如下：

1）了解自动机与生产线在各行业（如食品、饮料、电子、印刷、化工、烟草、医药等）的应用情况和现场生产技术。

2）虚心向企业的所有员工学习，了解各类员工在生产线上的作用和职责。

3）学会观察、提问和与人交流的方法，提高分析、总结和综合解决问题的能力。

4）初步熟悉自己调研实训岗位上的自动机与生产线的相关知识和操作技能（包括产品生产工艺流程、机器的结构组成、操作程序、维护保养等知识和能力）。

4.2　调研实训内容与方法

1. 调研实训内容

根据实训时间的长短和实训接收单位的具体情况，带队指导老师可选择两类企业作为调研实训单位：一类是自动机与生产线等机电一体化设备的制造企业，学生在这类企业重点了解和掌握一两种典型自动机（如灌装机、贴标机、颗粒包装机等）的工作原理、结构组成、装配过程、调试方法；一类是自动机与生产线等机电一体化设备的使用企业（啤酒厂、饮料厂、食品厂、化工和医药包装企业等）。学生在这类企业重点了解和掌握一两条生产线的生产工艺流程、生产线的设备组成、生产线设备中一两种典型自动机（如灌装机、贴标机、颗粒包装机等）的工作原理、结构组成、操作方法、维护要求等知识与技能。

2. 调研实训方法

1）听取报告和专题讲座。学生进入企业，首先应听取企业安全教育及相关情况报告，了解企业的概况、产品、发展及方向。报告及讲座由企业经验丰富的领导或技术人员承担，它对于学生了解企业、掌握本专业的实际生产、方便实习非常有益，这些实践中总结出来的经验是学生了解企业管理、学习工艺分析极好的课堂，是在学校难以学到的知识，要求学生应认真听取并做好记录。

2）带队老师现场讲解。带队老师现场讲解是很有必要的，以便引导学生深入实训，讲解内容是根据现场的实际自动机与生产线，按照所学过的知识，进行理论与实践相结合的讲解，还应积极向现场师傅和工程技术人员请教，必要时由带队老师联系企业工程技术人员给学生做专题讲座。

3）定点（车间）实训。定点实训是学生进行生产实训的主要方式。学生应根据生产现场的情况，按照调研实训指导书的内容认真实习，仔细观察，积极思考分析，阅读机器使用说明书及图纸资料，向现场工人和技术人员请教，并进行归纳总结和记录。

4）参观实训。为了开阔视野，扩大学生的知识面，调研实训中除了在指定的车间作重点深入实习外，还根据具体情况在企业允许的情况下，组织到其他相关的车间进行参观。

4.3　调研实训考核

从调研实训日志、调研实训报告和调研实训态度 3 个方面进行考核。日志是学生每天获得知识、技能和心得体会的记录，是写好调研实训报告的基础和素材。报告是整个调研实训过程获得知识、技能和心得体会的综合提炼，要突出考核学生用"自动机与生产线"课程所学知识去认识与分析实训现场设备的能力和水平。态度是学生顺利完成调研实训的基本保证，要在实训出勤时间和实训现场精力投入方面进行考核。

带队老师要事先对调研实训的企业现场深入了解，制定出切实可行的调研实训计划和指导书，并把实训考核的依据和内容进一步细化，用五级评分标准进行成绩评定。

参 考 文 献

陈刚. 2010. 机电一体化技术. 北京：清华大学出版社.

高德. 2005. 包装机械设计. 北京：化学工业出版社.

广东轻工业机械集团公司. 1996. 全国啤酒瓶装设备技术培训教材.

黄继昌，等. 2008. 适应机构图册. 北京：机械工业出版社.

金国斌，等. 2009. 包装工艺技术与设备. 北京：中国轻工业出版社.

雷伏元. 1986. 动包装机设计原理. 天津：天津科学技术出版社.

李绍炎. 2007. 自动机与自动线. 北京：清华大学出版社.

厉玉鸣. 2011. 化工仪表及自动化. 北京：化学工业出版社.

梁森，等. 2010. 自动检测与转换技术. 北京：机械工业出版社.

廖常初. 2014. PLC 基础及应用. 3 版. 北京：机械工业出版社.

刘冰，韩庆国. 2009. 设备控制技术. 北京：人民邮电出版社.

刘新宇. 2014. 电气控制技术基础及应用. 北京：中国电力出版社.

柳桂国. 2003. 检测技术及应用. 北京：电子工业出版社.

戚长政. 2000. 轻工自动机与生产线. 北京：中国轻工业出版社.

戚长政. 2010. 灌装生产线概论. 广州：广东轻工职业技术学院教材.

《乳品工业手册》编写组. 1987. 乳品工业手册. 北京：中国轻工业出版社.

尚久浩. 2003. 自动机械设计. 北京：中国轻工业出版社.

史丹，等. 2001. 中国装备工业的技术进步. 北京：经济科学出版社.

孙智慧，等. 2007. 包装机械概论. 北京：印刷工业出版社.

孙智慧，等. 2010. 包装机械. 北京：中国轻工业出版社.

汤瑞. 1986. 轻工自动机. 上海：上海交通大学出版社.

王家骧. 1992. 轻工业机械设计. 北京：中国轻工业出版社.

温诗铸. 2003. 机械学发展战略研究. 北京：清华大学出版社.

徐元昌. 1999. 工业机器人. 北京：中国轻工业出版社.

许林成. 1988. 包装机械原理与设计. 上海：上海科学出版社.

杨平，廉仲. 2001. 机械电子工程设计. 北京：国防工业出版社.

余润. 1995. 机电一体化概论. 沈阳：辽宁科学技术出版社.

詹启贤，郭爱莲. 1994. 轻工机械概论. 北京：中国轻工业出版社.

张聪. 2003. 自动化食品包装机. 广州：广东科技出版社.

张广文. 1998. 电光源机械. 北京：中国轻工业出版社.

赵松年. 1990. 机电一体化机械系统设计. 上海：同济大学出版社.

中国轻工总会. 1997. 轻工业装备技术手册. 北京：机械工业出版社.

周殿明. 2002. 注塑成型中的故障与排除. 北京：化学工业出版社.